21 世纪高等教育给排水科学与工程系列规划教材

水 源 工 程

主　编　邢丽贞
副主编　杨　辉　王爱军
参　编　张向阳　杨　军

机 械 工 业 出 版 社

本书详细介绍了不同水源类型所采用的取水技术，地下水与地表水取水构筑物的类型、构造、适用条件、设计方法以及输水管道和取水泵房的设计方法等，并对水资源水量供需平衡计算以及水源的保护与利用进行了阐述。

本书可作为高等学校给排水科学与工程专业教材，也可作为环境工程专业的教学参考书，还可供相关专业工程技术人员参考。

本书配有电子课件，免费提供给选用本书的授课教师。需要者请登录机械工业出版社教育服务网（www.cmpedu.com）注册后下载。

图书在版编目（CIP）数据

水源工程/邢丽贞主编. —北京：机械工业出版社，2016.2（2024.6重印）
21世纪高等教育给排水科学与工程系列规划教材
ISBN 978-7-111-52165-5

Ⅰ.①水… Ⅱ.①邢… Ⅲ.①水源-市政工程-给水工程-高等学校-教材 Ⅳ.①TU991.11

中国版本图书馆 CIP 数据核字（2015）第 302599 号

机械工业出版社（北京市百万庄大街22号 邮政编码100037）
策划编辑：刘 涛 责任编辑：刘 涛 臧程程
版式设计：霍永明 责任校对：张 征
封面设计：陈 沛 责任印制：单爱军
北京虎彩文化传播有限公司印刷
2024 年 6 月第 1 版第 3 次印刷
184mm×260mm · 14 印张 · 343 千字
标准书号：ISBN 978-7-111-52165-5
定价：39.00 元

电话服务　　　　　　　　　　网络服务
客服电话：010-88361066　　　机 工 官 网：www.cmpbook.com
　　　　　010-88379833　　　机 工 官 博：weibo.com/cmp1952
　　　　　010-68326294　　　金 书 网：www.golden-book.com
封底无防伪标均为盗版　　机工教育服务网：www.cmpedu.com

前　　言

本书依据全国高等学校给水排水工程学科专业指导委员会编制的《高等学校给排水科学与工程本科指导性专业规范》编写，是高等学校给排水科学与工程专业教材之一。

本书较深入地分析了地下水与地表水的类型、贮存和分布状况及其运动特点，并结合近年来新的技术标准与设计规范，详细介绍了不同水源类型所采用的取水技术，地下水与地表水取水构筑物的类型、构造、适用条件、设计方法以及输水管道和取水泵房的设计方法等，并对水资源水量供需平衡计算以及水源的保护与利用进行了阐述。

本书集理论性与工程性于一体，系统性强，内容全面，可作为高等学校给排水科学与工程专业"水源工程""取水工程"或"水资源利用与保护"课程的教材，也可作为环境工程专业的教学参考书。

本书第1章由邢丽贞撰写，第2章、第3章由邢丽贞和王爱军共同撰写，第4章由杨辉、杨军共同撰写，第5章由杨辉、张向阳共同撰写，第6章由邢丽贞、张向阳共同撰写。全书由邢丽贞主编。感谢安克瑞老师和陈淑芬老师对本书编写工作所给予的大力支持。此外，在本书编写过程中，参阅了已出版的相关教材，在此向相关作者一并致谢。

由于编者水平有限，编写中难免存在疏漏，敬请读者批评指正。

编　者

目　　录

第1章

水 源 概 述

本章知识点：介绍地下水和地表水的形成、分类与特点，水源水质要求与水源的选择，供水规模的确定与取水量的计算。

本章重点：水源水质要求与水源的选择，供水规模的确定与取水量的计算。

水源工程是给水工程的重要组成部分之一。水源工程包括给水水源的选择、取水构筑物设计以及原水输水管道设计。由于水源的种类和存在形式不同，其相应的取水工程设施对于整个给水系统的组成、布局、投资、安全可靠性以及运行费用具有重大影响。

水源工程涉及多个技术环节。水源的选择与利用，需要研究各种水体的形成、存在形式及运动规律，确定其作为给水水源的可能性，并对给水水源进行以供水为目标的水源勘察、规划、调节治理与卫生防护等工作；取水构筑物的选型和建设，涉及从各种水源取水的方法，各种取水构筑物的构造型式、设计计算、施工方法和运行管理等；原水的输送，是将原水从取水构筑物输送至水厂，涉及管道定线、管材选择、管道水力计算及输水安全性的设计。

给水水源可分为地下水和地表水两大类。埋藏于地表以下岩石空隙中的水称为地下水。地表水则指存在于地壳表面，暴露于大气的水。由于形成条件和存在的环境不同，地下水和地表水各具特点。

1.1 地下水

1.1.1 地下水的形成

1. 地下水来源

大气降水或地表积雪融化后，由于地表疏松多孔，一部分水渗透到地下的土层或岩石空隙里。河湖出现高水位时，也有部分地表水渗透到地下。这些是地下水的主要来源。

另外，当夜间温度持续降低到一定程度，大气和土层中的水汽就凝结成水，渗入地下，成为地下水。

地下深处的岩浆在凝固的过程中释放出一部分水汽。水汽沿岩层裂隙上升，温度逐渐降低凝结成液态，也会形成地下水。

2. 地下水形成条件

任何地下水源，都有一定的形成条件。首先，岩石必须具有空隙，这是基本的先决条件；其次，还要具备使透水层能够积蓄地下水的各种地质构造，如便于存水的向斜构造等；

此外，地史条件、气候条件及地理条件对地下水的形成也会产生不同程度的影响。

3. 含水层及其相关水文地质参数

（1）含水层　各种岩层具有不同的透水性。地层通常是由透水层和不透水层彼此相间构成的，其厚度和分布因地而异。

结构松散的岩层，具有众多的相互连通的孔隙，透水性较好，水可在其中渗透，这类岩层为透水层；结构致密的岩层，既不能储水又不能透水，或者给出或透过的水量都极少，为不透水层。一般认为，渗透系数大于 1m/d 的岩层为透水层，而渗透系数小于 0.001m/d 的岩层为不透水层；渗透系数介于 1～0.001m/d 者为半透水层或弱透水层。含水层的介质空隙完全充满水分，呈饱和状态。

如果透水层下面有一层不透水层，当具有补给来源时，在这一透水层中就会积聚地下水，透水层则成为含水层。

含水层是地下水储存和运动的场所，它不但能储存水，而且水在其中可以运移。疏松的卵石层、富有空隙的砂砾岩、富有裂隙的基岩、喀斯特发育的碳酸岩等，既能容水，又能透过和排出重力水，都具备成为含水层的条件。

在自然条件下，透水层要成为含水层，必须在透水层下部有不透水层或弱透水层存在，才能保证渗入透水层中的水聚集和储存起来。

当不透水层与含水层相邻时，就成为隔水层。隔水层一般分布在含水层的上部或下部，对含水层起隔离作用。分布在含水层上部的隔水层对含水层起保护作用，可防止含水层受到污染。承压水含水层上部的隔水层称作隔水顶板，或叫限制层，下部的隔水层叫作隔水底板，顶板与底板之间的距离为含水层厚度。对于无压含水层，含水层的厚度则为自由水面到隔水底板的距离。

隔水层通常可分为两类：一类是致密岩石，其中没有或很少有空隙，很少含水，也不能透水；另一类是颗粒细小、孔隙度很大但孔隙小的黏土，存在的水绝大多数是结合水，在常压下不能排出，也不能透水。

根据给水工程的具体要求，可从不同的角度，把含水层划分为以下类型，见表1-1。

表1-1　含水层类型

划 分 依 据	含水层类型	含水层特征
空隙类型	孔隙含水层	地下水储存在松散孔隙介质中
	裂隙含水层	介质为坚硬岩石，储水空间为各种成因的裂隙
	岩溶含水层	介质为可溶岩层，储水空间为各种规模的溶隙
埋藏条件	无压含水层	含水层上面不存在稳定隔水层，直接与包气带接触
	承压含水层	含水层上面存在稳定隔水层，含水层中的水具有承压性
渗透性能空间变化	均质含水层	含水层的渗透性具有均一性
	非均质含水层	含水层的渗透性具有不均一性

（2）地下水位　地下水位指地下含水层中水面的高程，是一个动态变化的高度。浅层水水位主要受大气降水、地表水补给和人工开采影响，与地形地貌、地质构造和含水层岩性有密切的关系。深层地下水由于埋藏较深，不能直接接受大气降水的补给，主要由侧向径流

补给，其水位受人工开采影响较大。

对于无压含水层，可用含水层的埋深和厚度来表示其水力特征。含水层的厚度与地下水位直接相关，而地下水位又受到许多因素影响，尤其易受到降水、河水水位及人工扬水的影响。

对于承压含水层，水头与含水层的埋深、厚度没有直接关系。水头的变化只反映含水层内的压力改变，它同含水层的贮水量之间的关系远比无压含水层中的情况复杂。在承压含水层内，静水压力支撑着一部分覆盖层的重量，含水层骨架颗粒支撑着其余的覆盖层荷载。若水头下降，含水层受到压缩，排挤出一部分水量，此外水头下降也会引起地下水体积的轻微膨胀，"释放"部分水量。反之，若水头上升，则使含水层贮水。

地下水位、含水层的埋深和厚度等水力特征以及相应的水理性质是地下水取水构筑物设计计算的重要依据。影响承压含水层水头变化的因素异常复杂，如因地下水过量开采而引起的地面沉降或上部荷载变化（地震、潮汐、列车运行、大量土方工程等）以及气象因素（气压、蒸发、风、降水等）的影响。

（3）给水度 给水度是表征无压含水层给水能力和贮水能力的一个指标，它在数值上等于饱和介质在重力作用下自由排出水的体积和相应介质总体积的比值，可用式（1-1）表示。

$$\mu = \frac{V_g}{V} \tag{1-1}$$

式中 μ——无压含水层的给水度；

V_g——在重力作用下排出水的体积（m^3）；

V——释水的饱和岩土总体积（m^3）。

给水度是地下水资源评价、地下水动态预测以及地表水与地下水相互转化规律研究中的重要参数。给水度大，说明含水层能够释放的水量大，反之则小。

给水度大小与含水层的性质及其结构特征有关，如含水层的颗粒级配、密实度和空隙的大小等。若松散沉积物含水层的颗粒粗、大小均匀，则给水度大；反之，颗粒细、大小不均，则给水度小。颗粒所含的胶体成分也影响给水度的大小。常见岩土的给水度经验数值见表1-2。

表1-2 常见岩土的给水度经验数值

岩土名称	给水度	岩土名称	给水度
砾砂	0.35 ~ 0.30	强裂隙岩层	0.05 ~ 0.002
粗砂	0.30 ~ 0.25	弱裂隙岩层	0.002 ~ 0.0002
中砂	0.25 ~ 0.20	强岩溶化岩层	0.15 ~ 0.05
细砂	0.20 ~ 0.15	中等岩溶化岩层	0.05 ~ 0.01
极细砂	0.15 ~ 0.10	弱岩溶化岩层	0.01 ~ 0.005
亚砂土	0.10 ~ 0.07	页岩	0.05 ~ 0.005
亚黏土	0.07 ~ 0.04		

裂隙岩层和岩溶化岩层的裂隙率和岩溶率可近似为给水度大小，其经验数值见表1-3。

表 1-3　坚硬岩石裂隙率经验数值

岩石名称	裂隙率（%）	岩石名称	裂隙率（%）
细粒花岗岩	0.05 ~ 0.7	砂岩	3.2 ~ 15.2
粗粒花岗岩	0.3 ~ 0.9	疏松的砂岩	6.9 ~ 26.9
正长岩	0.5 ~ 1.4	大理岩	0.1 ~ 0.2
辉长岩	0.6 ~ 0.7	石灰岩	0.6 ~ 16.9
玄武岩	0.6 ~ 1.3	白垩	14.4 ~ 43.9

（4）释水系数　对于承压含水层来说，释水系数为地下水位每下降一个单位深度，单位面积含水层柱体释出水的体积，也称为弹性储水系数，以 $\mu*$ 表示，为无量纲数值，其值一般在 $10^{-5} \sim 10^{-3}$ 之间。

（5）含水层透水性能

1）渗透系数。渗透系数 K 是综合反映各种岩石渗透性能的指标，其物理意义为：当水力坡度为 1 时的地下水流速。

地下水的渗透速度与水力坡度成正比，其表达式为

$$v = Ki \tag{1-2}$$

式中　v——渗透速度（m/d）；

　　　K——渗透系数（m/d）；

　　　i——水力坡度。

2）导水系数。导水系数是表示含水层导水能力大小的参数，在数值上等于渗透系数与含水层厚度的乘积。

对于承压含水层：

$$T = KM \tag{1-3a}$$

对于潜水含水层：

$$T = KH \tag{1-3b}$$

式中　T——导水系数（m²/d）；

　　　M——承压含水层厚度（m）；

　　　H——潜水含水层厚度（m）；

　　　K——渗透系数（m/d）。

3）压力传导系数与水位传导系数。压力传导系数表示承压含水层中的水压传播速度，在数值上等于导水系数与释水系数的比值，即

$$a = \frac{T}{\mu^*} = \frac{KM}{\mu^*} \tag{1-4a}$$

式中　a——压力传导系数（m²/d）。

其余符号含义同前。

水位传导系数表示潜水含水层中的水位传播速度，在数值上等于导水系数与给水度的比值，即

$$a = \frac{T}{\mu} = \frac{KH}{\mu} \tag{1-4b}$$

式中　a——水位传导系数（m²/d）。

其余符号含义同前。

1.1.2　地下水分类

按地下水的形成和其他条件，可以从不同角度对地下水进行分类。

1. 按贮存埋藏条件分类

根据埋藏条件可把地下水分为上层滞水、潜水和承压水。

（1）上层滞水　上层滞水是包气带中局部隔水层或弱透水层上积聚的具有自由水面的重力水。

图1-1表示上层滞水的形成条件，它实际上是在地表以下包气带中留存于某些不透水透镜体上的地下水。

上层滞水最接近地表，直接靠大气降水补给，以蒸发形式排泄或向隔水底板边缘排泄。其水量季节性变化大，且极不稳定，往往在雨季存在而在旱季消失；水量大小取决于不透水透镜体的分布面积，水质易受污染，只有在缺水地区才用作小型、临时供水水源。利用上层滞水作为饮用水源时，应特别注意防止水受到污染。

（2）潜水　潜水又称无压地下水，指埋藏于地表以下第一个稳定隔水层上的含水层中的重力水，主要靠降水、地表水入渗补给。潜水埋藏较浅，靠近地表，分布区与补给区基本一致，受气候特别是降水的影响较大，并且容易受到污染，水质较差。潜水同地表水的联系较密切，当地表水位高于潜水位时，由地表水补给潜水，相反则由潜水补给地表水。

潜水没有隔水顶板，有一个自由水面，或只有局部的隔水顶板，如图1-2所示。潜水自由水面称作潜水面。从潜水面到隔水底板的距离为潜水含水层厚度。潜水面到地面的距离为潜水埋藏深度。

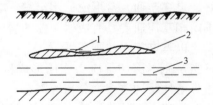

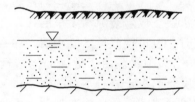

图1-1　上层滞水形成条件示意图　　　　　图1-2　潜水示意图
1—上层滞水　2—不透水透镜体　3—潜水

按地下水径流情况，潜水一般都有补给区、分布区和泄水区。

潜水的补给来源主要有大气降水、地表水、深层地下水及凝结水。大气降水是潜水的主要补给来源。降水补给潜水量的大小，取决于降水的特点、包气带的透水性等。一般来说，时间短的暴雨对补给地下水不利，而连绵细雨能大量地补给潜水。当地表水水位高于潜水水位时，地表水也成为地下水的重要补给来源。总之，潜水的补给来源是多种多样的，某个地区的潜水可以有一种或几种补给来源。

潜水的排泄也有多种途径，可直接渗入地表水体。当地下水位高于河流水位时，潜水可直接渗入河流；潜水也靠蒸发排泄；在地形有利的情况下，潜水则以泉的形式出露地表。

（3）承压水　承压水是充满于上下两个隔水层之间的含水层中的重力水。在适当的水文地质条件下，无论孔隙水、裂隙水还是岩溶水都可以形成承压水。

承压水埋藏较深，直接受气候的影响较小，水量稳定，不易受污染，水质较好。当上覆的隔水层被凿穿时，水能从钻孔上升或喷出，当承压层间水的水头高于地表时成为自流泉。

典型的承压含水层可分为补给区、承压区及排泄区三部分，如图1-3所示。承压水依靠大气降水或地表水通过潜水侧向补给。

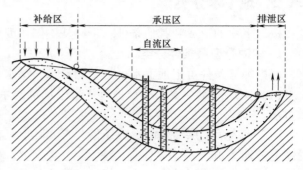

图1-3　向斜自流盆地承压水

2. 按含水空隙的类型分类

按水空隙的类型，地下水又被分为孔隙水、裂隙水和岩溶水。

（1）孔隙水　孔隙水是赋存并运移于岩土孔隙中的地下水，如松散的砂层、砾石层中的地下水。

（2）裂隙水　裂隙水指赋存并运移于坚硬岩石裂隙中的水。

裂隙水运动复杂，水量变化较大。裂隙水的类型、运动、富集等受裂隙发育程度、性质及成因的控制。裂隙水按基岩裂隙成因可分为风化裂隙水、成岩裂隙水和构造裂隙水。

1）风化裂隙水。分布在风化裂隙中的地下水多数为层状裂隙潜水。风化裂隙彼此相连通，因此在一定范围内形成的地下水也是相互连通的水体，水平方向透水性均匀，垂直方向随深度而减弱，多属潜水，有时也存在上层滞水。当风化壳上部的覆盖层透水性很差时，其下部的裂隙水具有一定的承压性。风化裂隙水主要受大气降水的补给，有明显季节性循环交替，常以泉的形式向附近沟谷排泄。

2）成岩裂隙水。具有成岩裂隙的岩层出露地表时，常赋存成岩裂隙水。玄武岩经常发育柱状节理及层面节理。裂隙均匀密集，张开性好，贯穿连通，常形成贮水丰富、导水畅通的潜水含水层。成岩裂隙水多呈层状，在一定范围内相互连通。具有成岩裂隙的岩体为不透水层覆盖时，也可构成承压含水层。在一定条件下可以具有很大的承压性。

3）构造裂隙水。由于地壳的构造运动，岩石受挤压、剪切等应力作用形成构造裂隙，其发育程度既取决于岩石本身的性质，又取决于边界条件及构造应力分布等因素。

按构造裂隙的差异，构造裂隙水可分为层状构造裂隙水、脉状构造裂隙水和带状构造裂隙水。层状构造裂隙水可以是潜水，也可以是承压水。脉状构造裂隙水，多赋存于张开的裂隙中。由于裂隙分布不连通，所形成的裂隙各有自己独立的系统、补给源及排泄条件。带状构造裂隙水是沿断层带分布的裂隙水，常穿越岩性和时代不同的各个岩层，水量一般很大。

（3）岩溶水　岩溶水又称喀斯特水，是赋存并运移于可溶性岩层（如石灰岩、白云岩等）的溶蚀裂隙和溶洞中的水。根据岩溶水的埋藏条件可分为：

1）岩溶上层滞水。在厚层灰岩的包气带中，常有局部非可溶的岩层存在，起着隔水作用，在其上部形成岩溶上层滞水。

2）岩溶潜水。岩溶潜水广泛分布于大面积出露的厚层灰岩地带。其动态变化很大，水位变化幅度可达数十米。受补给和径流条件影响，水量变化很大，降雨季节水量很大，其他季节水量很小，甚至干枯。

3）岩溶承压水。岩溶地层被覆盖或岩溶层与砂页岩互层分布时，在一定的构造条件下，就能形成岩溶承压水。岩溶承压水的补给主要取决于承压含水层的出露情况。岩溶水的排泄多数靠导水断层，经常形成大泉或泉群，也可补给其他地下水。

3. 泉水分类

泉水是从地下出露地表的地下水。泉水涌出地表是地下含水层中的地下水呈点状出露的现象，为地下水集中排泄形式。它是在一定的地形、地质和水文地质条件的结合下产生的。在适宜的地形、地质条件下，潜水和承压水都有可能集中排出地面成为泉水。

泉水有多种分类方法，按补给来源可分为上层滞水泉、潜水泉、承压水泉等；按泉的出露原因可分为侵蚀泉、接触泉、溢出泉、断层泉等。

由承压含水层形成的泉水可称为自流泉，也叫上升泉，由无压含水层形成的泉水可称为潜水泉，也叫下降泉。另外，温度较高的泉可称为温泉，矿物质含量较高的泉可称为矿泉。

自流泉由承压地下水补给，水质好，是很好的给水水源。

1.1.3 地下水水源特点

大部分地区的地下水受形成、埋藏和补给等条件的影响，具有水质清澈、水温稳定、分布面广等特点。尤其是承压地下水（层间地下水），其上覆盖不透水层，可防止来自地表的渗透污染，具有较好的卫生条件。但大部分地下水矿化度和硬度较高，部分地区可能出现矿化度很高或其他物质（如铁、锰、氟、氯化物、硫酸盐、各种重金属或硫化氢）含量较高的情况。

潜水被广泛用作各种水源。由于潜水埋深浅，上面无连续隔水层，因此其水位、水量和水质等受气候、水文因素影响大，人类活动容易造成潜水的污染。潜水资源一般都缺乏多年调节性。

由于受到隔水层的限制，承压水受气候、水文因素的变化等条件的影响较小，因此比较稳定。但是，承压水资源不像潜水资源那样容易补充、恢复。虽然承压水一般不易受到污染，然而一经污染就很难净化，因此在开发利用承压水时应注意水源的保护。

深层地下水通常补给条件差，被开采后得不到充分补给，容易消耗殆尽；部分深层地下水还可能含盐量偏高，不适于作为饮用水水源。

1.2 地表水

1.2.1 地表水的形成

地表水的概念有广义和狭义之分。广义的地表水指地球表面的一切水体，包括海洋、冰川、河流、湖泊、水库、池塘、沼泽等水体，不包括生物水和大气水。狭义的地表水指地球陆地表面暴露出来的水体，即河流、冰川、湖泊和沼泽四种水体，不包括海洋。事实上，一部分地表水能够渗透形成地下水，同样，地下水也能够进入河湖和沼泽，成为地表水。

我国河川径流量约占全部水资源总量的 94.4%。以 2013 年为例，年均降水总量为 62674.4 亿 m^3。降水量中约有 45% 转化为地表水和地下水资源，其余消耗于蒸腾散发。陆地表面的基本水源来自大气降水。大气降水落到地表，除一部分被植物截留、蒸发和渗入地下外，其余沿着地面流动形成径流。径流汇入河道形成河流水，在地表洼地滞留蓄水形成湖泊和沼泽水；固体降水逐渐演化成冰川；此外还有极小一部分组成了生物水。

1.2.2 地表水分类

地表水资源一般指地表水中可以逐年更新的淡水量，包括冰雪水、河川水和湖沼水等。

从能源利用角度来说，地表水资源主要指具有一定落差的河川径流。

从航运和养殖角度来说，地表水资源主要指河道和水域中所储存的水。

从给水水源的角度来说，地表水资源指储存于江河、湖泊和冰川中的淡水；在严重缺水的沿海地区，也可以利用海水作为给水水源，但多用作工业给水。

地表水按照地表水环境质量标准可分为Ⅰ类、Ⅱ类、Ⅲ类、Ⅳ类和Ⅴ类，具体水质评价标准见 1.3 水源水质。

1.2.3 地表水水源特点

由于受地面各种因素的影响，地表水通常表现出与地下水不同的特点。由于受流域内的自然环境影响较大，不同地域的地表水水质往往有很大的差异。地表水的水质、水量随季节变化而有明显的差异。大部分地区的地表水径流量较大，但季节性较强。

（1）河水 一般情况下，河水浊度较高，易受到污染，特别是汛期浊度较常态高出很多，水温变幅大，有机物和细菌含量高，有时还有较高的色度。但是地表水一般具有矿化度低，硬度低，铁、锰等含量较低的优点。

山区河流在地表水中占有较大的比例。山区河流除部分由地下水补给外，主要由地表径流汇集而成，受季节影响很大。北方某些山区河流潜冰期（水内冰）较长。

山区河流多为大江、大河源头，两岸往往是崇山峻岭或悬崖峭壁，河床常由砂、砾石、卵石或岩石组成，其特征为河流相对位置高、比降大、流速快、冲刷力强。

山区河流水质变化较大，暴雨后水流浑浊，含沙量很大，漂浮物较多；雨过天晴，水质恢复至清澈。在平、枯水期时，一般河水浊度很小，有的甚至清澈见底。洪水期时，河水浑浊度可高达 5000NTU 以上，而且还挟带着大量推移质和悬移质，但持续时间不长。推移质一般粒径较大，有时甚至出现直径很大的滚石。

山区河流水量和水位变化幅度很大，不仅年际流量变化幅度大，年内流量随季节的变化幅度也很大。洪水历时短，来势汹汹，河流水量骤增骤减，水位暴涨暴落；洪水常挟带着大量泥沙、砾石滚滚而下，破坏力很强。以天然降雨为补给水量的山溪、浅水河流，其洪水量与枯水量往往相差达数百倍，甚至数千倍。枯水季节，河水流量很小，甚至断流。

（2）湖泊与水库 湖泊、水库的补水主要来自于河水、地下水及降雨，其水质与补充水的水质密切相关，因此不同湖泊、水库的水质，其化学成分存在一些差异。即使是同一湖泊（或水库），位置不同，水的化学成分也不完全一样，含盐量也不同。同时各主要离子间没有一定的比例关系，这一点是与海水水质的区别之处。湖水水质的化学变化常常受到生物作用的影响，这又是与河水、地下水水质的不同之处。相对于河水，湖泊更易出现富营养化现象。水库中营养质含量比湖水低，因此其中的漂浮水生物及水底生物也少些，对取水构筑物的危害不像湖水那样严重。

湖泊、水库表层水在风浪作用下促使大气复氧，加上藻类的光合作用，水中的溶解氧基本能保持在饱和水平上。而深层水由于死亡的水生植物和其他有机物的降解，以及水中生物的耗氧，加上阳光透射率低，水中植物无法进行光合作用，导致溶解氧浓度较低。因此，加上悬浮物的沉淀作用，深层水较表层水具有较高浓度的有机质、磷酸盐、氨和硫化氢等。

深水湖泊和水库，其水质在不同的季节和不同的深度差异很大。图1-4所示是某水库在不同水深处的浊度变化。夏季由于水面受阳光直接照射，湖水水温较高，有利于藻类等水生植物的生长繁殖。这些水生植物死后沉积于水底，因腐烂而使水质恶化。在汛期，暴雨后的地面径流及河水挟带大量泥沙流入湖泊或水库，使湖水浊度骤增。湖水的浊度越靠近湖底越高。

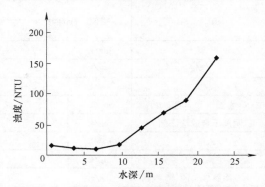

图1-4 某水库水深与浊度的关系

湖泊、水库本身就像一座大型沉淀池，有利于悬浮物杂质自然沉降，因此湖泊与水库表层水含沙量少、浊度小，可以取到水质较好的水。与河水相比，洪水期和枯水期的浊度变化较小，一年中绝大部分时间浊度很低，水质比较稳定，但常常存在富营养化和水生物大量繁殖等问题。

（3）海水 海水水量充沛，但含有较高的盐分，含盐量一般为3.5%（质量分数）左右，另外水位随潮汐的涨落变化频繁且幅度大，给取水和水质净化带来一定的困难。因此，除了淡水资源特别缺乏的海岛外，海水一般不宜作为生活饮用水水源。在发达国家，海水冷却广泛用在沿海电力、冶金、化工、石油、煤炭、建材、纺织、船舶、食品、医药等工业领域。在我国淡水资源缺乏的沿海地区，海水也被用作某些工业用水的水源。据统计，2012年全国直接利用海水共计663.1亿m^3，主要作为火（核）电的冷却用水。其中广东、浙江和山东利用海水较多，分别为269.0亿m^3、212.1亿m^3和61.5亿m^3。

1.3 水源水质

1.3.1 水源水质要求

《生活饮用水水源水质标准》（CJ 3020—1993）中将生活饮用水水源水质分为二级，其两级标准的限值见表1-4。

表1-4 生活饮用水水源水质标准限值

项 目	单位	标 准 限 值	
		一级	二级
色度		色度不超过15度，并不得呈现其他异色	不应有明显的其他异色
浑浊度	度	≤3	
嗅和味		不得有异臭、异味	不应有明显的异臭、异味
pH值		6.5~8.5	6.5~8.5
总硬度（以碳酸钙计）	mg/L	≤350	≤450
溶解铁	mg/L	≤0.3	≤0.5

（续）

项　目	单位	标 准 限 值	
		一级	二级
锰	mg/L	≤0.1	≤0.1
铜	mg/L	≤1.0	≤1.0
锌	mg/L	≤1.0	≤1.0
挥发酚（以苯酚计）	mg/L	≤0.002	≤0.004
阴离子合成洗涤剂	mg/L	≤0.3	≤0.3
硫酸盐	mg/L	<250	<250
氯化物	mg/L	<250	<250
溶解性总固体	mg/L	<1000	<1000
氟化物	mg/L	≤1.0	≤1.0
氰化物	mg/L	≤0.05	≤0.05
砷	mg/L	≤0.05	≤0.05
硒	mg/L	≤0.01	≤0.01
汞	mg/L	≤0.001	≤0.001
镉	mg/L	≤0.01	≤0.01
铬（六价）	mg/L	≤0.05	≤0.05
铅	mg/L	≤0.05	≤0.07
银	mg/L	≤0.05	≤0.05
铍	mg/L	≤0.0002	≤0.0002
氨氮（以氮计）	mg/L	≤0.5	≤1.0
硝酸盐（以氮计）	mg/L	≤10	≤20
耗氧量（$KMnO_4$ 法）	mg/L	≤3	≤6
苯并（a）芘	μg/L	≤0.01	≤0.01
滴滴涕	μg/L	≤1	≤1
六六六	μg/L	≤5	≤5
百菌清	mg/L	≤0.01	≤0.01
总大肠菌群	个/L	≤1000	≤10000
总α放射性	Bq/L	≤0.1	≤0.1
总β放射性	Bq/L	≤1	≤1

　　一级水源水要求水质良好。地下水只需消毒处理，地表水经简易净化处理（如过滤）、消毒后即可供生活饮用；二级水源水水质只是受轻度污染，经常规净化处理（如絮凝、沉淀、过滤、消毒等），其水质即可达到《生活饮用水卫生标准》（GB 5749—2006）的规定，可供生活饮用。

　　水质浓度超过二级标准限值的水源水，不宜作为生活饮用水的水源。若限于条件需加以利用时，应采用相应的净化工艺进行处理。处理后的水质应符合《生活饮用水卫生标准》（GB 5749—2006）的规定，并取得省、市、自治区卫生部门及主管部门批准。

　　天然劣质水不能作为给水水源。天然劣质水水质评价标准见表 1-5。表中规定项目的评价标准参照《地表水环境质量标准》（GB 3838—2002）和《生活饮用水卫生标准》（GB 5749—2006）确定。

表 1-5 天然劣质水水质评价标准限值

水质项目	标准限值/（mg/L）
氟	1.5
砷	0.05
矿化度	2000
氯化物	450
硫酸盐	400

氟浓度超过评价标准限值的水为高氟水，砷浓度超过标准限值的水为高砷水，矿化度、氯化物及硫酸盐浓度超过标准限值的水为苦咸水。

1.3.2 地下水水质

水是良好的溶剂，在岩层空隙中运移时，可溶解岩石中的部分成分。水质取决于水中所含的化学成分。地下水中常见的气体成分有氧、氮、二氧化碳、硫化氢和甲烷等。地下水中主要的离子成分有 HCO_3^-、SO_4^{2-}、Cl^-、Ca^{2+}、Mg^{2+}、K^+、Na^+ 等。地下水一般是无色、无嗅、无味的，其色、嗅、味亦取决于水的化学成分。

对于地下水水源，应根据《地下水质量标准》（GB/T 14848—1993），判别水源是否符合给水工程对地下水水源水质的要求。

《地下水质量标准》依据我国地下水水质现状、人体健康基准值及地下水质量保护目标，并参照了生活饮用水，工业、农业用水水质最高要求，将地下水质量划分为五类，具体标准参见表 1-6。

表 1-6 地下水质量分类指标

序号	项 目	Ⅰ类	Ⅱ类	Ⅲ类	Ⅳ类	Ⅴ类
1	色/度	≤5	≤5	≤15	≤25	>25
2	嗅和味	无	无	无	无	有
3	浑浊度/度	≤3	≤3	≤3	≤10	>10
4	肉眼可见物	无	无	无	无	有
5	pH 值	6.5～8.5	6.5～8.5	6.5～8.5	5.5～6.5，8.5～9	<5.5，>9
6	总硬度（以 $CaCO_3$ 计）/（mg/L）	≤150	≤300	≤450	≤550	>550
7	溶解性总固体/（mg/L）	≤300	≤500	≤1000	≤2000	>2000
8	硫酸盐/（mg/L）	≤50	≤150	≤250	≤350	>350
9	氯化物/（mg/L）	≤50	≤150	≤250	≤350	>350
10	铁（Fe）/（mg/L）	≤0.1	≤0.2	≤0.3	≤1.5	>1.5
11	锰（Mn）/（mg/L）	≤0.05	≤0.05	≤0.1	≤1.0	>1.0
12	铜（Cu）/（mg/L）	≤0.01	≤0.05	≤1.0	≤1.5	>1.5
13	锌（Zn）/（mg/L）	≤0.05	≤0.5	≤1.0	≤5.0	>5.0
14	钼（Mo）/（mg/L）	≤0.001	≤0.01	≤0.1	≤0.5	>0.5
15	钴（Co）/（mg/L）	≤0.005	≤0.05	≤0.05	≤1.0	>1.0
16	挥发性酚类（以苯酚计）/（mg/L）	≤0.001	≤0.001	≤0.002	≤0.01	>0.01
17	阴离子合成洗涤剂/（mg/L）	不得检出	≤0.1	≤0.3	≤0.3	>0.3

（续）

序号	项　目	I 类	II 类	III 类	IV 类	V 类
18	高锰酸盐指数/（mg/L）	≤1.0	≤2.0	≤3.0	≤10	>10
19	硝酸盐（以 N 计）/（mg/L）	≤2.0	≤5.0	≤20	≤30	>30
20	亚硝酸盐（以 N 计）/（mg/L）	≤0.001	≤0.01	≤0.02	≤0.1	>0.1
21	氨氮（NH_3-N）/（mg/L）	≤0.02	≤0.02	≤0.2	≤0.5	>0.5
22	氟化物/（mg/L）	≤1.0	≤1.0	≤1.0	≤2.0	>2.0
23	碘化物/（mg/L）	≤0.1	≤0.1	≤0.2	≤1.0	>1.0
24	氰化物/（mg/L）	≤0.001	≤0.01	≤0.05	≤0.1	>0.1
25	汞（Hg）/（mg/L）	≤0.00005	≤0.0005	≤0.001	≤0.001	>0.001
26	砷（As）/（mg/L）	≤0.005	≤0.01	≤0.05	≤0.05	>0.05
27	硒（Se）/（mg/L）	≤0.01	≤0.01	≤0.01	≤0.1	>0.1
28	镉（Cd）/（mg/L）	≤0.0001	≤0.001	≤0.005	≤0.01	>0.01
29	铬（六价）（Cr^{6+}）/（mg/L）	≤0.005	≤0.01	≤0.05	≤0.1	>0.1
30	铅（Pb）/（mg/L）	≤0.005	≤0.01	≤0.05	≤0.1	>0.1
31	铍（Be）/（mg/L）	≤0.00002	≤0.0001	≤0.0002	≤0.001	>0.001
32	钡（Ba）/（mg/L）	≤0.01	≤0.1	≤1.0	≤4.0	>4.0
33	镍（Ni）/（mg/L）	≤0.005	≤0.05	≤0.05	≤0.1	>0.1
34	滴滴涕/（μg/L）	不得检出	≤0.005	≤1.0	≤1.0	>1.0
35	六六六/（μg/L）	≤0.005	≤0.05	≤5.0	≤5.0	>5.0
36	总大肠菌群/（个/L）	≤3.0	≤3.0	≤3.0	≤100	>100
37	细菌总数/（个/L）	≤100	≤100	≤100	≤1000	>1000
38	总 α 放射性/（Bq/L）	≤0.1	≤0.1	≤0.1	>0.1	>0.1
39	总 β 放射性/（Bq/L）	≤0.1	≤1.0	≤1.0	>1.0	>1.0

I 类主要反映地下水化学组分的天然低背景含量，适用于各种用途。

II 类主要反映地下水化学组分的天然背景含量，适用于各种用途。

III 类以人体健康基准值为依据，主要适用于集中式生活饮用水水源及工、农业用水。

IV 类以农业和工业用水要求为依据，除适用于农业和部分工业用水外，适当处理后可作生活饮用水。

V 类不宜饮用，其他用水可根据使用目的选用。

地下水虽属可再生资源，但更新速度和自净速度非常缓慢，一旦被污染，造成的环境影响与生态破坏往往长时间难以逆转。

1.3.3　地表水水质

1. 地表水环境质量

对于地表水源，应根据《地表水环境质量标准》（GB 3838—2002）判别水源是否符合给水工程对地表水源水质的要求。

《地表水环境质量标准》依据地表水水域使用目的和保护目标，将水域功能划分为五类。

I 类主要适用于源头水、国家自然保护区。

II 类主要适用于集中式生活饮用水地表水源地一级保护区、珍稀水生生物栖息地、鱼虾类产卵场、仔稚幼鱼的索饵场等。

III 类主要适用于集中式生活饮用水地表水源地二级保护区、鱼虾类越冬场、洄游通道、水产养殖区等渔业水域及游泳区。

Ⅳ类主要适用于一般工业用水区及人体非直接接触的娱乐用水区。

Ⅴ类主要适用于农业用水区及一般景观要求水域。

对应地表水上述五类水域功能，将地表水环境质量标准基本项目标准值分为五类，不同功能类别分别执行相应类别的标准值。水域功能类别高的标准值严于水域功能类别低的标准值。同一水域兼有多类使用功能的，执行最高功能类别对应的标准值。实现水域功能与达标功能类别标准为同一含义。

地表水环境质量标准基本项目标准限值见表1-7。集中式生活饮用水地表水源地补充项目标准限值见表1-8。集中式生活饮用水地表水源地特定项目标准限值见表1-9。

表1-7 地表水环境质量标准基本项目标准限值 （单位：mg/L）

序号	项 目		Ⅰ类	Ⅱ类	Ⅲ类	Ⅳ类	Ⅴ类
1	水温/℃		人为造成的环境水温变化应限制在：周平均最大温升≤1；周平均最大温降≤2				
2	pH 值		6~9				
3	溶解氧	≥	饱和率90%（或7.5）	6	5	3	2
4	高锰酸盐指数	≤	2	4	6	10	15
5	化学需氧量（COD）	≤	15	15	20	30	40
6	五日生化需氧量（BOD_5）	≤	3	3	4	6	10
7	氨氮（NH_3-N）	≤	0.15	0.5	1.0	1.5	2.0
8	总磷（以 P 计）	≤	0.02（湖、库 0.01）	0.1（湖、库 0.025）	0.2（湖、库 0.05）	0.3（湖、库 0.1）	0.4（湖、库 0.2）
9	总氮（湖、库，以 N 计）	≤	0.2	0.5	1.0	1.5	2.0
10	铜	≤	0.01	1.0	1.0	1.0	1.0
11	锌	≤	0.05	1.0	1.0	2.0	2.0
12	氟化物（以 F^- 计）	≤	1.0	1.0	1.0	1.5	1.5
13	硒	≤	0.01	0.01	0.01	0.02	0.02
14	砷	≤	0.05	0.05	0.05	0.1	0.1
15	汞	≤	0.00005	0.00005	0.0001	0.001	0.001
16	镉	≤	0.001	0.005	0.005	0.005	0.01
17	铬（六价）	≤	0.01	0.05	0.05	0.05	0.1
18	铅	≤	0.01	0.01	0.05	0.05	0.1
19	氰化物	≤	0.005	0.05	0.2	0.2	0.2
20	挥发酚	≤	0.002	0.002	0.005	0.01	0.1
21	石油类	≤	0.05	0.05	0.05	0.5	1.0
22	阴离子表面活性剂	≤	0.2	0.2	0.2	0.3	0.3
23	硫化物	≤	0.05	0.1	0.2	0.5	1.0
24	粪大肠菌群/（个/L）	≤	200	2000	10000	20000	40000

表1-8 集中式生活饮用水地表水源地补充项目标准限值 （单位：mg/L）

序 号	项 目	标 准 值
1	硫酸盐（以 SO_4^{2-} 计）	250
2	氯化物（以 Cl^- 计）	250
3	硝酸盐（以 N 计）	10
4	铁	0.3
5	锰	0.1

表1-9 集中式生活饮用水地表水源地特定项目标准限值 （单位：mg/L）

序号	项 目	标 准 值	序号	项 目	标 准 值
1	三氯甲烷	0.06	41	丙烯酰胺	0.0005
2	四氯化碳	0.002	42	丙烯腈	0.1
3	三溴甲烷	0.1	43	邻苯二甲酸二丁酯	0.003
4	二氯甲烷	0.02	44	邻苯二甲酸二（2-乙基己基）酯	0.008
5	1,2-二氯乙烷	0.03	45	水合肼	0.01
6	环氧氯丙烷	0.02	46	四乙基铅	0.0001
7	氯乙烯	0.005	47	吡啶	0.2
8	1,1-二氯乙烯	0.03	48	松节油	0.2
9	1,2-二氯乙烯	0.05	49	苦味酸	0.5
10	三氯乙烯	0.07	50	丁基黄原酸	0.005
11	四氯乙烯	0.04	51	活性氯	0.01
12	氯丁二烯	0.002	52	滴滴涕	0.001
13	六氯丁二烯	0.0006	53	林丹	0.002
14	苯乙烯	0.02	54	环氧七氯	0.0002
15	甲醛	0.9	55	对硫磷	0.003
16	乙醛	0.05	56	甲基对硫磷	0.002
17	丙烯醛	0.1	57	马拉硫磷	0.05
18	三氯乙醛	0.01	58	乐果	0.08
19	苯	0.01	59	敌敌畏	0.05
20	甲苯	0.7	60	敌百虫	0.05
21	乙苯	0.3	61	内吸磷	0.03
22	二甲苯①	0.5	62	百菌清	0.01
23	异丙苯	0.25	63	甲萘威	0.05
24	氯苯	0.3	64	溴氰菊酯	0.02
25	1,2-二氯苯	1.0	65	阿特拉津	0.003
26	1,4-二氯苯	0.3	66	苯并（a）芘	2.8×10^{-6}
27	三氯苯②	0.02	67	甲基汞	1.0×10^{-6}
28	四氯苯③	0.02	68	多氯联苯⑥	2.0×10^{-5}
29	六氯苯	0.05	69	微囊藻毒素-LR	0.001
30	硝基苯	0.017	70	黄磷	0.003
31	二硝基苯④	0.5	71	钼	0.07
32	2,4-二硝基甲苯	0.0003	72	钴	1.0
33	2,4,6-三硝基甲苯	0.5	73	铍	0.002
34	硝基氯苯⑤	0.05	74	硼	0.5
35	2,4-二硝基氯苯	0.5	75	锑	0.005
36	2,4-二氯苯酚	0.093	76	镍	0.02
37	2,4,6-三氯苯酚	0.2	77	钡	0.7
38	五氯酚	0.009	78	钒	0.05
39	苯胺	0.1	79	钛	0.1
40	联苯胺	0.0002	80	铊	0.0001

① 二甲苯：指对-二甲苯、间-二甲苯、邻-二甲苯。
② 三氯苯：指1,2,3-三氯苯、1,2,4-三氯苯、1,3,5-三氯苯。
③ 四氯苯：指1,2,3,4-四氯苯、1,2,3,5-四氯苯、1,2,4,5-四氯苯。
④ 二硝基苯：指对-二硝基苯、间-二硝基苯、邻-二硝基苯。
⑤ 硝基氯苯：指对-硝基氯苯、间-硝基氯苯、邻-硝基氯苯。
⑥ 多氯联苯：指 PCB-1016、PCB-1221、PCB-1232、PCB-1242、PCB-1248、PCB-1254、PCB-1260。

地表水水质评价包括地表水水质类别评价、湖库富营养评价和饮用水水源地水质合格评价等。

2. 海水水质

《海水水质标准》（GB 3097—1997）按照海域的不同使用功能和保护目标，将海水水质分为四类：第一类适用于海洋渔业水域、海上自然保护区和珍稀濒危海洋生物保护区；第二类适用于水产养殖区、海水浴场、人体直接接触海水的海上运动或娱乐区，以及与人类食用直接有关的工业用水区；第三类适用于一般工业用水区、滨海风景旅游区；第四类适用于海洋港口水域、海洋开发作业区。各类水质要求见表1-10。

表1-10　海水水质要求　　　　　　　　（单位：mg/L）

序号	项目	第一类	第二类	第三类	第四类
1	漂浮物质	海面不得出现油膜、浮沫和其他漂浮物质		海面无明显油膜、浮沫和其他漂浮物质	
2	色、臭、味	海水不得有异色、异臭、异味		海水不得有令人厌恶和感到不快的色、臭、味	
3	悬浮物质	人为增加的量≤10	人为增加的量≤100	人为增加的量≤150	
4	大肠菌群≤（个/L）	10000 供人生食的贝类养殖水质≤700		—	
5	粪大肠菌群≤（个/L）	2000 供人生食的贝类养殖水质≤140		—	
6	病原体	供人生食的贝类养殖水质不得含有病原体			
7	水温/℃	人为造成的海水温升夏季不超过当时当地1℃，其他季节不超过2℃		人为造成的海水温升不超过当时当地4℃	
8	pH值	7.8～8.5，同时不超出该海域正常变动范围的0.2pH单位		6.8～8.8，同时不超出该海域正常变动范围的0.5pH单位	
9	溶解氧＞	6	5	4	3
10	化学需氧量≤（COD）	2	3	4	5
11	生化需氧量≤（BOD_5）	1	3	4	5
12	无机氮≤（以N计）	0.20	0.30	0.40	0.50
13	非离子氨≤（以N计）	0.020			
14	活性磷酸盐≤（以P计）	0.015	0.030		0.045
15	汞≤	0.00005	0.0002		0.0005
16	镉≤	0.001	0.005	0.010	
17	铅≤	0.001	0.005	0.010	0.050
18	六价铬≤	0.005	0.010	0.020	0.050
19	总铬≤	0.05	0.10	0.20	0.50

（续）

序号	项 目	第 一 类	第 二 类	第 三 类	第 四 类
20	砷 ≤	0.020	0.030	0.050	
21	铜 ≤	0.005	0.010	0.050	
22	锌 ≤	0.020	0.050	0.10	0.50
23	硒 ≤	0.010	0.020		0.050
24	镍 ≤	0.005	0.010	0.020	0.050
25	氰化物 ≤	0.005		0.10	0.20
26	硫化物 ≤（以 S 计）	0.02	0.05	0.10	0.25
27	挥发性酚 ≤	0.005		0.010	0.050
28	石油类 ≤	0.05		0.30	0.50
29	六六六 ≤	0.001	0.002	0.003	0.005
30	滴滴涕 ≤	0.00005	0.0001		
31	马拉硫磷 ≤	0.0005	0.001		
32	甲基对硫磷 ≤	0.0005	0.001		
33	苯并（a）芘 ≤（μg/L）	0.0025			
34	阴离子表面活性剂（以 LAS 计）	0.03		0.10	
35	放射性核素 /（Bq/L）	60Co	0.03		
		90Sr	4		
		106Rn	0.2		
		134Cs	0.6		
		137Cs	0.7		

1.3.4 水质其他分类

除了上述质量标准中的评价方法，从给水水源的角度对水质的常见分类方法如下。

1. 按矿化度分类

矿化度是测定水的化学成分的重要指标，用于评价水中总含盐量，一般只用于对天然水的评价。水的矿化度通常以每升水中含有各种盐分的总质量来表示，单位为 g/L 或 mg/L，其数值等于 1L 水加热到 105~110℃时，全部蒸发剩下的残渣质量，或等于阴、阳离子总和减去重碳酸根离子含量的二分之一。地表水的矿化度评价标准及分级方法见表 1-11。

表 1-11 地表水的矿化度评价标准及分级方法

级 别	标准值/（mg/L）	评价类型
一	<100	低矿化度
二	100~300	较低矿化度
三	300~500	中等矿化度
四	500~1000	较高矿化度
五	≥1000	高矿化度

按地下水的矿化度大小，地下水一般可分为淡水、微咸水、半咸水、咸水四类，见表1-12。

表1-12 地下水按矿化度分类

名　称	矿化度/(g/L)	名　称	矿化度/(g/L)
咸水	>5	微咸水	2~3
半咸水	3~5	淡水	≤2

地下水中含有超量的特殊矿物成分或化学成分（如锶、硒、二氧化碳等）者称为矿泉水。饮用天然矿泉水除满足饮用水卫生标准以外，还应满足表1-13中的指标要求。

表1-13 矿泉水主要化学成分的界限指标 （单位：mg/L）

项　目	限　值	备　注
锂	≥0.20	
锶	≥0.20	含量在0.20~0.40mg/L时，水源水水温应在25℃以上
锌	≥0.20	
碘化物	≥0.20	
偏硅酸	≥25.0	含量在25.0~30.0mg/L时，水源水水温应在25℃以上
硒	≥0.01	
游离二氧化碳	≥250	
溶解性总固体	≥1000	

2. 按酸碱度分类

按酸碱度大小，水可分为强酸性水、弱酸性水、中性水、弱碱性水和强碱性水，见表1-14。

表1-14 水按酸碱度分类

名　称	pH值	名　称	pH值
强酸性水	<5.0	弱碱性水	8.1~10.0
弱酸性水	5.0~6.4	强碱性水	>10.0
中性水	6.5~8.0		

3. 按硬度分类

水的硬度指溶解在水中的钙、镁离子的含量。总硬度又分为暂时性硬度和永久性硬度。由水中含有的重碳酸钙与重碳酸镁而形成的硬度，经煮沸后可以去除，称为暂时性硬度，又叫碳酸盐硬度；当水中的钙、镁离子主要以硫酸盐、硝酸盐和氯化物等形式存在时，经煮沸后不能去除的这部分硬度称为永久性硬度，也叫非碳酸盐硬度。以上两种硬度之和为总硬度。

硬度的表示方法尚未统一，我国使用较多的表示方法有两种：一种是以度（H°）计，表示方法称为德国度，1硬度单位表示每升水中含10mg CaO，即1H°=10mg CaO/L；另一种是用$CaCO_3$含量表示，将水中钙、镁离子的含量折算成$CaCO_3$的质量，单位为mg/L。

地下水按硬度大小可分为极软水、软水、微硬水、硬水和极硬水，见表1-15。

表 1-15　地下水按硬度分类

名　　称	总硬度（以 $CaCO_3$ 计)/(mg/L)	名　　称	总硬度（以 $CaCO_3$ 计)/(mg/L)
极软水	<75	硬水	300~450
软水	75~150	极硬水	>450
微硬水	150~300		

地表水总硬度评价标准与地下水类似，其分级方法见表 1-16。

表 1-16　地表水总硬度评价标准及分级方法

级　　别	总硬度（以 $CaCO_3$ 计)/(mg/L)	评价类型
一	<55	极软水
二	55~150	软水
三	150~300	适度硬水
四	300~450	硬水
五	≥450	极硬水

4. 按水质清洁程度分类

按给水水源的清洁程度可分为清洁水源和微污染水源。清洁水源是指符合水源水质标准的水源，一般指一级水源水和二级水源水。微污染水源则是指微量和痕量有毒有害的污染物进入水体后被污染的水。水质超过二级标准限值的水源水，不宜作为生活饮用水的水源水，但在特殊情况下可作为水源水。微污染物质包括可溶性有机物、氮、磷、藻类、铁、锰、氟化物、氯化物等。

1.4　取水量

取水量是取水构筑物设计的依据。在给水工程中，取水量取决于供水规模，而供水规模则取决于用水量。

1.4.1　供水规模与取水量计算

供水规模指水厂供水能力，按该工程供水范围内的最高日用水量计算，为集中式供水工程设计的重要参数。在取水工程中，取水量即一级泵站的流量，依据最高日用水量确定。

拟建供水水源地的规模按需水量大小，可分为特大型、大型、中型和小型四级，见表 1-17。

表 1-17　供水水源地规模分类

规　　模	需水量 $X/(万\ m^3/d)$	规　　模	需水量 $X/(万\ m^3/d)$
特大型	$X \geq 15$	中型	$1 \leq X < 5$
大型	$5 \leq X < 15$	小型	$X < 1$

取用地表水时，取水构筑物、一级泵站、从水源至净水厂的原水输水管（渠）及增压泵站的设计流量应按最高日平均时供水量计算，并计入输水管（渠）的漏损水量和净水厂

自用水量，可用下式表示：

$$Q = Q_d + Q_s + Q_L \tag{1-5}$$

式中　Q——取水量（m^3/d）；

　　　Q_d——最高日用水量，即设计供水规模（m^3/d）；

　　　Q_s——水厂自用水量（m^3/d）；

　　　Q_L——输水管渠漏损水量，包括长距离输水管道的渗漏量或露天渠道的蒸发量（m^3/d）。

　　或

$$Q = \frac{(1 + \alpha + \beta)Q_d}{T} \tag{1-6}$$

式中　Q——取水量（m^3/h）；

　　　α——水厂自用水系数（%），一般取 5%~10%；

　　　β——输水管渠漏损率（%），与输水管道（渠）单位管道长度的供水量、供水压力、管（渠）材质有关；

　　　T——每日工作小时数，一般为 24 小时工作，小型水厂可考虑分时取水；

　　其余符号含义同前。

当取用水质良好的地下水仅需消毒处理时，一般先将地下水输送到地面水池再经二级泵站提升至配水管网，此时，α、β 的取值为零。利用明渠供水时，还应考虑渠道的蒸发量；有庭院浇灌和农田灌溉需求时，尚应根据具体情况适当考虑庭院浇灌用水量和农田灌溉用水量。

水厂自用水量主要是滤池反冲洗用水，絮凝池、沉淀池排泥水，药剂配制用水，清洗用水等。

水厂自用水量应根据原水水质、净水工艺和净水构筑物（设备）类型确定。采用常规净水工艺的城市水厂，可按最高日用水量的 5%~10% 计算；低浊度水源水取低值，反之取高值。村镇水厂自用水量通常可按最高日用水量的 5%~8% 计算。只进行消毒处理的水厂，可不计此项。

村镇供水，水源取水量通常可按供水规模加水厂自用水量确定。当输水管道较长时，尚应增加输水管道的漏失水量。

采用反渗透脱盐工艺的村镇饮用水供水站，供水规模可按 5~7L/（人·d）的饮用水量确定，水源取水量可按日产水量的 2 倍计算。

取用地下水时，取水量可按最高日平均时供水量计算。

1.4.2　村镇供水规模

村镇供水规模，包括居民生活用水量、公共建筑用水量、饲养畜禽用水量、企业用水量、消防用水量、浇洒道路和绿地用水量、管网漏失水量和未预见水量等，应根据当地实际用水需求列项，按最高日用水量进行计算。

联片集中供水工程的供水规模，应分别计算供水范围内各村、镇的最高日用水量。

确定供水规模时，应综合考虑现状用水量、用水条件及其设计年限内的发展变化、水源条件、制水成本、已有供水能力、当地用水定额标准和类似工程的供水情况。

供水规模根据实际用水需求列项。村镇建筑施工用水量为临时用水，已包括在生活、企业用水和未预见水量中；庭院浇灌用水为非日常用水，可错开用水高峰，且从经济合理考虑，不在供水规模中单列；联片供水工程宜分别计算各村镇的用水量。

（1）居民生活用水量　居民生活用水量可按式（1-7）、式（1-8）计算：

$$W = Pq /1000 \tag{1-7}$$

$$P = P_0(1 + \gamma)^n + P_1 \tag{1-8}$$

式中　W——居民生活用水量（m^3/d）；

P——设计用水居民人数（人）；

q——最高日居民生活用水定额［$L/(人 \cdot d)$］，可按表1-18确定；

P_0——供水范围内的现状常住人口数，其中包括无当地户籍的常住人口（人）；

γ——设计年限内人口自然增长率，可根据当地近年来的人口自然增长率确定；

n——工程设计年限（年）；

P_1——设计年限内人口的机械增长总数（人）。

居民生活用水量，在供水规模计算中占有较大的比重，计算时应详细了解现状居住人口，计算人口应包括无当地户籍的常住人口，如工厂合同工、学校的住宿生等，不住宿学生可按50%折减计算。设计年限内人口机械增长总数，可根据各村镇总体规划中的人口规划，近年来人口户籍迁移和流动情况，按平均增长法确定。近年来，随着全国小城镇建设的发展、撤乡并镇的体制变化、农村人口向城镇流动的情况，人口变化较大，设计时应予以关注。条件差的村庄，流动人口少，外迁人口多，设计年限内人口可能是负增长，此时设计人口宜按现状常住人口计算。

表1-18　最高日居民生活用水定额　　　　　　　［单位：$L/(人 \cdot d)$］

主要用（供）水条件	一区	二区	三区	四区	五区
公共取水点，或水龙头入户、定时供水	20 ~ 40	25 ~ 45	30 ~ 50	35 ~ 60	40 ~ 70
水龙头入户，基本全日供水，有洗涤池，少量卫生设施	40 ~ 60	45 ~ 70	50 ~ 80	60 ~ 90	70 ~ 100
水龙头入户，基本全日供水，有洗涤池，卫生设施较齐全	60 ~ 100	70 ~ 110	80 ~ 120	90 ~ 130	100 ~ 140

注：1. 本表中定时供水指每天供水时间累计不小于6h的供水方式，基本全日供水指每天能连续供水14h以上的供水方式；卫生设施指洗衣机、水冲厕所和淋浴装置等。

2. 一区包括：新疆、西藏、青海、甘肃、宁夏，内蒙古西部，陕西和山西两省黄土沟壑区，四川西部；二区包括：黑龙江、吉林、辽宁，内蒙古东部，河北北部；三区包括：北京、天津、山东、河南，河北北部以外地区，陕西关中平原地区，山西黄土高原沟壑区以外地区，安徽和江苏两省北部；四区包括：重庆、贵州，云南南部以外地区，四川西部以外地区，广西西北部，湖北和湖南两省西部山区，陕西南部；五区包括：上海、浙江、福建、江西、广东、海南、安徽、江苏两省北部以外地区，广西西北部以外地区，湖北和湖南两省西部山区以外地区，云南南部。

3. 所列水量包括了居民散养畜禽用水量、散用汽车和拖拉机用水量、家庭小作坊生产用水量。

（2）公共建筑用水量　公共建筑用水量应根据公共建筑性质、规模及其用水定额确定。

村庄的公共建筑供水量，可只考虑学校和幼儿园的用水。师生走读的学校或幼儿园，最高日生活用水定额可按10 ~ 25L/（人·d）计，师生寄宿的学校或幼儿园，最高日用水定额可按30 ~ 40L/（人·d）计。综合考虑气温、生活习惯等因素，南方可取较高值，北方可取较低值。无学校的村庄不计此项。

乡镇政府所在地、集镇，可按《建筑给水排水设计规范》2009 版（GB 50015—2003）中的规定确定公共建筑用水定额。缺乏资料时，公共建筑用水量可按居民生活用水量的 10%～25% 估算，其中集镇和乡政府所在地可为 10%～15%，建制镇可为 15%～25%。

（3）饲养畜禽最高日用水量 集体或专业户饲养畜禽最高日用水量，应根据畜禽饲养方式、种类、数量、用水现状和近期发展计划确定。

圈养时，饲养畜禽最高日用水定额可按表 1-19 选取：

表 1-19 饲养畜禽最高日用水定额

[单位：L/（头·d）或 L/（只·d）]

畜禽类别	用水定额	畜禽类别	用水定额
马、骡、驴	40～50	育肥猪	30～40
育成牛	50～60	羊	5～10
奶牛	70～120	鸡	0.5～1.0
母猪	60～90	鸭	1.0～1.2

放养畜禽时，应根据用水现状对按定额计算的用水量适当折减；有独立水源的饲养场可不考虑此项。

（4）企业用水量 企业用水量应根据以下要求确定：

企业生产用水量应根据企业类型、规模、生产工艺、用水现状、近期发展计划和当地的生产用水定额标准确定。

企业内部工作人员的生活用水量，应根据车间性质确定，无淋浴的可为 20～30L/（人·班）；有淋浴的可根据具体情况确定，淋浴用水定额可为 40～50L/（人·班）。

对耗水量大、水质要求低或远离居民区的企业，是否将其列入供水范围应根据水源充沛程度、经济比较和水资源管理要求等确定。只有家庭手工业、小作坊的村镇不计此项。

（5）消防用水量 消防用水量应按照《消防给水及消火栓系统技术规范》（GB 50974—2014）的有关规定确定。

城镇市政消防给水设计流量，应按同一时间内的火灾次数和一次火灾灭火设计流量经计算确定。同一时间内的火灾次数和一次灭火用水量不应小于表 1-20 的规定。

表 1-20 城市、居住区同一时间内的火灾次数和一次灭火用水量

人数 N/万人	同一时间内的火灾次数/次	一次灭火用水量/（L/s）
$N \leqslant 1.0$	1	15
$1.0 < N \leqslant 2.5$	1	20
$2.5 < N \leqslant 5.0$	2	30
$5.0 < N \leqslant 10.0$	2	35
$10.0 < N \leqslant 20.0$	2	45
$20.0 < N \leqslant 30.0$	2	60
$30.0 < N \leqslant 40.0$	2	75
$40.0 < N \leqslant 50.0$	3	75
$50.0 < N \leqslant 70.0$	3	90
$N > 70.0$	3	100

工业园区、商务区、居住区等市政消防给水设计流量，宜根据规划区域的规模和同一时间的火灾次数，以及规划中的各类建筑室内外同时作用的水灭火系统设计流量之和经计算分析确定。

建筑室外消火栓设计流量，按建筑物的用途、功能、体积、耐火等级、火灾危险性等因素综合分析确定，不应小于表1-21的规定。

居住区人数不超过500人，且建筑物不超过2层的居住小区，可不设消防给水。

允许短时间间断供水的村镇，且主管网的供水能力大于消防用水量时，或村镇附近有可靠的其他水源且取用方便可作为消防水源时，可不单列消防用水量。

（6）浇洒道路和绿地用水量　经济条件好或规模较大的村镇，可根据浇洒道路和绿地的面积，按 $1.0 \sim 2.0 \mathrm{L/(m^2 \cdot d)}$ 的用水负荷计算。一般村镇，一般较少浇洒道路和绿地，且为非日常用水，可避开用水高峰，故可不单列此项。

表1-21　建筑物室外消火栓设计流量　　　　　（单位：L/s）

耐火等级	建筑物类别		建筑物体积 $v/\mathrm{m^3}$					$v > 50000$
			$v \leqslant 1500$	$1500 < v \leqslant 3000$	$3000 < v \leqslant 5000$	$5000 < v \leqslant 20000$	$20000 < v \leqslant 50000$	
一、二级	厂房	甲、乙、 丙、丁、戊	15 15 15	15 15 15	20 20 15	25 25 15	30 30 15	35 40 20
	仓库	甲、乙、丙、 丁、戊	15 15 15	15 15 15	25 25 15	25 25 15	— 35 15	— 45 20
	住宅		15	15	15	15	15	20
	单层或多层公共建筑		15	15	15	25	30	40
	高层公共建筑		—	—	—	25	30	40
	地下建筑		15	15	15	20	25	30
三级	工业建筑	乙、丙	15	20	30	40	45	—
		丁、戊	15	15	15	20	25	35
	单层或多层民用建筑		15	15	20	25	30	—
四级	丁、戊类工业建筑		15	15	20	25	—	—
	单层或多层民用建筑		15	15	20	25	—	—

注：1. 成组布置的建筑物应按消火栓设计流量较大的相邻两座建筑物的体积之和确定。

2. 火车站、码头和机场的中转库房，其室外消火栓用水量应按相应等级的丙类物品库房确定；室外消火栓用水量应按消防用水量最大的一座建筑物计算。成组布置的建筑物应按消防用水量较大的相邻两座计算。

3. 国家级文物保护单位的重点砖木或木结构的建筑物，其室外消火栓用水量应按三级耐火等级民用建筑的消火栓设计流量确定。

4. 当单座建筑的总建筑面积大于500000m²时，建筑物室外消火栓设计流量应按本表规定的最大值增加一倍。

（7）管网漏损水量与未预见水量　管网漏损水量和未预见水量之和，宜按上述用水量之和的10%～25%取值，村级供水工程宜取较低值、乡镇供水工程和规模化供水工程宜取较高值。

1.4.3 城市供水规模

设计供水量由下列各项组成：综合生活用水（包括居民生活用水和公共建筑用水）、工业企业用水、浇洒道路和绿地用水、管网漏损水量和未预见用水。

水厂设计规模，按上述 5 项的用水量之和确定。

（1）综合生活用水量 居民生活用水定额和综合生活用水定额应根据当地国民经济和社会发展、水资源充沛程度、用水习惯，在现有用水定额基础上，结合城市总体规划和给水专业规划，本着节约用水的原则，综合分析确定。

当缺乏实际用水资料时，可按表 1-22 和表 1-23 选用。

表 1-22　居民生活用水定额　　　　　[单位：L/(人·d)]

分 区	特 大 城 市		大 城 市		中、小城市	
	最 高 日	平 均 日	最 高 日	平 均 日	最 高 日	平 均 日
一	180～270	140～210	160～250	120～190	140～230	100～170
二	140～200	110～160	120～180	90～140	100～160	70～120
三	140～180	110～150	120～160	90～130	100～140	70～110

表 1-23　综合生活用水定额　　　　　[单位：L/(人·d)]

分 区	特 大 城 市		大 城 市		中、小城市	
	最 高 日	平 均 日	最 高 日	平 均 日	最 高 日	平 均 日
一	260～410	210～340	240～390	190～310	220～370	170～280
二	190～280	150～240	170～260	130～210	150～240	110～180
三	170～270	140～230	150～250	120～200	130～230	100～170

注：1. 特大城市指市区和近郊区非农业人口 100 万及以上的城市；大城市指市区和近郊区非农业人口 50 万及以上，不满 100 万的城市；中、小城市指市区和近郊区非农业人口不满 50 万的城市。

2. 一区包括湖北、湖南、江西、浙江、福建、广东、广西、海南、上海、江苏、安徽和重庆；二区包括四川、贵州、云南、黑龙江、吉林、辽宁、北京、天津、河北、山西、河南、山东、宁夏、陕西、内蒙古河套以东和甘肃黄河以东的地区；三区包括新疆、青海、西藏、内蒙古河套以西和甘肃黄河以西的地区。

3. 经济开发区和特区城市，根据用水实际情况，用水定额可酌情增加。

4. 当采用海水或污水再生水等作为冲厕用水时，用水定额相应减少。

（2）工业企业用水量 工业企业用水量应根据生产工艺要求确定。大工业用水户或经济开发区宜单独进行用水量计算；一般工业企业的用水量可根据国民经济发展规划，结合现有工业企业用水资料分析确定。

（3）浇洒道路和绿地用水量 浇洒道路和绿地用水量应根据路面、绿化、气候和土壤等条件确定。浇洒道路用水可按浇洒面积以 $2.0～3.0L/(m^2·d)$ 计算；浇洒绿地用水可按浇洒面积以 $1.0～3.0L/(m^2·d)$ 计算。

（4）管网漏损水量 管网漏损水量指给水管网中，未经使用而漏掉的水量，包括管道接口不严、管道裂纹穿孔、水管爆裂、闸阀封水圈不严及消火栓等设备漏损水量。

城镇配水管网的漏损水量一般按上述 3 项水量之和的 10%～12% 计算，当单位管长供水量小或供水压力高时可适当增加。

（5）未预见水量　未预见水量，指给水工程设计中对难以预见的因素而保留的水量。未预见水量应根据水量预测中考虑难以预见因素的程度确定，一般可采用前4项水量之和的8%~12%。

1.5　水源选择

集中式供水工程的水源选择，需根据城市远期和近期规划，历年来的水质、水文、水文地质、环境影响评价资料，取水点及附近地区的卫生状况和地方病等因素，从卫生、环保、水资源、技术等多方面进行综合评价，并经当地卫生行政部门水源水质监测和卫生学评价合格后，方可作为供水水源。

1.5.1　一般原则

在选择水源时，应因地制宜，针对不同的用水对象、用水量和用水水质，进行多方案的技术经济比较，使水源安全可靠，取水工程技术先进、经济合理，并与自然景观相协调。

水源选择前，必须进行水资源的勘察。水源的选择应通过技术经济比较后综合确定，并应符合下列要求：

1）选择水体功能区划所规定的取水地段。目前我国大部分地表水源和地下水源都已划定功能区域及水质目标，目的在于保证水源水质不致因污染而恶化。因此，水源的选择应以水体功能区划作为主要依据，选择在水体功能区划所规定的取水地段取水。采用地表水作为水源时，应结合城市发展规划，将取水点设在城镇和工矿企业的上游。

2）水量充沛可靠。所选择的水源必须具有充足的可取用水量。水源的水量应能满足城镇或居民点的总用水量，并考虑到近期和远期的发展，除了保证当前生活、生产需水量外，还需要满足远期发展所必需的水量。

天然水源的水量，可通过水文学和水文地质学的调查、勘察来了解。

3）应选择水质良好、便于防护的水源。供水水源水质应符合国家生活饮用水水源水质的规定。当水质不符合国家生活饮用水水源水质规定时，不宜作为生活饮用水水源。采用地表水作为生活饮用水水源时，其水质应符合《地表水环境质量标准》（GB 3838—2002）中生活饮用水水源的水质要求；采用地下水作为生活饮用水水源时，其水质应符合《地下水质量标准》（GB/T 14848—1993）中的水质要求；工业企业生产用水的水源水质则应根据各种生产工艺的要求确定。

水源水质不仅要考虑现状，还要考虑远期变化趋势。水源的卫生防护应符合有关现行标准、规范的规定。

4）统一规划、综合利用。确定水源、取水地点和取水量等，应取得有关部门同意。在选择水源时，应与水资源开发利用及规划相配合，正确处理给水工程与农业、水利、电力等方面的关系，结合当地的水资源特点综合考虑。

水资源利用部门须配合规划部门制定水资源利用规划、统筹安排水资源。尤其是在缺水地区，对水资源的利用要统一规划、合理分配、优水优用、综合利用。

5）取水、输水、水处理设施安全经济和维护方便。一般情况下，采用地下水源的取水构筑物构造简单，便于施工和运行管理，但是开发地下水源的勘察工作量较大，如果过量开采会导致地面下沉，造成安全隐患。地表水的取水构筑物较地下水取水构筑物复杂。

6）具有良好的施工条件与地形。在选择水源地时，应考虑是否具备建设取水设施所必需的施工条件。同时，应参考工程地质和地形条件，以节省基建投资。

1.5.2 水源比较

根据水利部发布的《2013 年中国水资源公报》，2013 年全国总供水量为 6183.4 亿 m^3，占当年水资源总量的 22.1%。其中，地表水源供水量占 81.0%；地下水源供水量占 18.2%；其他水源供水量占 0.8%。在地下水供水量中，浅层地下水占 84.8%，深层承压水占 14.9%，微咸水占 0.3%。由于冰冻和水资源分布的影响，北方地区采用地表水水源的比例明显低于南方地区。

如前所述，地下水和地表水各具特点，一般差异见表 1-24。

表 1-24 地表水与地下水的比较

项 目	地 下 水 源	地 表 水 源
水质	水质澄清，水温稳定	浊度较高，水温变化幅度大
径流量	径流量较小	径流量较大
矿化度	较高	较低
卫生防护	卫生条件较好	卫生防护难度大
取水条件及构筑物	简单，便于管理	复杂，难于管理
处理工艺	简单	复杂
适用条件	用水量较小	用水量较大
水源地	可靠近用户	通常远离用户

我国地表水资源非常丰富，如长江、黄河、珠江、淮河、松花江、辽河、海河等河川和湖泊、水库以及海域等，都是城市及工业企业可利用的良好给水水源。采用地表水源时，需要同时考虑地形、地质、水文、卫生防护等多方面因素。取用地表水作水源往往需要长距离输送，会导致基建投资和运行费用增加。

采用地下水源具有下列优点：取水构筑物构造简单，便于施工和运行管理；通常无需澄清处理，即使水质不符合要求时，大多数情况下处理工艺也比地表水简单，因此处理构筑物投资和运行费用也较低；便于靠近用户取水，从而降低管网投资，不但节省输水运行费用，同时也提高了给水系统的安全可靠性；也便于建立卫生防护区。

1.5.3 城市水源的选择

选择水源时，应在分析比较各水源的水量、水质后，进一步结合水源水质和取水、净化、输水等具体条件，进行技术经济比较，综合考虑最优方案。

由于地下水水源不易受污染，一般水质较好，故当水质符合要求时，生活饮用水的水源宜优先考虑地下水。由于深层承压水更替速度很慢，一般只作为应急备用水源。

随着对地下水保护重视程度的提高，城镇、工业企业常利用地表水作为给水水源，尤其是我国南方地区，河网发达，湖泊、水库较多，以地表水作为给水水源的城市、村镇、工业企业更为普遍。

选择地下水源时，通常按泉水、承压水、潜水的顺序选用。对于工业企业生产用水水源而言，如取水量不大或不影响当地饮用水需要，也可用地下水源，否则应采用地表水。

1.5.4 农村水源的选择

农村水源的选择，宜按以下先后顺序考虑：

1）在有条件的农村，应尽量以山泉或地势较高的水库水为水源，可以靠重力输送。泉水水质好，取集方便，可大大节约取水设施的费用，也便于日常的运营管理，因此选用泉水作为中、小型供水系统的水源较为经济合理。自流泉是农村给水工程建设中优先考虑开发利用的水源。

另外，可选择经消毒等简单处理后即可饮用的水源，如浅层地下水、山溪水、未污染的洁净水库水和未污染的洁净湖水。

2）经常规净化后即可饮用的水源，如江、河水，受轻微污染的水库水或湖泊水等。

3）便于开采，但需经特殊净化后方可饮用的地下水源，如含铁（锰）量、含氟量等超过《生活饮用水卫生标准》的地下水水源。

4）需进行深度处理的地表水。

5）淡水资源匮乏地区，可修建雨水收集系统，直接收集雨水作为分散式给水水源。

确认水源水质会引起某些地方性疾病时，选择水源工作应特别慎重。如高氟水地区，应尽量采用地表水。当遇到含铁、锰地下水和高浊度地表水等特殊水源时，要将这些水源与其他水源进行经济技术比较，选择一种较为经济、合理的水源。

农村水源的选择，要注意卫生防护条件，取水点一般选在居住区上游。另外，还应考虑结合水利、农田建设等工程进行综合利用，要与当地水利、水文地质部门配合好。

1.5.5 地表水的取用

用地表水作为城市供水水源时，其设计枯水流量的年保证率应根据城市规模和工业大用户的重要性选定，宜用 90% ~ 97%。镇的设计枯水流量保证率，可根据具体情况适当降低。

地表水保证率与枯水出现频率及重现期的关系见表 1-25。

表 1-25　地表水保证率与枯水出现频率及重现期的关系

地表水保证率 $I = (100 - P)$（%）	枯水出现频率 P（%）	枯水重现期 $\left(\dfrac{100}{P} = \dfrac{100}{100 - I}\right)$
90	10	10 年一遇
95	5	20 年一遇
97	3	33 年一遇
98	2	50 年一遇
99	1	100 年一遇

地表取水工程受自然条件和环境影响很大，应根据实际情况，因地制宜地修建取水工程。

南方地区地表水比较丰富，冬季最低水温一般为 2~4℃，不会出现冰封和流冰现象，修建取水工程十分有利。

南方地区多数河流的上游都穿行于崇山峻岭，河床岩性较好，坚实而稳固，河岸植物茂密，且平时河水浊度较低，适宜修建取水工程。但也有一部分山区河流受季节的影响很大，丰水期与枯水期流量相差悬殊，水位变化幅度很大，瞬时含沙量较高，漂浮物较多，给取水和净水工程带来一定的困难。在这种情况下，为解决给水水源问题，一般多采用筑坝蓄水。

北方地区降雨量少，河网密度低，一般河流流域面积小，地表水不十分丰富。一部分地表河流如黄河、渭河等，河床稳定性较差，水中挟带大量泥沙，汛期含沙量特别高，而且河床容易发生变迁，给取水造成一定的困难；另外，北方河流冬季还会结冰或形成流冰，造成取水口维护管理的困难。根据初步统计，北方地区城市和工业企业采用地表水水源的仅占总水量的15%~20%。

1.5.6　地下水的取用

地下水具有水质清澈、不易被污染、水温稳定等特点，如果取用地下水，宜优先作为生活饮用水的水源。

我国对地下水资源依法实行取水许可制度。用地下水作为供水水源时，应有确切的水文地质资料，取水量必须小于允许开采量，严禁盲目开采。在确定允许开采量时，应有确切的水文地质资料，并对各种用途的水量进行合理分配。地下水开采后，不得引起水位持续下降、水质恶化及地面沉降。

在一般情况下，当生活饮用水和某些工业企业用水量较小，且要求水温低、当地又有地下水资源时，可以采用地下水源，但必须征得地方有关部门的同意。当浅层地下水丰富时，宜优先选用地下水。深层地下水是封闭性含水层，不能直接得到降水和地表水的补给，可再生、可恢复的能力极差，是不可持续利用的水资源。但是，深层地下水水质好、水温稳定，是天然的优质水资源。在我国天然洁净水源稀缺的状态下，水资源应该"优质优用"。在有地表水和浅层地下水可开发利用并能满足基本需求的区域，应禁止深层地下水的开发利用。

开发地下水源的勘察工作量较大，对于规模较大的地下水取水工程，需要较长的时间进行水文地质勘察。在设计井群时，可根据具体情况，设立观察孔，以便积累资料，长期观察地下水的动态。

思　考　题

1. 何为含水层？泉水是如何形成的？
2. 地下水和地表水分别是怎样分类的？
3. 地下水和地表水各有何特点？
4. 供水规模和取水量是什么关系？地表水取水量如何计算？城市和村镇供水规模计算方法有何差别？
5. 水源选择应遵循哪些原则？如何选择水源？
6. 解释给水度和释水系数的物理意义。

第 2 章
地下水取水工程

本章知识点：介绍各类地下水取水构筑物的适用条件，管井、大口井、复合井、辐射井、渗渠等主要型式与构造，相关设计方法，管井及井群和大口井的出水量计算公式、计算方法及适用范围；井群互阻计算。

本章重点：管井、大口井、辐射井的选择适用条件，构造与组成；管井的设计方法与步骤，出水量计算。

地下水取水构筑物一般分为水平式和垂直式两种型式。垂直取水构筑物有管井、大口井等型式；水平取水构筑物有渗渠、集水廊道等型式；也可以两种型式结合使用，如辐射井。其中以管井、大口井、辐射井、渗渠等最为常见。

地下水取水构筑物应设置在水质好、不易受污染的富水地段，并尽量靠近主要用水地区，同时要尽量避开地震区、地质灾害区和矿产采空区，还要考虑施工、运行和维护方便。取水构筑物的型式不仅与含水层的岩性构造、厚度、埋深等因素有关，还与设备材料供应情况、施工条件和工期等因素有关。在上述因素中，首要考虑的是含水层厚度和埋藏条件。地下水取水构筑物型式的选择，需通过技术经济比较确定。

2.1 管井

管井是垂直设置于地下的管状取水构筑物，井径较小，通常用凿井机开凿，施工方便，适应性强，是地下水取水构筑物中应用最广泛的一种型式。

管井适用于含水层厚度大于 4m，底板埋藏深度大于 8m 的地域，适用于任何砂层、砾石层、卵石层、构造裂隙、熔岩裂隙等含水层，在深井泵性能允许的条件下，不受地下水埋深限制。

2.1.1 管井构造

管井因其井壁和含水层中进水部分均为管状结构而得名。按地下水的类型分为压力水井（承压水井）和无压力水井（潜水井）。地下水能自动喷出地表的压力水井称为自流井。按其过滤器是否贯穿整个含水层，有完整井和非完整井之分，如图 2-1 所示。

管井构造如图 2-2 所示，一般由井口和井管构成。井口是井管高出地面的部分，与地面直接接触，一般建于井室之中。井管是井壁管、过滤器及沉淀管的总称。只有一个含水层的管井如图 2-2a 所示；当有几个含水层且各层水头相差不大时，可采用多层过滤器管井，如图 2-2b 所示。当在稳定的裂隙和岩溶基岩地层中取水时，可以不设过滤器，仅在上部覆盖层和基岩风化带设护口井壁管即可，如图 2-3 所示。在地震烈度大的地区取水，则应采用坚固的井壁管和过滤器。

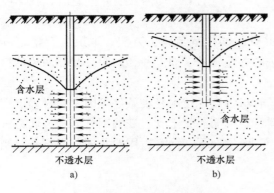

图 2-1　管井型式
a）完整井　b）非完整井

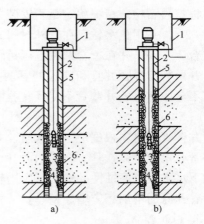

图 2-2　管井的一般构造
a）单层过滤器管井　b）双层过滤器管井
1—井室　2—井壁管　3—过滤器
4—沉淀管　5—黏土封闭　6—填砾

管井直径大多为 50～1000mm，常见的管井直径一般小于 500mm。

1. 井口与井室

为了避免地表污水渗入井内，井口周围应填充黏土或浇筑水泥浆地坪，必要时建设井室。为防止井室积水流入井内，井口应高出井室地面 0.3～0.5m。

为防止污染，松散层地区管井的井口外围需要进行封闭。可在管井井口加设套管，并填入优质黏土封闭，其封闭厚度根据当地水文地质条件确定，一般应自地面算起向下不小于 5m。当井上有建筑物时，应自建筑物基础底向下算起。

井室是用以安装各种设备如水泵、控制柜等，保持井口免受污染和进行日常维护管理的场所。其型式很大程度上取决于抽水设备，同时也受到气候、水文地质条件、施工方法以及取水井附近卫生状况等因素的影响。

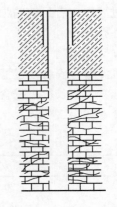

图 2-3　无过滤器的管井

为保证井室内设备正常运行，井室应设置具有一定采光、采暖、通风、防水和防潮的设施。井室型式有地面式、地下式和半地下式，具体布置方式详见第 4 章。

2. 井壁管

设置井壁管的目的在于加固井壁、隔离水质不良或水头较低的含水层。井壁管应具有足够的强度，能够经受地层和人工填充物的侧压力，并且内壁平滑、圆整，以方便安装抽水设备和井的清洗、维修。

基岩地区的管井，当上部有覆盖层或不稳定岩层时，必须设置井壁管。对取裂隙岩溶水的管井，如上部为松散覆盖层，应设隔离井壁管，管端插入完整基岩中不小于 0.5m，并在管外用黏土球或水泥浆封闭。

基岩管井上部的安泵段，除完整和稳定的基岩可保留裸眼外，均应安装井壁管；下部井段可根据岩石稳定情况确定是否安装井壁管。上部安装井壁管时，井管下端应嵌入完整基岩内 1~2m，并用止水材料在管外封闭 2.0~2.5m。当上下段均需安装井壁管时，在其变径处应重合 2~3m，并在重合部位进行封闭。

井壁管有异径井管和同径井管两类。井壁管的构造与施工方法、地层岩石稳定程度有关。不分段钻进的井壁管不变径，分段钻进的井壁管自下而上井径加粗，相邻两段的口径差为 20~50mm。

井壁管的材料根据地下水水质、井深、管材强度、技术经济条件等因素综合确定。常用的井管有钢管、铸铁管、石棉水泥管、塑料管、钢筋混凝土管、玻璃钢管等。玻璃钢管适用于地下水水质有腐蚀性的地区，应用较少。一般情况下，钢管适用的井深范围不受限制，但需随着井深的增加相应增加壁厚。

3. 过滤器

过滤器安装于开采段，起滤水、挡砂和护壁作用，在集水的同时保持填砾与含水层的稳定。常用的过滤器有骨架过滤器、缠丝过滤器、填砾过滤器和包网过滤器等。缠丝过滤器和填砾过滤器的骨架管，在单独使用时也称过滤器。包网过滤器因其阻力大，易于堵塞，目前已不常用。

过滤器应有足够的强度和进水面积，能有效防止涌砂，避免堵塞，并保证在长期抽水过程中井孔稳定。

4. 沉淀管

沉淀管是安装在过滤器底部，用以沉积进入井内的细小砂粒和自地下水中析出的沉淀物的无孔管，其长度根据含水层岩性和井深确定，宜为 2~10m，见表2-1。基岩中管井沉淀管的长度一般为 2~4m。

表2-1 井深与沉淀管长度

井深 H/m	沉淀管长度/m
≤30	>2
30 < H≤90	>5
>90	>10

2.1.2 管井出水量计算

管井出水量计算可采用理论公式或经验公式。理论公式方法简单，但计算结果精度较差，适用于水源选择、方案拟定和初步设计；经验公式建立在对水文地质详细勘察和现场抽水试验资料的基础之上，不必考虑井的边界条件，能避开难以确定的水文地质参数，能够全面地概括井的各种复杂影响因素，因此计算结果比较符合实际情况，可用于施工图设计。

管井出水量一般在 500~600m³/d，最大可达 20000~30000m³/d，最小可小于 100m³/d。

1. 理论公式

地下水渗流情况十分复杂，水流流态多变，有压力流与重力流、平面流与空间流、层流与紊流或混合流之分。管井出水量受到地下水渗流、水压力和管井构造等因素的影响，不同情况都有相应的计算公式。

（1）稳定流情况下单井出水量计算　自然界地下水运动过程中并不存在稳定流状态，所谓稳定流也只是在有限时间段的一种暂时平衡现象。事实上，地下水运动十分缓慢，当地下水开发规模与天然补给相比很小时，可以近似地视为稳定流，故稳定流理论概念仍有广泛实用价值。常见稳定流出现的条件有傍河井流、大泉附近的井流和蒸发排泄区的井流等。

1）承压含水层完整井。层流的承压含水层完整井计算简图如图 2-4 所示，出水量的计算公式为

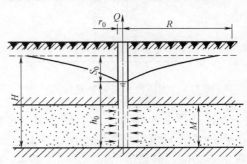

$$Q = \frac{2\pi KM(H - h_0)}{\ln \dfrac{R}{r_0}} = \frac{2\pi KMS_0}{\ln \dfrac{R}{r_0}} = 2.73KMS_0 \qquad (2-1)$$

图 2-4　承压含水层完整井计算简图

式中　Q——单井出水量（m^3/d）；

M——承压含水层厚度（m）；

H——承压水水位（m）；

h_0——井壁外实际水位到底板的距离（m）；

S_0——与 Q 相对应的水位降落值（m）；

r_0——过滤器的半径（m）；

K——渗透系数（m/d）；

R——影响半径（m）。

为了取得更大的水量，常常把井布置在河流的附近。若井距河边的距离 $b < 0.5R$ 时，承压水完整井的出水量计算公式如下：

$$Q = 2\pi K \frac{M(H - h_0)}{\ln \dfrac{2b}{r_0}} = 2.73K \frac{M(H - h_0)}{\lg \dfrac{2b}{r_0}} \qquad (2-2)$$

式中　b——井中心到河流的距离（m）。

其余符号含义同前。

2）无压含水层完整井。远离水体或河流的无压含水层完整井计算简图如图 2-5 所示，出水量计算式为

$$Q = \frac{\pi K(H^2 - h_0^2)}{\ln \dfrac{R}{r_0}} = \frac{1.366KS_0(2H - S_0)}{\lg \dfrac{R}{r_0}} \qquad (2-3)$$

式中符号含义同前。

式（2-1）和式（2-3）又被称为裘布依（J. Dupuit）公式。

布置在河流附近的潜水完整井，如图 2-6 所示。当抽水时，河水和地下水都会向井内运动，如果井距河边的距离 $b < 0.5R$ 时，其出水量计算公式为

$$Q = \pi K \frac{H^2 - h_0^2}{\ln \dfrac{2b}{r_0}} = 1.366K \frac{H^2 - h_0^2}{\lg \dfrac{2b}{r_0}} \qquad (2-4)$$

式中　H——潜水含水层厚度（m）。

其余符号含义同前。

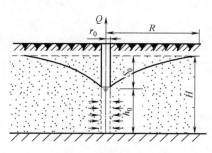

图2-5　无压含水层完整井计算简图

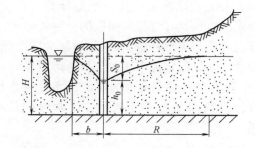

图2-6　河流附近的无压含水层完整井

上述计算中的 K、R、H、M 等值，可根据水文地质勘察资料确定。

渗透系数 K 值可由现场抽水试验确定。无条件进行抽水试验时，可参照水文地质条件类似地区的平均值或经验值估算。渗透系数 K 的经验值见表2-2，影响半径 R 的经验值见表2-3。

表2-2　渗透系数 K 值经验数据

地　层	含水层颗粒性质		渗透系数 $K/(m/d)$
	粒径/mm	所占比重（%）	
轻亚黏土			0.05 ~ 0.10
亚黏土			0.01 ~ 0.25
黄土			0.25 ~ 0.50
粉土质砂			0.50 ~ 1.00
粉砂	0.05 ~ 0.1	70 以下	1 ~ 5
细砂	0.1 ~ 0.25	>70	5 ~ 10
中砂	0.25 ~ 0.5	>50	10 ~ 25
粗砂	0.5 ~ 1.0	>50	25 ~ 50
砾砂	1.0 ~ 2.0	>50	50 ~ 100
圆砾			75 ~ 150
卵石			100 ~ 200
块石			200 ~ 500
漂石			500 ~ 1000

表2-3　影响半径 R 值经验数据

地　层	含水层颗粒性质		影响半径 R/m
	粒径/mm	所占比例（%）	
粉砂	0.05 ~ 0.1	70 以下	25 ~ 50
细砂	0.1 ~ 0.25	>70	50 ~ 100
中砂	0.25 ~ 0.5	>50	100 ~ 300
粗砂	0.5 ~ 1.0	>50	300 ~ 400
砾砂	1 ~ 2	>50	400 ~ 500
小砾石	2 ~ 3		500 ~ 600
中砾石	3 ~ 5		600 ~ 1500
粗砾石	5 ~ 10		1500 ~ 3000

自然界中均质含水层很少存在。对于非均质含水层具有不同渗透系数的情况，可设法把非均质的层状地层近似分成若干均质含水层，以平均渗透系数计算出水量。

图 2-7 所示为层状承压含水层示意图，含水层平均渗透系数可按式（2-5）计算。

$$K_0 = \frac{K_1 M_1 + K_2 M_2 + \cdots + K_i M_i + \cdots + K_n M_n}{M_1 + M_2 + \cdots + M_i + \cdots + M_n} \tag{2-5}$$

式中　K_0——平均渗透系数（m/d）；

$\quad\quad K_i$——各含水层对应的渗透系数（m/d）；

$\quad\quad M_i$——各含水层厚度（m）。

图 2-8 为层状无压含水层示意图，含水层平均渗透系数可按式（2-6）计算。

$$K_0 = \frac{0.5 K_1 (h_1 + h_0) + K_2 h_2 + \cdots + K_i h_i + \cdots + K_n h_n}{0.5 (h_1 + h_0) + h_2 + \cdots + h_i + \cdots + h_n} \tag{2-6}$$

式中　h_i——各无压含水层厚度（m）；

$\quad\quad h_0$——第一层中井壁动水位高度（m）。

其余符号含义同前。

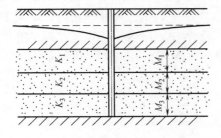

图 2-7　层状承压含水层示意图

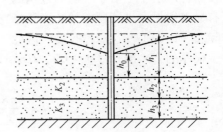

图 2-8　层状无压含水层示意图

【例 2-1】　经水文地质勘察表明有一无压含水层，其底板埋深为地面下 30m，静水位在该地表面以下 4m，渗透系数为 13m/d；如控制井壁外的动水位不低于地面以下 8m，影响半径为 50m，则过滤器直径为 400mm 的完整井单井出水量为多少？

【解】

$$Q = \frac{1.366 K (2 H S_0 - S_0^2)}{\lg \dfrac{R}{r_0}} = \frac{1.366 \times 13 \times (2 \times 26 \times 4 - 4^2)}{\lg \dfrac{50}{0.2}} \text{m}^3/\text{d} = 1422 \text{m}^3/\text{d}$$

3）承压含水层非完整井。有限厚承压含水层非完整井如图 2-9 所示。对于含水层厚度相对于过滤器长度不是很大的情况（$l/M > 0.3$），而且过滤器紧靠顶板时，马斯克特（Muskat）应用空间源汇映射和势流量叠加原理推导出非完整井的理论公式，见式（2-7）：

$$Q = \frac{2.73 K M S_0}{\dfrac{1}{2\alpha}\left(2\lg\dfrac{4M}{r_0} - A\right) - \lg\dfrac{4M}{R}} \tag{2-7}$$

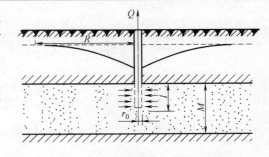

图 2-9　承压含水层非完整井计算简图

式中 $\alpha = \dfrac{l}{M}$——过滤器插入含水层的相对深度；

l——过滤器长度（m）；

$A = f(\alpha)$——由图 2-10 确定的函数值。

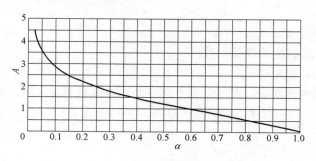

图 2-10 $A - \alpha$ 函数曲线

在较厚含水层中，由于过滤器进水的不均匀性，当过滤器长度增加到一定限度时，进水量并没有显著增加。过滤器有效长度是指在较厚含水层中，水位降深一定时，对增加井的出水量实际起作用的那段过滤器长度。因此，在实际工程中，应合理确定过滤器的有效长度。

对于很厚的含水层（$l/M \leqslant 0.3$，$l/r_0 > 5$），承压水非完整井的出水量可采用巴布希金公式计算：

$$Q = \frac{2\pi K l S_0}{\ln \dfrac{1.32l}{r_0}} = \frac{2.73 K l S_0}{\lg \dfrac{1.32l}{r_0}} \tag{2-8}$$

当 $M > 150 r_0$，$l/M > 0.1$ 时，承压水非完整井也可以采用下列公式计算：

$$Q = \frac{2.73 K M S_0}{\lg \dfrac{R}{r_0} + \dfrac{M - l}{l} \lg\left(1 + 0.2\dfrac{M}{r_0}\right)} \tag{2-9}$$

式（2-8）与式（2-9）中符号含义同前。

4）潜水含水层非完整井。潜水含水层非完整井如图 2-11 所示，出水量可按照无压含水层完整井出水量和有限厚承压含水层非完整井出水量叠加计算。当过滤器埋藏较深，$l/2 > 0.3M$ 时，公式为

$$Q = 1.366 K S_0 \left(\frac{l + S_0}{\lg \dfrac{R}{r_0}} + \frac{2M_0}{\dfrac{1}{2\alpha}\left(2\lg\dfrac{4M_0}{r_0} - A\right) - \lg\dfrac{4M_0}{R}} \right)$$

$$\tag{2-10}$$

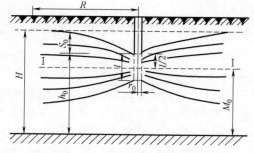

图 2-11 潜水含水层非完整井计算简图

式中，$M_0 = h_0 - l/2$；$A = f(\alpha)$，由图 2-10 查出；

$\alpha = \dfrac{0.5l}{M_0}$；$h_0$ 为井内动水位至含水层底板的距离（m）；其余符号含义同前。

当 $\bar{h}/r_0 > 150$、$l/\bar{h} > 0.1$ 时，潜水含水层非完整井还可以采用下式进行计算：

$$Q = \frac{1.366K(H^2 - h_0^2)}{\lg \dfrac{R}{r_0} + \dfrac{\overline{h} - l}{l}\lg \dfrac{1.12\overline{h}}{\pi r_0}} \tag{2-11}$$

式中　$\overline{h}$——潜水含水层在自然情况下和抽水试验时的平均厚度（m）。

式中符号含义同前。

（2）非稳定流情况下井的出水量计算　当开采量扩大、地下水补给不足时，地下水位发生明显的、持续的下降，就要求用非稳定流理论来解释地下水的动态变化过程。

包含时间变量的泰斯（C. V. Theis）公式是非稳定流理论的基本公式。泰斯公式除了在抽水试验中确定水文地质参数有重要意义外，在地下水开发中可以用于预测水源建成后地下水位的变化。

泰斯公式是在以下假设的基础上推导的：含水层均质、各向同性、水平且无限广阔；含水层的导水系数 T 为常数；当水头或水位降落时，含水层的释水瞬时发生；含水层的顶板、底板不透水等。

1）承压含水层完整井。承压含水层完整井的泰斯公式为

$$S = \frac{Q}{4\pi KM}W(u) \tag{2-12a}$$

式中　$W(u)$——井函数，见表 2-4；

$$W(u) = \int_u^\infty \frac{e^{-u}}{u} = -0.5772 - \ln u + \sum_{n=1}^\infty (-1)^{n+1}\frac{u^n}{n \cdot n!} \tag{2-12b}$$

u——井函数自变量，$u = \dfrac{r^2}{4at}$；

Q——井的出水量（$\mathrm{m^3/d}$）；

r——任意点至井的距离（m）；

S——抽水 t 时间后 r 处的水位降落值（m）；

t——抽水延续时间（d）；

a——承压含水层压力传导系数（$\mathrm{m^2/d}$）。

其余符号含义同前。

对于透水性良好的密实破碎岩石层中的低矿化度水而言，a 值一般为 $10^4 \sim 10^6 \mathrm{m^2/d}$；在透水性差的细颗粒含水层中，$a$ 值在 $10^3 \sim 10^5 \mathrm{m^2/d}$ 之间。

当 u 很小，如 $u \leqslant 0.01$ 时，式（2-12a）可简化为

$$S = \frac{Q}{4\pi KM}\ln \frac{2.25at}{r^2} \tag{2-12c}$$

由上式可得非稳定流承压水完整井的出水量为

$$Q = \frac{4\pi KMS}{\ln \dfrac{2.25at}{r^2}} \tag{2-12d}$$

对于给水工程设计及运行管理而言，多为已知出水量 Q（保持常量）求某点 r 处的水位降 S 随时间的变化。此类情况可直接由泰斯公式进行计算。

2）潜水含水层完整井。潜水含水层完整井的泰斯公式如下：

$$h^2 = H^2 - \frac{Q}{2\pi K}W(u) \tag{2-13a}$$

表 2-4 函数 $W(u)$ 数值简表

u	$W(u)$	u	$W(u)$	u	$W(u)$	u	$W(u)$	u	$W(u)$	u	$W(u)$
0	∞	0.022	3.2614	0.096	1.8599	0.45	0.6253	0.82	0.2996	2.90	0.0148
1×10^{-12}	27.0538	0.024	3.1763	0.098	1.8412	0.46	0.6114	0.83	0.2943	3.00	0.0131
2×10^{-12}	26.3607	0.026	3.0983	0.10	1.8229	0.47	0.5979	0.84	0.2891	3.10	0.0115
5×10^{-12}	25.4444	0.028	3.0261	0.11	1.7371	0.48	0.5848	0.85	0.2840	3.20	0.0101
1×10^{-11}	24.7512	0.030	2.9591	0.12	1.6595	0.49	0.5721	0.86	0.2790	3.30	0.0089
2×10^{-11}	24.0581	0.032	2.8965	0.13	1.5889	0.50	0.5598	0.87	0.2742	3.40	0.0079
5×10^{-11}	23.1418	0.034	2.8379	0.14	1.5241	0.51	0.5478	0.88	0.2694	3.50	0.0070
1×10^{-10}	22.4486	0.036	2.7827	0.15	1.4645	0.52	0.5362	0.89	0.2647	3.60	0.0062
2×10^{-10}	21.7555	0.038	2.7306	0.16	1.4092	0.53	0.5250	0.90	0.2602	3.70	0.0055
5×10^{-10}	20.8392	0.040	2.6813	0.17	1.3578	0.54	0.5140	0.91	0.2557	3.80	0.0048
1×10^{-9}	20.1460	0.042	2.6344	0.18	1.3098	0.55	0.5034	0.92	0.2513	3.90	0.0043
2×10^{-9}	19.4529	0.044	2.5899	0.19	1.2649	0.56	0.4930	0.93	0.2470	4.00	0.0038
5×10^{-9}	18.5366	0.046	2.5474	0.20	1.2227	0.57	0.4830	0.94	0.2429	4.10	0.0033
1×10^{-8}	17.8435	0.048	2.5068	0.21	1.1829	0.58	0.4732	0.95	0.2387	4.20	0.0030
2×10^{-8}	17.1503	0.050	2.4679	0.22	1.1454	0.59	0.4637	0.96	0.2347	4.30	0.0026
5×10^{-8}	16.2340	0.052	2.4306	0.23	1.1099	0.60	0.4544	0.97	0.2308	4.40	0.0023
1×10^{-7}	15.5409	0.054	2.3948	0.24	1.0726	0.61	0.4454	0.98	0.2269	4.50	0.0021
2×10^{-7}	14.8477	0.056	2.3604	0.25	1.0443	0.62	0.4366	0.99	0.2231	4.60	0.0018
5×10^{-7}	13.9314	0.058	2.3273	0.26	1.0139	0.63	0.4280	1.00	0.2194	4.70	0.0016
1×10^{-6}	13.2383	0.060	2.2953	0.27	0.9849	0.64	0.4197	1.10	0.1860	4.80	0.0014
2×10^{-6}	12.5451	0.062	2.2645	0.28	0.9573	0.65	0.4115	1.20	0.1584	4.90	0.0013
5×10^{-6}	11.6280	0.064	2.2346	0.29	0.9309	0.66	0.4036	1.30	0.1355	5.00	0.0011
1×10^{-5}	10.9357	0.066	2.2058	0.30	0.9057	0.67	0.3959	1.40	0.1162		
2×10^{-5}	10.2426	0.068	2.1779	0.31	0.8815	0.68	0.3883	1.50	0.1000		
5×10^{-5}	9.3263	0.070	2.1508	0.32	0.8583	0.69	0.3810	1.60	0.0863		
1×10^{-4}	8.6332	0.072	2.1246	0.33	0.8361	0.70	0.3738	1.70	0.0747		
2×10^{-4}	7.9402	0.074	2.0991	0.34	0.8147	0.71	0.3668	1.80	0.0647		
5×10^{-4}	7.0242	0.076	2.0744	0.35	0.7942	0.72	0.3599	1.90	0.0562		
1×10^{-3}	6.3315	0.078	2.0503	0.36	0.7745	0.73	0.3532	2.00	0.0489		
2×10^{-3}	5.6394	0.080	2.0269	0.37	0.7554	0.74	0.3467	2.10	0.0426		
5×10^{-3}	4.7261	0.082	2.0042	0.38	0.7371	0.75	0.3403	2.20	0.0372		
0.010	4.0379	0.084	1.9820	0.39	0.7194	0.76	0.3341	2.30	0.0325		
0.012	3.8573	0.086	1.9604	0.40	0.7024	0.77	0.3280	2.40	0.0284		
0.014	3.7054	0.088	1.9393	0.41	0.6859	0.78	0.3221	2.50	0.0249		
0.016	3.5739	0.090	1.9187	0.42	0.6700	0.79	0.3163	2.60	0.0219		
0.018	3.4581	0.092	1.8987	0.43	0.6546	0.80	0.3106	2.70	0.0192		
0.020	3.3547	0.094	1.8791	0.44	0.6397	0.81	0.3050	2.80	0.0169		

当 u 很小，如 $u \le 0.01$ 时，式（2-13a）可简化为

$$h^2 = H^2 - \frac{Q}{2\pi K} \ln \frac{2.25at}{r^2} \tag{2-13b}$$

式中 H——潜水含水层厚度（m）；

h——r 处含水层动水位高度（m）；

a——潜水含水层水位传导系数（m^2/d）。在潜水含水层中，a 值通常在 $100 \sim 5000\text{m}^2/\text{d}$ 之间。

其余符号同前。

由此可得，潜水含水层非稳定流的出水量为

$$Q = \frac{2\pi K}{\ln \dfrac{2.25at}{r^2}}(H^2 - h^2) = \frac{2.73K}{\lg \dfrac{2.25at}{r^2}}(H^2 - h^2) \tag{2-13c}$$

式中符号含义同前。

2. 经验公式

在工程实践中，常直接根据水源地或与水源地水文地质条件相似地区的抽水试验所得的 $Q\text{-}S$ 拟合曲线进行井的出水量计算。

抽水试验分为稳定流抽水试验和非稳定流抽水试验。稳定流抽水试验是在抽水过程中，要求出水量和动水位同时相对稳定，并有一定延续时间；非稳定流试验是在抽水过程中，一般保持抽水量固定而观测地下水水位变化。

由于井的构造型式对抽水试验结果有较大的影响，在进行抽水试验时，应尽量使试验井的构造接近设计井，否则应进行适当的修正。

经验公式是在抽水试验的基础上拟合出水量 Q 和水位降落值 S 之间的关系曲线，据此可以求出在设计水位降落时井的出水量，或根据已定的井出水量求出井的水位降落值。$Q\text{-}S$ 曲线有直线型、抛物线型、幂函数型和半对数型等。

（1）直线型方程　出水量和水位降深的拟合曲线为一条过原点的直线，为直线型方程，如图 2-12 所示，可用数学表达式（2-14）表示：

$$Q = qS \tag{2-14a}$$

式中 Q——出水量（L/s）；

S——与 Q 相应的水位降落值（m）；

q——系数，根据抽水试验确定。

$$q = \frac{\sum QS}{\sum S^2} \tag{2-14b}$$

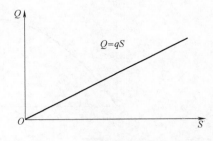

图 2-12　$Q\text{-}S$ 拟合曲线（直线型）

（2）抛物线型方程　出水量和水位降落值的拟合曲线呈抛物线型，如图 2-13 所示。抛物线曲线常见于补给条件好、厚度大、水量较大的含水层。

$Q\text{-}S$ 数学表达式为

$$S = aQ + bQ^2 \tag{2-15a}$$

其中 a、b 为系数，根据抽水试验确定。

式（2-15a）两边同除以 Q，得

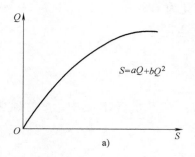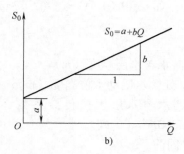

图 2-13　$Q\text{-}S$ 曲线（抛物线型）

a）出水量和水位降落值拟合曲线　b）a、b 图解法

$$\frac{S}{Q} = a + bQ \tag{2-15b}$$

令 $S_0 = \dfrac{S}{Q}$，得

$$S_0 = a + bQ \tag{2-15c}$$

其中：

$$a = \frac{\sum S_0 - b\sum Q}{N} \tag{2-15d}$$

$$b = \frac{N\sum S_0 - \sum S_0 \sum Q}{N\sum Q^2 - (\sum Q)^2} \tag{2-15e}$$

上式中 N 为一次抽水试验中的降深次数，一般为 3 次。

（3）幂函数型方程　出水量和水位降落值的拟合曲线呈幂函数型，如图 2-14 所示。

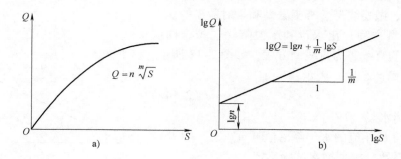

图 2-14　$Q\text{-}S$ 曲线（幂函数型）

a）出水量和水位降落值拟合曲线　b）m、n 图解法

幂函数曲线常见于渗透性好、含水层厚度大，但补给条件较差的含水层。$Q\text{-}S$ 数学表达式为

$$Q = n\sqrt[m]{S} \tag{2-16a}$$

其中 m、n 为系数，根据抽水试验确定。

$$m = \frac{N\sum(\lg S)^2 - (\sum \lg S)^2}{N\sum(\lg S \lg Q) - \sum \lg S \sum \lg Q} \tag{2-16b}$$

$$\lg n = \frac{\sum \lg Q}{N} - \frac{1}{m} \cdot \frac{\sum \lg S}{N} \tag{2-16c}$$

（4）半对数型方程　出水量和水位降落值的拟合曲线呈半对数型，如图 2-15 所示。半对数曲线常见于地下水补给较差的含水层。

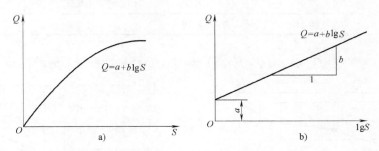

图 2-15　Q-S 曲线（半对数型）

a）出水量和水位降落值拟合曲线　b）a、b 图解法

Q-S 数学表达式为

$$Q = a + b\lg S \tag{2-17a}$$

其中 a、b 为系数，根据抽水试验确定。

$$a = \frac{\sum Q - b \sum \lg S}{N} \tag{2-17b}$$

$$b = \frac{N \sum (Q\lg S) - \sum Q \sum \lg S}{N \sum (\lg S)^2 - (\sum \lg S)^2} \tag{2-17c}$$

选用上述经验公式的方法如下：

1）根据抽水试验水位下降的资料，绘制出 Q-S 曲线。

2）如所绘 Q-S 曲线是直线，则可用直线型公式计算；如果不是直线，则必须进一步判别。可适当改变坐标系统，使 Q-S 曲线转变为直线，判断属于哪种类型，选定符合 Q-S 曲线的经验公式。

假如图形中 $S_0 = f(Q)$ 为直线，则井的出水量呈抛物线增长，这时可用抛物线型公式计算；假如图形中 $\lg Q = f(\lg S)$ 为直线，则井的出水量按幂函数增长，这时可用幂函数型公式计算；假如图形中 $Q = f(\lg S)$ 为直线，则井的出水量按半对数函数增长，这时可用半对数型公式计算。

【例 2-2】　在单井中进行三个水位下降的抽水试验，其试验结果为 $S_1 = 4.0$m，$Q_1 = 4.40$L/s；$S_2 = 7.3$m，$Q_2 = 7.30$L/s；$S_3 = 10.6$m，$Q_3 = 8.90$L/s。求水位降落值 $S = 6.5$m 时，井的出水量 Q。

【解】　首先作出 $Q = f(S)$ 的图形，如图 2-16 所示。

从图中可以看到，Q-S 不是直线关系，因此，根据原始数据整理后列出表 2-5。

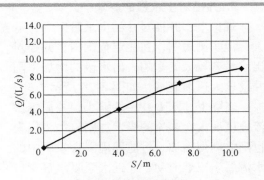

图 2-16　Q-S 拟合曲线

表 2-5　抽水试验结果及数据整理列表

S/m	$Q/(L/s)$	$S_0 = \dfrac{S}{Q}$	$\lg S$	$\lg Q$
4.0	4.40	0.91	0.60	0.64
7.3	7.30	1.00	0.86	0.86
10.6	8.90	1.19	1.03	0.95

　　然后按表 2-5 作 $Q = f(S_0)$、$\lg Q = f(\lg S)$ 及 $Q = f(\lg S)$ 的图形，如图 2-17～图 2-19 所示。

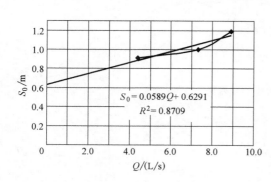

图 2-17　S_0-Q 拟合曲线（抛物线型）

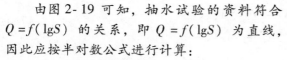

图 2-18　$\lg Q$-$\lg S$ 拟合曲线（幂函数型）

　　由图 2-19 可知，抽水试验的资料符合 $Q = f(\lg S)$ 的关系，即 $Q = f(\lg S)$ 为直线，因此应按半对数公式进行计算：

$$b = \frac{N \sum (Q \lg S) - \sum Q \sum \lg S}{N \sum (\lg S)^2 - (\sum \lg S)^2} = 10.676$$

$$a = \frac{\sum Q - b \sum \lg S}{N} = -1.9844$$

$$Q = a + b \lg S = -1.9844 + 10.676 \lg S$$

　　根据上述公式，当 $S = 6.5m$ 时，$Q = (10.676 \lg 6.5 - 1.9844) L/s = 6.69 L/s$。

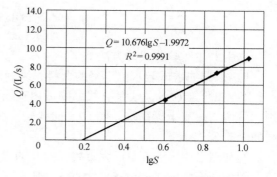

图 2-19　Q-$\lg S$ 拟合曲线（半对数型）

3. 井径对出水量的影响

　　理论上，井径对井的出水量影响并不大，但实测表明，在一定范围内，井径对出水量有较大的影响，出水量的增加率随井径增大逐渐衰减，如图 2-20 所示。

　　实际上，随着井径的缩小，井周围渗流速度变大，紊流的影响加剧，水头损失也随之剧烈增加。过滤器周围含水层中的水流属于三维流动，靠近水泵吸水管管口越近，水流速度越大；井的出水量越大、

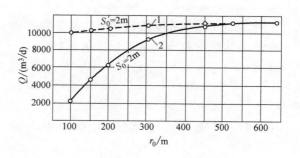

图 2-20　井径与出水量的关系
1—理论计算出水量　2—实际出水量

管径越小，流速分布的不均匀程度越明显。

设计中，当井径小于或等于 300mm，如果设计井径和抽水试验的井径差异较大时，可参照下列经验公式进行换算。

在透水性较好的承压含水层，如砾石、卵石、砂砾层，井径与出水量的关系可用直线型经验公式表示：

$$\frac{Q_1}{Q_2} = \frac{r_1}{r_2} \tag{2-18}$$

无压含水层出水量与井径的关系可用抛物线型经验公式表示：

$$\frac{Q_2}{Q_1} = \sqrt{\frac{r_2}{r_1}} - n \tag{2-19}$$

式中　Q_1、Q_2——大井和小井的出水量；

r_1、r_2——大井和小井的半径；

n——系数，$n = 0.021\left(\frac{r_2}{r_1} - 1\right)$。

2.1.3　管井设计

1. 管井设计步骤

一般情况下，管井设计大致可循下列步骤进行：

（1）资料收集和现场勘察　管井设计前应收集建井地区的相关资料，并应进行现场勘察。现场勘察不仅是收集资料的补充手段，也是管井设计前期工作的一个重要步骤。其目的是了解和核对现有水文地质及其他现场条件资料，发现问题，初步选择井位并酝酿系统布置方案，按设计阶段任务提出进一步的水文地质勘察要求或其他现场工作要求。

管井设计应根据需水量、水质要求和建井地区的地质与水文地质条件进行。设计管井时，应明确下列主要内容：水的用途、需水量或井数及水质要求、拟建井区的范围；给水设计意图和建设进度；用户的其他要求等。

（2）确定管井布置方案　根据地下水位、流向、补给条件和地形地物情况，考虑井群布置方案。管井位置宜靠近主要用水地区。

如为井群系统，应考虑井群互阻影响，必要时应进行井群互阻计算，确定管井数目、井距、井群布置方案。井群布置应合理，平均井间干扰系数宜为 25%～30%；井位与建（构）筑物应保持足够的安全距离。此外，井群设计时，应设备用井，备用井的数量一般可按 10%～20% 的设计水量所需井数确定，但不得少于一眼。

（3）确定管井型式、构造及取水设备　根据含水层的埋藏条件、厚度、岩性、水力状况及施工条件，初步确定管井的型式、构造及取水设备型式。

在已知水文地质参数的条件下，按理论公式或经验公式计算管井在最大允许水位降落时的可能出水量或在给定的管井出水量下可能产生的水位降落值，并在此基础上结合技术要求、设备和施工条件，确定取水设备。

根据上述计算成果进行管井构造设计，包括井身结构、井管配置及管材的选用、填砾位置及滤料规格、封闭位置及材料、井的附属设施等内容。

2. 井身结构设计

井身结构设计包括井径和井深的设计等。

（1）设计步骤　井身结构根据地层情况、地下水埋深及钻进工艺设计，并宜按下列步骤进行：

1）按成井要求，确定开采段和安泵段井径。

2）按地层钻进方法确定井段的变径和相应长度。

3）按井段变径需要确定管井的开口井径。

（2）井径的确定　井径是井身横断面的直径。井径设计包括开口井径、井段数量及变径、安泵段井径、开采段井径和终止井径。

1）开口井径。开口井径指井身顶端横断面的直径，除保证能下入井壁管和滤水管外，还应满足围填滤料的要求。

井壁管直径根据水泵类型、吸水管外形尺寸等确定。当采用深井泵或潜水泵时，井壁管内径应大于水泵井下部分最大外径100mm。

2）安泵段井径。安泵段井径指安装抽水设备井段的直径，根据设计出水量及测量动水位仪器的需要确定，并宜比所选用的抽水设备铭牌标注的最小井管内径大50mm。安泵段部位应设置井管，井段长度、数量及其变径位置应根据岩层情况、成井工艺和钻进方法确定。

3）开采段井径。开采段井径指采取地下水井段的直径，根据管井设计出水量、允许井壁进水流速、含水层埋深、开采段长度、过滤器类型及钻进工艺等因素综合确定。

松散层中的开采段井径，应满足下式要求：

$$D_k \geq \frac{Q}{\pi L v} \tag{2-20a}$$

式中　D_k——开采段井径（m）；

$\quad\quad Q$——管井的设计出水量（m³/d）；

$\quad\quad L$——过滤器工作部分长度（m）；当含水层厚度不超过30m时，可与含水层厚度一致，如超过30m，宜通过试验确定；

$\quad\quad v$——地下水从含水层进入井内的流速（m/d）。

为保持过滤器周围含水层的渗透稳定性，过滤器表面进水速度必须小于或等于允许井壁进水流速。允许井壁进水流速可根据阿勃拉莫夫公式计算：

$$v_允 = 65 \sqrt[3]{K} \tag{2-20b}$$

或按吉哈尔德公式计算：

$$v_允 = \frac{86400\sqrt{K/86400}}{15} = \sqrt{384K} \tag{2-20c}$$

式中　K——含水层渗透系数（m/d）；

$\quad\quad v_允$——允许渗流速度（m/d）。

在松散层地区，非填砾过滤器管井的开采段井径应比设计过滤器外径大50mm；在基岩地区，不下过滤器管井的开采段井径，根据含水层的富水性和设计出水量确定，并不得小于130mm。

4）终止井径。终止井径指井身底端横断面的直径，根据安装抽水设备部位的井管直径、设计安装过滤器的直径及人工填料的厚度而定。终止井径应比沉淀管的外径大50mm。

基岩地区下部不下井管的管井，终止井径一般不小于150mm。采用非填砾过滤器时，应大于100mm；采用填砾过滤器时，中、粗砂含水层中应大于200mm，粉细砂含水层中应大于300mm。

（3）井深 井深取决于开采含水层的埋藏深度和所用抽水设备的要求，设计时应根据拟开采含水层组段的埋深、厚度、水质、富水性及其出水能力等因素综合确定。

管井的管材，根据水的用途、地下水水质、井深、管材强度、环保和经济等因素综合确定。各种管材的适宜深度见表2-6。实际工程中，井深一般在200m以内。随着凿井技术的发展，直径在1000mm以上、井深在1000m以上的管井已有应用。

表2-6 各种管材适宜深度

管 材	深度/m	管 材	深度/m
钢管	>400	塑料管	≤150
铸铁管	200~400	混凝土管	≤100
钢筋混凝土管	150~200	无砂混凝土管	≤100

3. 过滤器设计

过滤器的种类、规格、安装的位置，主要根据当地水文地质条件，并按照设计出水量、水质等要求确定。

（1）过滤器类型及结构

1）骨架过滤器。骨架过滤器有钢筋骨架过滤器、圆孔或条形孔骨架过滤器等。

① 钢筋骨架过滤器。钢筋骨架过滤器结构如图2-21所示，每节长4~5m，由位于两端的短管、纵向钢筋、支承环焊接而成。纵向钢筋直径16mm、间距30~40mm，支承环间距250~300mm。这种过滤器结构简单、易于加工、孔隙率大，但机械强度低、抗腐蚀能力差，不宜用于深度大于200m的管井和侵蚀性较强的含水层，通常仅用于不稳定的裂隙岩、砂岩和砾岩含水层，主要作为缠丝过滤器的骨架。

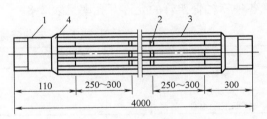

图2-21 钢筋骨架过滤器
1—短管 2—支承环 3—纵向钢筋 4—加固环

② 圆孔或条形孔骨架过滤器。圆孔或条形孔骨架过滤器是在钢管、铸铁管、塑料管、钢筋混凝土管等管材上开圆孔或条形孔的骨架过滤器，与钢筋骨架过滤器结构相近，如图2-22和图2-23所示，可用作缠丝过滤器的骨架以及砾石、卵石、砂岩、砾岩和裂隙含水层的过滤器。

过滤器进水孔眼直径或宽度与含水层的颗粒组成有关。适当的孔眼尺寸便于形成渗透性良好的反滤层，有利于保持含水层的渗透稳定性、提高过滤器的透水性、改善管井的工作性能、提高管井的出水量、延长管井的使用年限。

圆孔过滤器的圆孔呈梅花形布置，如图2-24所示。圆孔直径可参照表2-7计算确定，较细砂层取小值，较粗砂层取大值。圆孔孔眼间距约为孔径的1~2倍，直径一般不大于20mm。条形孔可呈带状或交错带状排列，纵向间距10~20mm。条形孔形状外窄内宽，宽度一般不大于 10mm, 参见表 2-7。

图2-22　圆孔过滤器

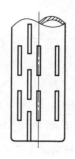

图 2-23　条形孔过滤器

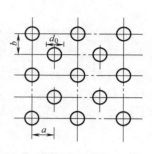

图 2-24　圆孔布置示意图

表 2-7　圆孔进水孔眼的直径与条形孔过滤器的条形孔宽度

圆 孔 直 径	条形孔宽度	条形孔长度	条形孔间距
$\leqslant (3.0 \sim 4.0)\,d_{50}$	$t_b = (1.5 \sim 2.0)\,d_{50}$	$(8 \sim 10)\,t_b$	$(3 \sim 5)\,t_b$

注: d_{50} 为含水层颗粒组成中过筛质量累计为 50% 时的最大颗粒直径。

圆孔开孔率 p 可按式 (2-21) 计算:

$$p = \frac{\pi d_0^2}{8ab} \times 100\% \qquad (2\text{-}21)$$

式中符号含义如图 2-24 所示。

各种管材骨架管的允许开孔率见表 2-8。

表 2-8　不同管材的允许开孔率

管　　材	开孔率 (%)	管　　材	开孔率 (%)
钢管	25 ~ 30	塑料管	$\geqslant 12$
铸铁管	20 ~ 25	混凝土管	$\geqslant 12$
钢筋混凝土管	$\geqslant 15$	无砂混凝土管	$\geqslant 15$

注: 无砂混凝土管 ($K \geqslant 400 \text{m/d}$) 为体积空隙率, 即空隙体积与相应的井管体积的比值。

2) 缠丝过滤器。缠丝过滤器用穿孔管作为骨架, 加上垫筋缠丝而成, 也可采用钢筋骨架管, 适用于粗砂、砾石和卵石含水层, 如图 2-25 所示。

结构骨架管上设有纵向垫筋, 垫筋高度为 6 ~ 8mm。缠丝间距应等于或略小于滤料粒径的下限, 最大间距应小于 5mm。垫筋两端设挡箍。缠丝要牢固, 缠丝材料宜采用不锈钢丝、铜丝或增强型聚乙烯滤水丝等。

目前市场上有一种全焊缠丝过滤器, 材质为不锈钢或低碳钢, 是用 V 形缠丝和 V 形筋条 (或圆形筋条) 在每个交叉点处焊接而成。其缝隙尺寸为 0.1 ~ 5.0mm, 孔隙率为 10% ~ 40%, 长度可达 6m。这种过滤器孔隙率大, 地下水更容易渗入井内, 可以

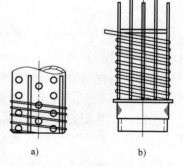

图 2-25　缠丝过滤器
a) 穿孔管骨架过滤器　b) 钢筋骨架过滤器

相对减小水流渗入时的阻力，避免砂粒在较大水压下进入管井，从而减少砂粒与设备的摩擦，降低磨损，具有结构坚固、缝隙尺寸精确、耐高温、耐腐蚀、机械性能好、使用寿命长、安全可靠等特点，且容易反冲洗、综合成本低，特别适用于细砂和粉砂地层的管井。

对于穿孔管缠丝过滤器，骨架管的穿孔形状、尺寸及排列方式，按管材强度和加工工艺确定。其穿孔管的圆孔直径一般为 15～25mm，条形孔宽度为 10～30mm，长度为 100～300mm，具体规格根据管材选定。骨架管开孔率按表2-8取值，其缠丝间距可按表2-9确定。

表 2-9　缠丝过滤器缠丝间距

含水层性质	缠丝间距/mm
均匀砂质含水层	$(1.0～1.6)\ d_{50}$
不均质含水层	$d_{30}～d_{40}$

注：d_{40}、d_{30} 分别为含水层颗粒组成中过筛质量累计为40%、30%时的最大颗粒直径。

缠丝过滤器缠丝面孔隙率可按式（2-22）计算确定：

$$p = \left(1 - \frac{d_1}{m_1}\right)\left(1 - \frac{d_2}{m_2}\right) \times 100\% \qquad (2-22)$$

式中　p——缠丝面孔隙率（%）；

d_1——垫筋宽度或直径（mm）；

m_1——垫筋中心间距（mm）；

d_2——缠丝直径或宽度（mm）；

m_2——缠丝中心间距（mm）。

3）填砾过滤器。以上述过滤器为骨架，在周围填充与含水层颗粒组成有一定级配关系的砾石层，统称为填砾过滤器。

反滤层是在管井、大口井或渗渠进水处铺设的粒径级配沿水流方向由细到粗的砂砾层。当圆孔、条形孔过滤器外侧为天然反滤层时，洗井冲走细砂后，形成天然粗砂反滤层过滤器，如图 2-26a 所示。天然粗砂反滤层是由含水层中的细颗粒被水流带走形成的，并非所有的含水层都能形成良好的天然反滤层。为了能发挥更好的过滤效果，工程上常用人工反滤层取代天然反滤层，如图 2-26b 所示。

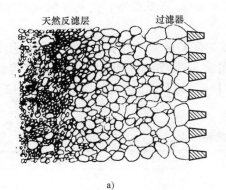
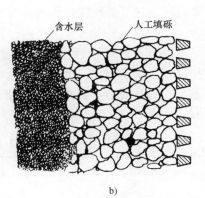

a)　　　　　　　　　　　　　　　b)

图 2-26　反滤层示意图

a）天然反滤层　b）人工填砾反滤层

填砾过滤器适用于各类砂质含水层、砾石与卵石含水层。填砾层数根据含水层岩性确定，可以为单层或双层。填砾层宽度根据含水层岩性、填砾层数和施工条件确定。单层填砾层宽度：粗砂以上地层不少于75mm；粉、细、中砂地层100mm；双层填砾管井构造如图2-27所示，内层填砾层宽度为30～50mm，外层为100mm。

滤料不应含土和杂物，宜用硅质砾石，颗粒要有一定的圆度，严禁使用棱角碎石。

4）贴砾过滤器。用胶结材料将规定级配的石英砂或陶粒等黏结在穿孔骨架上制成，如图2-28所示。支撑骨架可以为圆孔、条形孔或桥孔，目前多采用桥孔，如图2-29所示，桥孔立缝宽度等于或略小于滤料粒径的下限。贴砾厚度一般在10～20mm，孔隙率在20%以上。根据含水层性质不同，贴砾可以有多种级配。

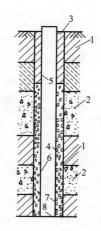

图2-27　双层填砾管井构造
1—非含水层　2—含水层
3—黏土封闭　4—规格填砾　5—井壁管
6—过滤器　7—沉淀管　8—井底

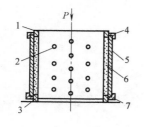

图2-28　贴砾过滤器
1—压环　2—花管　3—底环　4—上模盖
5—外模　6—砾石　7—下模盖

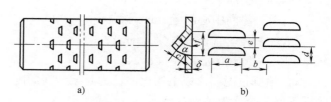

图2-29　桥孔排列方式与形状示意图
a）排列方式　b）形状

传统过滤器在细砂地层中成井时，成井速度慢，且在填砾过程中易造成滤料分选不均、涌砂等问题。贴砾过滤器则具有良好的透水性和滤水性，对解决粉、细颗粒的涌砂和深井填砾不匀效果较好，并可提高成井质量，节省成井时间，降低成本，尤其在修复旧井时具有明显优势。

5）无砂混凝土过滤器。无砂混凝土过滤器为无砂混凝土井管，黏结后外部用竹片、镀锌钢丝捆扎以增加其整体性，然后填砾。原料宜采用普通硅酸盐水泥，强度等级不低于32.5级，集料为硅质砾石，灰集比（质量比）1∶4.5～1∶6，水灰比为0.28～0.32。集料粒径见表2-10。

表2-10　集料粒径

含水层岩性	集料粒径/mm
粉、细砂	4～8
中砂	6～10
粗砂	8～12

6）笼状砾石过滤器。笼状砾石过滤器是把砾石按一定的规格填充于支撑骨架与外部包

网之间的一种填砾过滤器。砾石层一般厚度为 50mm 左右。在含水层浅、砂层薄、颗粒细、涌水量不大、受经济条件限制的地区，外部包网的材料可采用竹笼。若在粉细砂地层使用，可在竹笼外再包一层尼龙网纱，如图 2-30 所示。放入井孔后也可在外层填充细颗粒砾石，这样可以在细颗粒含水层中保持良好的渗透稳定性。

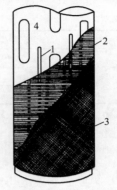

笼状砾石过滤器既具有一般填砾过滤器的优点，又便于质量控制，同时能够缩短现场打井的工期。缺点是需要现场装填砾石，操作工序多，工作量大。

（2）过滤器的选择　过滤器是管井起滤水、挡砂和护壁作用的装置，是管井最重要的组成部分，其构造、材质、施工安装质量对管井的单位出水量、含砂量和使用寿命有很大影响，所以对过滤器构造型式和材质的选择非常重要。

图 2-30　笼状砾石过滤器
1—垫筋　2—竹笼
3—尼龙纱　4—滤水管

在非填砾过滤器情况下，过滤管即为过滤器，在填砾过滤器情况下，过滤管是填砾过滤器的骨架管，是填砾过滤器的组成部分。

过滤器类型，应根据含水层的性质参照表 2-11 选用。

表 2-11　管井过滤器类型选择

含水层性质		过滤器类型
基岩	岩层稳定	（不安装过滤器）
	岩层不稳定	骨架（或缠丝）过滤器
	裂隙、溶洞有充填	缠丝过滤器、填砾过滤器
	裂隙、溶洞无充填	骨架（或缠丝）过滤器或不安装过滤器
碎石土类	$d_{20} < 2mm$	填砾过滤器、缠丝过滤器
	$d_{20} \geq 2mm$	骨架（或缠丝）过滤器
砂土类	粗砂、中砂	填砾过滤器、缠丝过滤器
	细砂、粉砂	双层填砾过滤器、填砾过滤器

含水层颗粒组成较粗时，宜采用骨架过滤器。

（3）过滤管直径　过滤管直径根据设计水量、过滤管长度、过滤管面层孔隙率和允许过滤器进水流速确定。井壁管和过滤管直径相同的管井，根据出水量大小选择水泵型号，按水泵安装要求确定过滤管直径。

（4）填砾过滤器设计

1）滤料规格。填砾过滤器的填砾以坚实、圆形或椭圆形圆滑砾石为主，并按设计要求的粒径进行筛选。滤料不均匀系数 η 应小于 2。滤料的不均匀系数按下式确定：

$$\eta = \frac{d_{60}}{d_{10}} \qquad (2-23)$$

式中　η——滤料不均匀系数；

d_{60}——含水层砂样过筛质量累计为 60% 时的最大颗粒直径（mm）；

d_{10}——含水层砂样过筛质量累计为 10% 时的最大颗粒直径（mm）。

单层填砾过滤器滤料的规格和双层填砾过滤器的外层滤料规格按表 2-12 确定，内层滤料宜为外层规格的 4～6 倍，滤料厚度外层宜为 75～100mm，内层宜为 30～50mm，内层滤料网笼宜设保护装置。

表 2-12 填砾过滤器的滤料规格

含水层类型		滤料规格/mm
砂土		$D_{50} = (6 \sim 8) \ d_{50}$
碎石土	$d_{20} < 2mm$	$D_{50} = (6 \sim 8) \ d_{20}$
	$d_{20} \geqslant 2mm$	$10 \sim 20$ （或不填砾）

注：D_{50} 为滤料颗粒筛分样颗粒组成中过筛质量累计为50%时的最大颗粒直径。d_{50}、d_{20} 分别为砂土类含水层颗粒筛分样颗粒组成中过筛质量累计为50%和20%时的最大颗粒直径。砂土类的粗砂含水层当 $\eta > 10$ 时，应除去筛分样中部分粗颗粒后重新筛分，直至 $\eta < 10$ 时取 D_{50} 确定相应的滤料规格。

2）填砾层厚度。填砾层厚度根据过滤器安装位置确定。底部要低于过滤器下端2m以上。考虑到管井运行后填砾层可能出现下沉现象，填砾层厚度应超出过滤管的上端，通常高出含水层厚度20%以上。

对于非均质含水层或多层含水层，分层填砾时应分层设计过滤器骨架管缠丝孔隙尺寸和滤料规格，滤料的填充高度应超过细颗粒含水层的顶板和底板；无需分层填砾时应全部按细颗粒含水层要求进行。

3）滤料体积。滤料体积宜按下式计算确定：

$$V = 0.785 (D_k^2 - D_g^2) L \alpha \tag{2-24}$$

式中　V——滤料体积（m^3）；

　　　D_k——填砾段井径（m）；

　　　D_g——过滤管外径（m）；

　　　L——填砾段长度（m）；

　　　α——超径系数，一般为 $1.2 \sim 1.5$。

4）过滤器外径。填砾过滤器骨架管缝隙尺寸宜采用 D_{10}。D_{10} 为滤料筛分样颗粒组成中，过筛质量累计为10%时的最大颗粒直径。

过滤器外径根据设计出水量、过滤管长度、过滤管孔隙率和允许过滤管进水流速确定：

$$D_g \geqslant \frac{Q}{\pi L p v_允} \tag{2-25}$$

式中　D_g——过滤器外径（m），当有填砾层时，应以填砾层外径计算；

　　　Q——管井出水量（m^3/s）；

　　　L——过滤器工作部分长度（m），宜按过滤管长度的85%计算；

　　　p——过滤器表面进水有效孔隙率（%），一般按过滤器表面孔隙率的50%考虑；

　　　$v_允$——允许过滤管进水流速，不得大于0.03m/s，可参照表2-13值。当地下水具有腐蚀性和容易结垢时，允许过滤管进水流速应减小 $1/3 \sim 1/2$。

表 2-13 过滤管允许进水流速

含水层渗透系数 K/(m/d)	允许进水流速/(m/s)	含水层渗透系数 K/(m/d)	允许进水流速/(m/s)
>120	0.030	$21 \sim 40$	0.015
$80 \sim 120$	0.025	<20	0.010
$41 \sim 80$	0.020		

（5）过滤器长度　当含水层厚度小于 10m 时，过滤器长度应与含水层厚度相等；当含水层很厚时，过滤器长度可按下列经验系数法概略计算：

$$L = \frac{\alpha Q}{D_g} \tag{2-26}$$

式中　L——过滤器长度（m）；

Q——管井出水量（m^3/h）；

D_g——过滤器外径（mm），非填砾管井按过滤器缠丝的外径计算，填砾管井按填砾层外径计算；

α——取决于含水层颗粒组成的经验系数，按表 2-14 确定。

表 2-14　不同含水层经验系数 α

含水层渗透系数 $K/(m/d)$	经验系数 α	含水层渗透系数 $K/(m/d)$	经验系数 α
2 ~ 5	90	15 ~ 30	50
5 ~ 15	60	30 ~ 70	30

对于均质含水层，当含水层厚度小于 30m 时，过滤器长度宜取含水层厚度或设计动水位以下含水层厚度；含水层厚度大于 30m 时，过滤器长度宜根据含水层的富水性和设计出水量确定。

非均质含水层中的过滤器应安置在主要含水层部位。在层状非均质含水层取水中的过滤器累计长度宜为 30m，在裂隙溶洞含水层取水的过滤器累计长度宜为 30 ~ 50m。

对于无压含水层，过滤器的实际长度为

$$L_a = L + \Delta S \tag{2-27a}$$

$$\Delta S = \beta \sqrt{\frac{QS}{KF}} \tag{2-27b}$$

式中　L_a——过滤器实际长度（m）；

L——过滤器有效工作长度（m）；

Q——管井出水量（m^3/d）；

S——井内水位降落值（m）；

F——过滤器工作部分的表面积（m^2），当有填砾层时，以填砾层外表面积计；

ΔS——水跃值（m）；

β——与过滤器构造有关的经验系数，对于完整井，填砾过滤器可近似取 $\beta = 0.15 ~ 0.25$，条形孔和缠丝过滤器可近似取 $\beta = 0.06 ~ 0.08$。

其他符号含义同前。

对于非完整井，ΔS 值可根据井的不完整程度，按上面公式求得的数值增加 25% ~ 50%；其值主要与地下水通过过滤器外围反滤层、过滤器进水孔及在过滤器内流动的水头损失有关。

在理论公式中井的水位降落值 S_0 是对井外壁的水位降落值而言的。当井中水位降低较大时，井中水位明显低于井壁水位，这种现象称为水跃。水跃值是井壁内外动水位差值。运行过程中，由于过滤器及其周围反滤层被堵塞，往往使 ΔS 值迅速增加，因此 ΔS 值的变化也是指示井的运行状态的一个重要参数。

2.1.4 管井设计计算举例

【例2-3】 设计任务为华东地区某市地下水源井,供生活饮用与生产需要,单井取水量 $Q = 2900 \text{m}^3/\text{d}$,出口压力 $H = 0.2 \text{MPa}$。设计资料如下:

1)水文地质钻孔资料见表2-15。钻孔深度为60m,钻孔孔径300mm;影响半径 $R = 400 \text{m}$;含水层厚度 $M = 14.20 \text{m}$。

2)抽水试验资料,见表2-16,表中静水位为海拔高程。

3)地下水水质符合《生活饮用水水源水质标准》(CJ 3020—1993)中的一级标准,水质化验资料从略。

4)该地区冰冻深度0.2m。

表2-15 水文地质钻孔地层资料

层次	地层描述	厚度/m	深度/m	层底标高/m	静水位/m
1	腐殖土	0.50	0.50	135.00	
2	黄褐色黏质砂土	9.90	10.40	125.10	
3	黄褐色黏土,塑性较大	14.60	25.00	110.50	
4	细砂:粒径>0.5mm超全重75%	4.70	29.70	105.80	120.90
5	黏土:同上	10.10	39.80	95.70	
6	粗砂:粒径0.5mm超全重75%	14.20	54.00	81.50	
7	黏土:同上	未穿透			

表2-16 抽水试验表

抽水时间		抽水延续时间/h		静水位/m	水位降落值 S/m	出水量 Q/(L/s)	单位出水量 q/[L/(s·m)]
起	止	总计时数	稳定时数				
6月1日 10:00	次日 12:00	26	24	120.90	2.40	13.87	5.78
6月4日 12:00	次日 14:00	26	24	120.90	4.15	24.00	5.78
6月7日 12:00	次日 14:00	26	24	120.90	7.85	45.37	5.78

【设计计算】

(1)井的型式与构造 根据设计资料和任务书所给定的取水量,适宜采用完整式管井。

由地层资料分析,该处有两个含水层,上层含水层为细砂,厚度较薄,因此确定开采第二含水层。该层含水层由粗砂组成,厚度为14.2m,埋藏于95.70~81.50m标高之间。

拟定该井主要构造尺寸为:钻孔直径500mm、井管直径为 $D300 \text{mm} \times 10 \text{mm}$ 钢管,采用填砾过滤器。

(2)井出水量与水位降落值 由抽水试验资料可知,单位出水量均为 $q = 5.78 \text{L}/(\text{s}\cdot\text{m})$,出水量与水位降的 $Q\text{-}S$ 关系曲线为直线型,如图2-31所示。

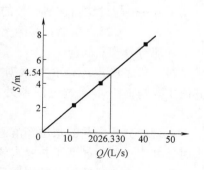

图2-31 $Q\text{-}S$ 曲线

抽水试验井井径300mm，设计井径500mm，出水量需用试验井资料进行修正。在承压含水层中井出水量与井径关系应按直线关系进行计算。计算中因井径较大，按直线关系进行计算与实际出入较大，为安全起见，按无压含水层所用经验公式计算。

井出水量与井径关系采用以下经验公式：

$$\frac{Q_{大井}}{Q_{小井}} = \sqrt{\frac{D_{大井}}{D_{小井}}} - 0.021\left(\frac{D_{大井}}{D_{小井}} - 1\right)$$

式中　$Q_{大井}$——设计井出水量（m^3/d）；

$\quad\quad Q_{小井}$——试验井出水量（m^3/d）；

$\quad\quad D_{大井}$——设计井井孔直径（mm）；

$\quad\quad D_{小井}$——试验井井孔直径（mm）。

已知设计井单井出水量 $Q_{大井} = 2900 m^3/d$，$r_{大井} = 500mm$，试验井 $r_{小井} = 300mm$，则有

$$\frac{2900}{Q_{小井}} = \sqrt{\frac{500}{300}} - 0.021 \times \left(\frac{500}{300} - 1\right) = 1.2770$$

$$Q_{小井} = \frac{2900}{1.2770} m^3/d = 2271 m^3/d$$

根据 Q-S 曲线，$Q = 2271 m^3/d = 26.28 L/s$ 时，$S = 4.54m$。

（3）抽水设备与安装高度　地下水埋藏深度较大，采用深井泵作为该水源抽水设备。

设计井出水量 $Q = 2900 m^3/d = 120.8 m^3/h = 33.56 L/s$

设计井所需扬程（计算草图如图2-32所示）：

$H = $ 水泵出口压力 + （出口压力管标高 - 井内动水位）+ 泵房损失 + 安全水头

水泵出口压力 $= 20.0 m H_2O$；泵房损失 $= 2m$；安全水头 $= 1m$。

井内动水位 = 地下静水位 - 水位降落值 = $(120.90 - 4.54) m = 116.36m$

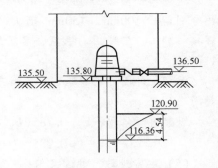

图2-32　扬程计算简图

井室采用地面式泵房，压水管轴线标高为136.50m。

所需水泵扬程：

$$H = [20.0 + (136.50 - 116.36) + 2 + 1] m = (20.0 + 19.41 + 2 + 1) m = 43.14m$$

根据 Q、H，选用250QJ125—48/3深井泵，其性能如下：流量 $Q = 125 m^3/h = 3000 m^3/d$，3级时扬程 $H = 48m$，适用最小井径250mm，电动机功率25kW。

当水泵抽水量达到 $3000 m^3/d$，对应的水位降深为 $S = 4.70m$，扬程为43.30m。

（4）井管构造设计

1）井壁管和沉淀管多采用钢管或铸铁管，为防止泵房内污水从井口流入井内，井管管口高出泵房地面300mm，管口标高为136.10m。

由钻井资料得井壁管长度为

$$(136.10 - 95.70) m = 40.40m$$

沉淀管长度取6.0m，则钻孔深度为

$$(14.20 + 40.40 + 6.0) m = 60.60m$$

井壁管与沉淀管采用外径 $D = 300$mm，壁厚为 10mm 的热轧无缝钢管，管段用焊接连接。

2）过滤器采用热轧无缝钢管圆孔缠丝填砾过滤器，过滤器构造根据含水层颗粒组成设计。

含水层由中粗砂颗粒组成，其粒径大于 0.5mm 占全重的 50% 以上，其计算粒径 $d_{50} = 0.5$mm。

填砾计算粒径：$D_{50} = (6 \sim 8) d_{50} = (6 \sim 8) \times 0.5$mm $= 3 \sim 4$mm

填砾宽度：$(500 - 300)$mm $\div 2 = 100$mm

填砾层厚度需考虑井投产后砾石继续下沉的可能，过滤器顶端以上填砾层厚度需大于：14.20m $\times 20\% = 2.84$m，取 3.0m。

过滤器外径 $D_g = 300$mm，壁厚 10mm，管壁上钻有 $d = 20$mm 的圆孔，孔眼按梅花状布置，孔眼纵向（轴向）中心间距 46.1mm，横向中心间距 47.1mm，每周 20 个孔眼。钢管外用直径 6mm 的钢筋作垫筋，沿圆周分布，共 21 根。因填砾粒径为 $3 \sim 4$mm，缠丝间距应 <3mm，用 12# 镀锌钢丝作为缠丝材料。

过滤器孔隙率：

$$p = \frac{\pi d_0^2}{8ab} \times 100\% = \frac{3.14 \times 20 \times 20}{8 \times 23.05 \times 23.55} = 28.9\%$$

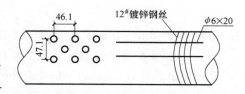

图 2-33 过滤器构造示意图

过滤器如图 2-33 所示，每节长度为 3.55m，两端分别留出 100mm、150mm 死头（不带孔眼）供焊接、加工、安装用。根据含水层厚度过滤器需分 4 节。

沉淀管外围可用非级配砾石填充，过滤器外围用级配砾石填充，井壁管外围用优质黏土封闭。

级配填砾体积：
$$V = 0.785 (D_k^2 - D_g^2) L\alpha$$
$$= 0.785 \times (0.5^2 - 0.3^2) \times 17.2 \times 1.5 \text{m}^3 = 3.24 \text{m}^3$$

（5）井室设计　井室采用地面式泵房，如图 2-34 所示。

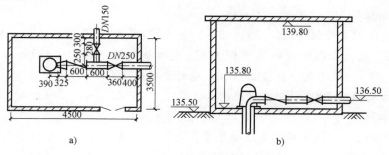

图 2-34　井室工艺布置图

a）平面图　b）剖面图

泵房净空高度 4.0m，平面尺寸 3.5m × 4.5m。管井压水管管径为 DN250，其上配置 HH44X—10 型 DN250 消声微阻缓闭逆止阀一个，Z4 1T—10 型阀门一个。

为便于洗井排放废水，设置 DN150 排水管，排水管上设 Z41T—10 型 DN150 阀门一个。

为便于实施水量的自动监测，计量水表采用超声波流量计 KTUFFM 型，$DN250$，安装于室外离泵站 3.0m 的水表井中。

井室平面布置占地 20m×20m，四周有围墙高 2.5m，宽 3m 铁大门一座，院内有道路宽 4m。

（6）含水层渗透稳定性的校核　填砾过滤器表面渗流速度

$$v = \frac{Q}{\pi DL} = \frac{2900}{3.14 \times 0.5 \times 14.2} \text{m/d} = 130.08 \text{m/d}$$

K 值根据抽水试验确定：

$$K = \frac{Q \lg \frac{R}{r_0}}{2.73MS}$$

$$= \frac{13.87 \times 86.4 \times \lg \frac{400}{0.15}}{2.73 \times 14.2 \times 2.4} \text{m/d} = 44.13 \text{m/d}$$

允许渗流速度 $v_{允} = 65 \sqrt[3]{K} = 229.69 \text{m/d}$

由校核得知，$v < v_{允}$，所以含水层稳定。

2.2　大口井

大口井是由人工开挖或沉井法施工，设置井筒，取集浅层地下水的构筑物。大口井与管井一样，也是一种垂直建造的取水井，由于井径较大，故名大口井。与管井相比，大口井管径较大，深度较小。大口井单井出水量一般在 500～10000m³/d，最大可达 20000～30000m³/d。

2.2.1　大口井类型与适用条件

大口井构造简单，取材容易，使用年限长，取水量大，还能兼起调节水量的作用，在中小城镇、铁路、农村供水中采用较多。在水量丰富、含水层较深时，可以通过增加穿孔辐射管，建成辐射井。

大口井适用于含水层厚度 5～10m，底板埋藏深度小于 15m 的地域；适用于砂、砾石、卵石层，地下水补给丰富，含水层透水性良好的地段；也适用于基岩风化裂隙层较厚、地下水埋藏浅但有丰富补给来源的地段；还适用于地下水补给来源丰富，含水层渗透性良好，地下水埋藏浅的山前洪积扇、河漫滩以及阶地、干枯河床和古河道地段。在含水层为中细砂，采用其他取水构筑物容易涌砂的地段和浅层地下水铁、锰及侵蚀性二氧化碳含量较高对井管腐蚀严重的地区，也可采用大口井取水。

大口井有完整井和非完整井之分，有井壁进水、井壁井底同时进水方式，如图 2-35 所示。当含水层厚度大于 10m 时一般都建成非完整井。

非完整式大口井井筒未贯穿整个含水层，井壁、井底同时进水，进水范围大，集水效果好，不易堵塞，应用较多。完整式大口井的井筒贯穿整个含水层，仅以井壁进水，可用于颗粒粗、厚度薄（5～8m）、埋深浅的含水层，但由于井壁进水孔易于堵塞，影响进水效果，其应用受到限制。

由于大口井深度浅，对水位变化适应性差，使用时必须注意地下水位变化的趋势。

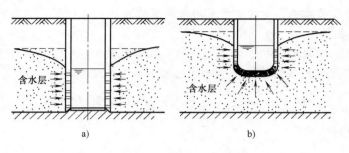

图 2-35　大口井形式

a）完整式　b）非完整式

2.2.2　大口井构造

大口井的型式有圆筒形、阶梯形和缩颈形，以圆筒形为主，主要由井口、井筒及进水部分组成，如图 2-36 所示。

（1）井口　井口为大口井露出地面的部分。为避免地表污水从井口或沿井壁侵入，污染地下水，井口应高出地面 0.5m 以上，并在井口周围修建不透水散水坡，宽度一般为 1.5m。如覆盖层是透水层，散水坡下面还应填以厚度不小于 1.5m 的夯实黏土层，或采用其他等效的防渗措施。

井口以上可以与泵站合建，工艺布置要求与一般泵站相同，也可分建，只设井盖，井盖上设人孔和通风管。为防止污染，人孔应采用密封的盖板，盖板顶高出地面不得小于 0.5m。人孔直径一般为 700mm，需在顶板立模时预留，并在其周围加密钢筋。可在井盖上预埋一根直径200mm 的钢管作为通风管。位于低洼地区的大口井，应用密封井盖，通风管应高于设计洪水位。

（2）井筒　井筒通常用钢筋混凝土浇筑、砖或块石等砌筑而成，用以加固井壁及隔离不良水质的含水层。

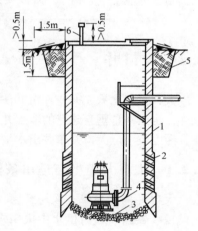

图 2-36　大口井的构造

1—井筒　2—透水孔　3—反滤层

4—潜水泵　5—黏土层　6—通气孔

大口井外形通常为圆筒形，易于保证垂直下沉；受力条件好，节省材料；对周围地层扰动很小，利于进水。但圆筒形井筒紧贴土层，下沉摩擦力较大。深度较大的大口井常采用阶梯圆筒形井筒。这种井筒采用变断面结构，结构合理，具有圆形井筒的优点，下沉时可减少摩擦力。大开槽法施工的井筒，其外围充填的滤料，高度应高出井筒顶部进水孔 0.5m，厚度为 200～300mm。

井深根据含水层岩性、厚度、地下水埋深、水位变幅和施工条件等因素确定。井径根据水文地质条件、设计出水量、抽水设备、施工条件、施工方法和工程造价等因素确定，一般为 3～8m，最大不超过 12m。农村或小型给水系统多用直径小于 5m 的大口井，直径大于 8m 的多用于城市或工业企业。

（3）进水部分　进水部分包括井壁进水孔（或透水井壁）和井底反渗层。

1）井底反滤层。除卵石含水层与裂隙含水层外，在一般含水层中都应铺设井底反滤层。

井底反滤层大多设计成凹弧形，滤料自下而上逐渐变粗，如图 2-37 所示。

反滤层可设 3 ~ 4 层，每层厚度宜为 200 ~ 300mm，总厚度宜为 0.6 ~ 1.5m。含水层为细、粉砂时，层数和厚度应相应增加。由于刃脚处渗透压力较大，易涌砂，靠刃脚处滤层厚度应加厚 20% ~ 30%。

与含水层相邻一层的反滤层滤料粒径 d_1 可按下式计算：

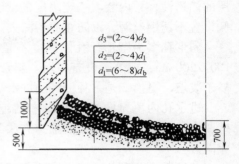

图 2-37　大口井井底反滤层

$$d_1 = (6 \sim 8)d_b \tag{2-28}$$

式中　d_1——与含水层相邻的第一层滤料的粒径（mm）；

d_b——含水层颗粒的计算粒径（mm），不同含水层可按表 2-17 取值。

表 2-17　含水层颗粒的计算粒径 d_b

细砂、粉砂	中　砂	粗　砂	砾石、卵石
d_{40}	d_{30}	d_{20}	$d_{10} \sim d_{15}$

其他相邻反滤层的粒径可按上层为下层滤料粒径的 2 ~ 4 倍计算。

上层滤料的设计渗透流速应小于允许渗透流速。上层滤料的允许渗透流速可按下式计算：

$$v_1 = \alpha K_d \tag{2-29}$$

式中　v_1——上层滤料的设计流速（m/s）；

α——安全系数，宜取 0.5 ~ 0.7；

K_d——上层滤料的渗透系数（m/s），无试验资料时可按表 2-18 取值。

表 2-18　各种人工滤料粒径渗透系数参考值

滤料粒径 D/mm	K_d/(m/s)	滤料粒径 D/mm	K_d/(m/s)
0.5 ~ 1	0.002	3 ~ 5	0.03
1 ~ 2	0.008	5 ~ 7	0.039
2 ~ 3	0.02	7 ~ 10	0.062

2）井壁进水孔。进水孔的型式根据出水量、井筒结构与壁厚、水文地质条件和施工条件选择。砌砖石的井筒可利用砖缝进水；浆砌砖石的井筒可利用插入的短管进水；钢筋混凝土的井筒应预留进水孔，可采用水平孔、斜形孔、V 形孔和多孔混凝土（无砂混凝土）滤料层等进水形式。当含水层为中、粗砂且厚度较大时，宜采用水平孔或斜孔，如图 2-38 所示。含水层颗粒较细或厚度较薄时，应采用斜孔。当含水层为卵砾石层时，可采用 25 ~ 50mm 的不填滤料的水平圆形或内大外小的圆锥形进水孔。

水平孔施工较容易，采用较多。井壁孔一般为直径 100 ~ 200mm 的圆孔或（100m × 150m）~（200m × 250mm）矩形孔，交错排列于井壁，其孔隙率在 15% 左右。为保持含水层的渗透性，孔内装填一定级配的滤料层，孔的两侧设置不锈钢丝网，以防止滤料漏失。

斜形孔多为圆形，孔倾斜度不超过 45°，孔径 100～200mm，孔外侧设有格网。斜形孔滤料稳定，易于装填、更换，是一种较好的进水孔形式。

进水孔内填充的滤料为 2～3 层，总厚度与井壁厚度相同。其滤料粒径的选择方法与井底反滤层相同。

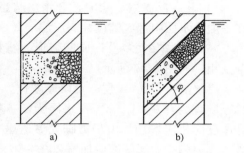

图 2-38　大口井井壁进水孔形式
a）水平孔　b）斜形孔

井壁进水孔和井底进水流速都不宜过大，以免引起大量涌砂。流速过大，还可能会加速水中重碳酸盐的分解，使钙镁沉积在滤料上，久而久之严重堵塞滤层。井壁进水孔与井底的允许进水流速可用下式计算：

$$v_2 = \alpha\beta K(1-p)(\gamma-1) \tag{2-30a}$$

式中　v_2——允许进水流速（m/s）；

α——安全系数，斜孔时为 0.5，井底时为 1；

β——随进水孔倾斜度变化的系数，参见表 2-19，也可按下式计算：

$$\beta = 1 - \frac{\varphi}{107} + 0.08\sin(4.5\varphi) \tag{2-30b}$$

φ——进水孔的倾斜角（°）；

p——滤料孔隙率，15%～25%；

γ——滤料的相对密度，砂和砾石为 2.65。

其余符号含义同上。

表 2-19　经验系数 β 值

交角 φ（°）	β	交角 φ（°）	β
0	1	40	0.63
10	0.97	45	0.53
20	0.87	50	0.48
30	0.79	60	0.38
35	0.71		

3）透水井壁。透水井壁由无砂混凝土预制而成，如有以 50cm×50cm×20cm 无砂混凝土砌块构成的井壁，也有以无砂混凝土整体浇制的井壁。如井壁高度较大，可在中间适当部位设置钢筋混凝土圈梁，以加强井壁强度。

无砂混凝土大口井制作方便，结构简单，造价低，但在细粉砂含水层和含铁地下水中容易堵塞，适用于中、粗砂及砾石含水层，其井壁的透水性能、阻砂能力和制作要求等，应通过试验或参照相似条件下的经验确定。

设计滤水面积应满足下式：

$$F \geqslant \frac{Q_s}{v_2} \tag{2-31}$$

式中　F——井壁进水面积（m^2）；

　　　Q_s——大口井设计出水量（井底和井壁同时进水时，则为井壁分摊水量）（m^3/s）。

其余符号含义同前。

为防止滤层中的小粒径砂粒流走，水通过滤层的流速应低于使砂砾开始移动时的最小允许流速，可按表 2-20 估值。

表 2-20　砂粒开始移动的最小允许流速

砂砾直径/mm	最小流速/（m/s）	砂砾直径/mm	最小流速/（m/s）
5.0	0.020	0.10	0.003
1.0	0.010	0.05	0.002
0.5	0.007	0.01	0.001

2.2.3　大口井出水量计算

大口井出水量计算有理论公式和经验公式等。取不同含水层地下水的大口井出水量计算理论公式如下。

1. 取河床渗透水的大口井出水量

取河床渗透水的大口井（图 2-39），出水量可按式（2-32）计算：

$$Q = \frac{4.29 K r_0 S_0}{0.0625 + \lg \dfrac{H}{T}} \qquad (2-32)$$

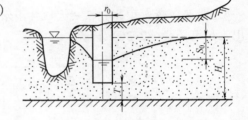

式中　Q——大口井出水量（m^3/d）；

　　　S_0——水位降深（m）；

　　　r_0——井半径（m）；

　　　K——含水层渗透系数（m/d）；

　　　H——含水层厚度（m）；

　　　T——井底至含水层底板距离（m）。

图 2-39　河流附近的大口井

取河床渗透水时，要求河流枯水期河水保持一定水深。在计算时，应根据河水浊度考虑适当的淤塞系数。

2. 取远离河床的地下水的大口井出水量

（1）完整式大口井出水量计算　完整式大口井自井壁进水，可按照完整式管井出水量计算式（2-1）和式（2-3）计算。

（2）非完整式大口井出水量计算

1）无压含水层非完整式大口井出水量。无压含水层计算简图如图 2-40 所示。

开采潜水的非完整式大口井，当含水层很薄（$r_0 < T < 2r_0$）时，计算公式为

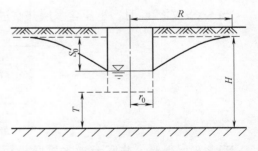

图 2-40　无压含水层非完整式大口井计算简图

$$Q = \cfrac{2\pi K S_0 r_0}{\cfrac{\pi}{2} + 2\arcsin\cfrac{r_0}{T + \sqrt{T^2 + r_0{}^2}} + 0.515\cfrac{r_0}{T}\ln\cfrac{R}{4H}}$$

$$= \cfrac{2\pi K S_0 r_0}{\cfrac{\pi}{2} + 2\arcsin\cfrac{r_0}{T + \sqrt{T^2 + r_0{}^2}} + 1.185\cfrac{r_0}{T}\lg\cfrac{R}{4H}} \tag{2-33}$$

当含水层较薄（$T > 2r_0$）时，计算公式为

$$Q = \cfrac{2\pi K S_0 r_0}{\cfrac{\pi}{2} + \cfrac{r_0}{T}\left(1 + 0.515\ln\cfrac{R}{4H}\right)} = \cfrac{2\pi K S_0 r_0}{\cfrac{\pi}{2} + \cfrac{r_0}{T}\left(1 + 1.185\lg\cfrac{R}{4H}\right)} \tag{2-34}$$

当含水层较厚时（$T > (8 \sim 10)r_0$）时，计算公式为

$$Q = 4K S_0 r_0 \tag{2-35}$$

式中　Q——单井出水量（$\mathrm{m^3/d}$）；

　　　S_0——与 Q 相对应的井内水位降落值（m）；

　　　T——含水层底板到井底距离（m）；

　　　H——无压含水层厚度（m）；

　　　r_0——大口井半径（m）。

其余符号含义同前。

2）承压含水层非完整式大口井出水量。承压含水层（$M < 2r_0$）中由井底进水的大口井出水量可按式（2-36）计算：

$$Q = \cfrac{2\pi K S_0 r_0}{\cfrac{\pi}{2} + 2\arcsin\cfrac{r_0}{M + \sqrt{M^2 + r_0{}^2}} + 0.515\cfrac{r_0}{M}\ln\cfrac{R}{4M}}$$

$$= \cfrac{2\pi K S_0 r_0}{\cfrac{\pi}{2} + 2\arcsin\cfrac{r_0}{M + \sqrt{M^2 + r_0{}^2}} + 1.185\cfrac{r_0}{M}\lg\cfrac{R}{4M}} \tag{2-36}$$

式中　M——承压含水层厚度（m）。

其余符号含义同前。

当 $8r_0 > M \geqslant 2r_0$ 时，承压含水层井底进水的大口井出水量可按下式计算：

$$Q = \cfrac{2\pi K S_0 r_0}{\cfrac{\pi}{2} + \cfrac{r_0}{M}\left(1 + 0.515\ln\cfrac{R}{4M}\right)}$$

$$= \cfrac{2\pi K S_0 r_0}{\cfrac{\pi}{2} + \cfrac{r_0}{M}\left(1 + 1.185\lg\cfrac{R}{4M}\right)} \tag{2-37}$$

当含水层很厚，井底至含水层底板距离 T 大于或等于大口井半径 r_0 的 8 倍以上（即 $T \geqslant 8r_0$）时，可用福尔希海默（Forchheimer P.）公式计算：

$$Q = A K S_0 r_0 \tag{2-38}$$

式中　Q——单井出水量（$\mathrm{m^3/d}$）；

A——与井底形状有关的系数，井底为平底时，$A=4$；井底为球形时，$A=2\pi$。
其余符号含义同式（2-37）。

（3）井壁井底同时进水大口井出水量计算　井壁井底同时进水的大口井出水量用叠加方法计算。对于无压含水层非完整大口井（图 2-41），出水量等于无压含水层井壁进水的大口井和承压含水层井底进水的大口井出水量之和。在含水层较薄的情况下：

$$Q = \pi K S_0 \left[\frac{2h - S_0}{0.653\ln\frac{R}{r_0}} + \frac{2r_0}{\frac{\pi}{2} + \frac{r_0}{T}\left(1 + 0.515\ln\frac{R}{4H}\right)} \right] = \pi K S_0 \left[\frac{2h - S_0}{2.3\lg\frac{R}{r_0}} + \frac{2r_0}{\frac{\pi}{2} + \frac{r_0}{T}\left(1 + 1.185\lg\frac{R}{4H}\right)} \right]$$

$$(2\text{-}39)$$

式中符号含义如图 2-41 所示，其余符号含义同前。

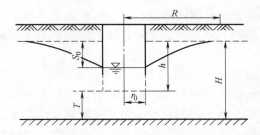

图 2-41　无压含水层非完整式大口井计算简图

2.3　井群互阻影响

较大规模的地下水取水工程，单井出水量往往不能满足用水要求，需要建造井群。当多口井同时工作抽取同一个含水层中的水时，如果距离较近，井距小于影响半径，必定产生相互干扰，导致出水量减少，即发生井群互阻影响。

2.3.1　井群类型

井群类型有：自流井井群、虹吸式井群、卧式泵井群和深井泵井群等。自流井井群适用于静水位高于地面的承压含水层；虹吸式井群适用于静水位接近地面的含水层；卧式泵井群适用于静水位接近地面且水位降落较小的含水层；深井泵井群适用于各类含水层，是广泛应用于地下水取水工程的取水方式。

2.3.2　井群布置

井群的布置根据建井地区的地质及水文地质条件进行。井群要设在补给条件好、透水性强、水质及卫生环境良好的地段，并处于城镇和工矿企业的上游，要接近主要用水区，以降低管道造价和输水费用；要尽可能垂直于地下水流向，同时考虑施工、运行管理和维护方便，避免洪水及其他因素的影响。

在设计时，如果傍河取水，则沿河布置单排或双排直线井群。远离河流地区，一般沿垂直地下水流向布置单排或双排直线井群。地下水丰富地区的井群可布置成梅花形或扇形。

冲、洪积平原地区，井群宜垂直地下水流向等距离或梅花状布置，当有古河床时，宜沿古河床布置。大型冲、洪积扇地区，当地下水开采量接近天然补给量时，井群宜垂直地下水流向呈横排或扇形布置；当地下水开采量小于天然补给量时，井群宜呈圆弧形布置；当开采储存量用作调节时，井群宜近似方格网布置。

大厚度含水层或多层含水层，且地下水补给充足地区，可分段或分层布置取水井组。间歇河谷地区，井群宜在含水层厚度较大的地段布置。

碎屑岩类地区，井群应根据蓄水构造及地貌条件布置，并宜符合下列要求：侵入体接触带富水段，可沿此带附近布置；断裂破碎带或背斜轴部富水段，可按线状布置；均质含水层，可按方格网、梅花状或圆弧形布置。

碳酸盐岩类地区，井群应根据蓄水构造及地貌条件布置，并宜符合下列要求：向斜构造盆地富水段，宜沿向斜轴布置；倾伏背斜轴部富水段，宜沿背斜轴布置；单斜构造深部富水段，宜垂直地下水流向在径流或排泄区布置；断裂破碎带富水段，宜沿带布置；当岩溶河谷是岩溶含水层的排泄基准面时，宜在岸边布置；碳酸盐岩类与非碳酸盐岩类接触富水时，宜在碳酸盐岩一侧布置。

岩浆岩类地区，井群应根据其分布与裂隙发育程度布置，并宜符合下列要求：风化裂隙，宜按地形在富水地段布置；构造裂隙，宜按构造部位在蓄水地段布置。

要使井群在抽水时互不干扰，相邻两井的距离最好超过影响半径的 2 倍，这样布置可以避免井与井之间的互阻影响，缺点是井群分散，井间联络管及供电线路过长，管理不便。

2.3.3 井群互阻影响计算

井群互阻影响程度与井距、布置方式、含水层岩性、厚度、渗透系数、储量、补给条件、井的出水量以及水位降深有关。井群互阻影响计算的目的，在于优化互阻影响下的井距、产水量及井数，确定井群的干扰出水量，为合理布置井群，进行技术经济比较提供依据。如果取水工程规模较小，井数较少，可采用较大的井距，忽略互阻影响，不必作互阻影响计算。

井群互阻影响通常表现为以下两种情况：①在保持水位降落值不变的条件下，共同工作的各井出水量小于各单井单独工作时的出水量；②在保持出水量不变的条件下，共同工作的各单井的水位降落值大于各单井单独工作时的水位降落值。

井群互阻影响计算的方法有理论公式和经验公式。理论公式由于难以完全涵盖各种复杂影响因素，而且计算参数不易选取，计算精度较差，故使用上有较大局限性。经验法是直接以现场抽水试验为依据，不必考虑计算参数，计算结果与实际情况较为接近，但前提条件是设计井和试验井建于同一含水层中，且设计井和试验井的型式、构造尺寸应基本相同。实践中，除一些简单情况采用理论公式进行初步计算外，一般多采用经验公式计算。

1. 理论公式

由于井群布置方式多种多样，井的类型也不尽相同，因此井群互阻影响的理论计算公式繁多。下面介绍以势流叠加原理为基础的水位削减法。

设在均质承压含水层中任意布置 n 个完整井进行抽水，如图 2-42 所示。

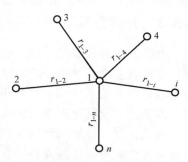

图 2-42 任意布置的井群系统

假设各井单独工作时出水量为 Q_1、Q_2、Q_3、$\cdots$、Q_i、$\cdots$、Q_n，对应各出水量的水位降落值分别为 S_1、S_2、S_3、$\cdots$、S_i、$\cdots$、S_n。根据势流叠加原理，在各井出水量不变的情况下，处于互相干扰状态时，i 号井的水位降落值应等于其本身单独抽水时的水位降落值 S_i 与其余各井单独抽水时在 i 号井引起的水位降落值之和，其表达式为

$$S_i' = S_i + t_{i-1} + t_{i-2} + \cdots + t_{i-n} \tag{2-40}$$

式中　　　S_i'——干扰抽水时 i 号井的水位降落值（m）；

　　　　　S_i——i 号井单独抽水时水位降落值（m）；

t_{i-1}、$\cdots$、t_{i-n}——其余各井单独抽水时在 i 号井引起的水位降落值（m）。

同理，对于其余各井也可建立类似式（2-40）的方程式：

$$\begin{cases} S_1' = S_1 + t_{1-2} + \cdots + t_{1-i} + \cdots + t_{1-n} \\ \cdots \\ S_n' = S_n + t_{n-1} + \cdots + t_{n-i} + \cdots + t_{n-(n-1)} \end{cases} \tag{2-41}$$

上列各方程式等号右侧的各水位降落值可根据水文地质条件、井的类型等采用相应公式进行计算，由此可得到 n 个方程式。只要给定各单井的水位降落值，就可以求出各井在互阻影响下的出水量，或给定单井的出水量就可求出各井在互阻影响下的水位降落值。

依据承压完整井裘布依公式和带观测孔公式，可写出干扰抽水时各井的水位降落值：

$$\begin{cases} S_1' = \dfrac{1}{2.73KM}\left(Q_1 \lg \dfrac{R}{r_{01}} + Q_2 \lg \dfrac{R}{r_{1-2}} + Q_3 \lg \dfrac{R}{r_{1-3}} + \cdots + Q_n \lg \dfrac{R}{r_{1-n}} \right) \\ S_2' = \dfrac{1}{2.73KM}\left(Q_2 \lg \dfrac{R}{r_{02}} + Q_1 \lg \dfrac{R}{r_{2-1}} + Q_3 \lg \dfrac{R}{r_{2-3}} + \cdots + Q_n \lg \dfrac{R}{r_{2-n}} \right) \\ \cdots \\ S_n' = \dfrac{1}{2.73KM}\left(Q_n \lg \dfrac{R}{r_{0n}} + Q_2 \lg \dfrac{R}{r_{n-1}} + Q_3 \lg \dfrac{R}{r_{n-2}} + \cdots + Q_{n-1} \lg \dfrac{R}{r_{n-(n-1)}} \right) \end{cases} \tag{2-42}$$

式中　　Q_1，Q_2，$\cdots$，Q_n——各井单独工作出水量（m^3/d）；

　r_{1-2}，r_{1-3}，$\cdots$，r_{1-n}——2，3，$\cdots$，n 号井至 1 号井的距离（m）；

　　r_{01}，r_{02}，$\cdots$，r_{0n}——1，2，$\cdots$，n 号井的半径（m）；

　　　　　　　　R——井的影响半径（m）；

　　　　　　　　M——含水层厚度（m）；

其余符号含义同前。

各井干扰出水量为未知数，有 n 个井，可列出 n 个方程。只要给定各井的水位下降值，解此方程组，即可求出各井的干扰出水量。

上述井群互阻影响计算方法可用于同类型取水井组合而成的井群互阻影响计算，也可用于由不同类型取水井组合而成的井群互阻影响计算。

2. 经验公式

经验公式计算方法，也称为水位削减法，是指通过现场抽水试验取得相邻水井的水位影响值，求得井的出水量减少系数。该方法使用范围较广，可广泛用于潜水含水层、承压含水层、完整井、非完整井，也不受井群平面布置的影响。

经验公式法的计算目标，是确定单井出水量减少程度。如果单井出水量恒定不变，则需要考虑水位降深的削减，即在抽水试验的基础上直接求得各井相互影响的水位削减值，然后

进行叠加，使井的动水位调整至新的水平，并以此作为设计动水位。

在实际工程中，即使各井均在同一含水层抽水，井的型式、构造及抽水设备相同，井的水位降深值也相同，如果各井的位置及井距不同，其干扰出水量也随之不同。因此，经验公式的应用，受试验条件、含水介质的非均质性与各向异性特征，以及井群涌水量 $Q\text{-}S$ 曲线类型等诸多因素制约，一般多用于井群单独抽水和互阻抽水时 $Q\text{-}S$ 曲线均为直线关系，且斜率不变的情况。

出水量减少系数综合概括了井群互阻影响的各种因素。假设任意井单独抽水时的出水量为 Q，当有干扰时，其出水量减少至 Q'，则出水量减少系数 α 可以用下式表示：

$$\alpha = \frac{Q - Q'}{Q} \tag{2-43a}$$

或

$$Q' = (1 - \alpha)Q \tag{2-43b}$$

式中　Q——无互阻影响时井的出水量（$\mathrm{m^3/d}$）；

　　　Q'——有互阻影响时井的出水量（$\mathrm{m^3/d}$）。

当已知取水井的出水量减少系数 α 值，则可根据单井的出水量 Q 求得处于互阻影响时的出水量 Q'。

设两井建于同一含水层中，构造尺寸及抽水设备相同，且彼此处于互阻影响范围之内，如图 2-43 所示，当 1 号井单独抽水稳定后，测定出水量为 Q_1，水位下降值为 S_1，同时把 2 号井作为观测井，测定其水位下降值（水位削减值）为 t_2。同样，当2 号井单独抽水时也可测得 Q_2、S_2 及 t_1。

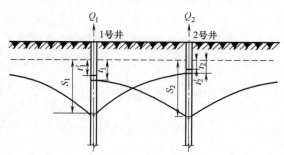

图 2-43　两井互阻影响示意图

当两井同时抽水时，两井显然处于互相干扰状态。若要保持从静水位算起的井的水位下降值不变，两井出水量因互阻影响会减至 Q_1'、Q_2'，同时将使 1 号井及 2 号井的水位削减值相应减少到 t_1'、t_2'。

假设各井单独抽水和同时抽水时的 $Q\text{-}S$ 曲线保持不变，且为直线关系，则对于 1 号井而言，单独抽水和同时抽水时的单位出水量 $q_1 = \dfrac{Q_1}{S_1}$ 不变，即

$$Q_1 = q_1 S_1 \tag{2-44}$$

$$Q_1' = q_1(S_1 - t_1') \tag{2-45}$$

将上述两式代入式（2-43a）中，得：

$$\alpha_1 = \frac{Q_1 - Q_1'}{Q_1} = \frac{q_1 S_1 - q_1(S_1 - t_1')}{q_1 S_1} = \frac{t_1'}{S_1} \tag{2-46a}$$

同理：

$$\alpha_2 = \frac{t_2'}{S_2} \tag{2-46b}$$

如果 1 号井受到多个井的干扰，如图 2-42 所示，其计算公式为

$$\sum \alpha_1 = \alpha_{1-2} + \alpha_{1-3} + \cdots + \alpha_{1-n} = \frac{t_{1-2}' + t_{1-3}' + \cdots + t_{1-n}'}{S_1} \tag{2-47}$$

由于各井同时抽水时无法测得 t' 值，所以式（2-46a）、式（2-46b）、式（2-47）不能直接用于计算。

假定两井互阻抽水，由自身引起的水位降分别为 S_1 和 S_2，由邻井引起的水位削减值分别为 t_1 和 t_2，那么，利用水位叠加原理，1 号和 2 号互阻抽水水位下降值分别为 $S_1 + t_1$ 和 $S_2 + t_2$，如图 2-44 所示。

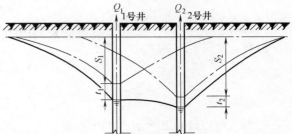

图 2-44　两井互阻影响计算简图

根据 Q-S 直线关系，互阻抽水与单独抽水两种情况下水量之比为

$$\frac{Q_1'}{Q_1} = \frac{S_1}{S_1 + t_1} \qquad (2\text{-}48a)$$

$$\frac{Q_2'}{Q_2} = \frac{S_2}{S_2 + t_2} \qquad (2\text{-}48b)$$

在互阻抽水情况下，两井的水量减少系数分别为

$$\alpha_1 = 1 - \frac{Q_1'}{Q_1} = 1 - \frac{S_1}{S_1 + t_1} = \frac{t_1}{S_1 + t_1} \qquad (2\text{-}49a)$$

$$\alpha_2 = 1 - \frac{Q_2'}{Q_2} = 1 - \frac{S_2}{S_2 + t_2} = \frac{t_2}{S_2 + t_2} \qquad (2\text{-}49b)$$

若两井的抽水量相同，即 $Q_1 = Q_2$、$t_1 = t_2$，则有

$$\alpha_1 = \frac{t_2}{S_1 + t_2} \qquad (2\text{-}50a)$$

$$\alpha_2 = \frac{t_1}{S_2 + t_1} \qquad (2\text{-}50b)$$

由此可见，当设计井和试验井建于同一含水层，且设计井和试验井的型式、构造尺寸基本相同时，$S_1 = S_2$，$t_1 = t_2$，$\alpha_1 = \alpha_2$，出水量减少系数 α 可仅由其中一井单独抽水，另一井作为观测井所得数据求得。

另外，利用以上公式计算时要求 $S_1 = S_2$，如果 $S_1 \neq S_2$，但互阻降落差很小时，也可以利用上述公式计算出水量减少系数。

如果两个设计井的间距与试验井的间距相同，则可以直接应用抽水试验所得的出水量减少系数进行计算，对于 1 号设计井而言：

$$Q_{p1}' = (1 - \alpha_0) Q_{p1} \qquad (2\text{-}51)$$

式中　Q_{p1}、Q_{p1}'——1 号设计井处于互阻影响前后的出水量（m^3/d）；

　　　　α_0——试验井的平均出水量减少系数。

如果两个设计井间距 L_{1-2} 不等于试验井的间距 L_i，则试验井的出水量减少系数 α_0 需要修正后再应用于计算。具体方法是，试验井平均出水量减少系数 α_0 乘以间距校正系数，即

$$\alpha_{1-2} = \alpha_0 \frac{\lg \dfrac{R}{L_{1-2}}}{\lg \dfrac{R}{L_i}} \qquad (2\text{-}52)$$

式中　α_{1-2}——校正后的井的出水量减少系数；

R——井的影响半径（m）。

如果取水工程具有多个设计井，井群之间存在互阻影响，则对于某个设计井而言，以1号井为例，其出水量可按下式计算：

$$Q'_{p1} = Q_{p1}(1 - \sum \alpha_1) \tag{2-53a}$$

式中　$\sum \alpha_1$——其余各井对于1号井的出水量减少系数之和。

当有 n 个井同时抽水时，则有

$$\sum \alpha_1 = \alpha_{1-2} + \alpha_{1-3} + \cdots + \alpha_{1-n}$$

$$= \frac{t_{1-2}}{S_1 + t_{1-2}} + \frac{t_{1-3}}{S_1 + t_{1-3}} + \cdots + \frac{t_{1-n}}{S_1 + t_{1-n}} \tag{2-53b}$$

同理，可以计算其余各井的出水量。

如果设计井之间的设计水位降深不同，则各井之间的互阻影响程度也不同，对此应分别进行水位下降校正即乘以水位下降校正系数，如以1号设计井为例，其校正系数值分别是 $\frac{S_2}{S_1}$、$\frac{S_3}{S_1}$、$\cdots$、$\frac{S_n}{S_1}$，其中 S_1 为1号井的设计水位降深，S_2、S_3、$\cdots$、S_n 分别为其余各井的设计水位降深。其他各井的设计水位降深依此类推。

上述经验公式只适用于 $Q\text{-}S$ 呈直线关系的井群，当各井的设计水位降深不同时，只影响各井之间的出水量分配而不影响井群的总出水量。但在实践中，由于井的 $Q\text{-}S$ 关系并非完全或始终是直线，因此各井的出水量还是以均衡分布为宜。

对于 $Q\text{-}S$ 呈非线性关系的井群互阻影响计算，在原理和方法上与 $Q\text{-}S$ 呈直线关系的水井互阻影响计算原理和方法是相同的，但推导公式较为复杂。

井间距离通常可按影响半径的两倍计算，个别情况下，井群占地有限制时，一般可按相互干扰使单井出水量减少不超过25%~30%进行计算。

【例2-4】　拟在某地砂砾石承压含水层中建造直径为350mm管井7眼。管井间距280m，呈直线排列，垂直于地下水流向布置，如图2-45所示。已知影响半径为650m，并已取得建于同一地层，间距为250m，井径为350mm的两眼试验井的单井抽水试验资料（表2-21、表2-22）。求各设计井水位降深6m，共同工作时井群的出水量。

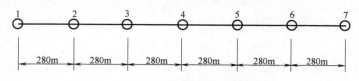

图2-45　井群互阻影响计算示意图

表2-21　试验井1抽水试验资料

出水量 Q_1/ （L/s）	水位降深 S_1 /m	单位出水量/ [L/(s·m)]	试验井2抽水时试验井1的水位削减值 t_1/m
8.40	1.50	5.60	0.23
16.37	2.95	5.55	0.45
27.34	4.90	5.58	0.75

表2-22　试验井2抽水试验资料

出水量 $Q_1/$（L/s）	水位降深 $S_1/$m	单位出水量/[L/(s·m)]	试验井1抽水时试验井2的水位削减值 $t_2/$m
8.32	1.49	5.58	0.25
16.61	3.00	5.54	0.44
27.52	4.91	5.60	0.73

【解】

由抽水试验资料（表2-21、表2-22）可知试验井的 Q-S 为直线关系，因此可用公式计算出水量减小系数。

试验井2的三次水位降落时，试验井1的出水量减少系数分别为

$$\alpha_1' = \frac{t_2'}{S_1' + t_2'} = \frac{0.25}{1.50 + 0.25} = 0.14$$

$$\alpha_1'' = \frac{t_2''}{S_1'' + t_2''} = \frac{0.44}{2.95 + 0.44} = 0.13$$

$$\alpha_1''' = \frac{t_2'''}{S_1''' + t_2'''} = \frac{0.73}{4.90 + 0.73} = 0.13$$

试验井1三次水位下降时，试验井2的出水量减少系数分别为

$$\alpha_2' = \frac{t_1'}{S_2' + t_1'} = \frac{0.23}{1.49 + 0.23} = 0.13$$

$$\alpha_2'' = \frac{t_1''}{S_2'' + t_1''} = \frac{0.45}{3.00 + 0.45} = 0.13$$

$$\alpha_2''' = \frac{t_1'''}{S_2''' + t_1'''} = \frac{0.75}{4.91 + 0.75} = 0.13$$

上面所得的出水量减少系数较为接近，为安全起见，取 $\alpha_1 = \alpha_2 = \alpha_{250} = 0.14$。井距为 280m、560m 时出水量减少系数按下式计算，分别为

$$\alpha_{280} = \alpha_{250} \frac{\lg \frac{R}{280}}{\lg \frac{R}{250}} = 0.14 \times \frac{\lg 650 - \lg 280}{\lg 650 - \lg 250} = 0.123$$

$$\alpha_{560} = \alpha_{250} \frac{\lg \frac{R}{560}}{\lg \frac{R}{250}} = 0.14 \times \frac{\lg 650 - \lg 560}{\lg 650 - \lg 250} = 0.022$$

按公式计算各井处于互阻影响下的出水量，列于表2-23。其中单位出水量 q 值采用两个试验井抽水试验数据的平均值。

由表2-23，井群在互阻影响下的总出水量为

$$\sum Q' = 177.59 \text{L/s}$$

不发生互阻影响时，井群的总出水量应为

$$\sum Q = qSn = (5.58 \times 6 \times 7) \text{L/s} = 234.36 \text{L/s}$$

由于互阻影响，井群出水量共减少：

表 2-23　井群互阻影响计算表

井号	间距 l/m	来自左侧的影响		来自右侧的影响		$\sum \alpha$	$1 - \sum \alpha$	$q/$ $[L/(s \cdot m)]$	$Q = qs(1 - \sum \alpha)/$ (L/s)
		α_{280}	α_{560}	α_{280}	α_{560}				
1	840	0	0	0.123	0.022	0.145	0.855	5.58	28.63
2	560	0.123	0	0.123	0.022	0.268	0.732	5.58	24.51
3	280	0.123	0.022	0.123	0.022	0.290	0.710	5.58	23.77
4	0	0.123	0.022	0.123	0.022	0.290	0.710	5.58	23.77
5	280	0.123	0.022	0.123	0.022	0.290	0.710	5.58	23.77
6	560	0.123	0.022	0.123	0	0.268	0.732	5.58	24.51
7	840	0.123	0.022	0	0	0.145	0.855	5.58	28.63

$$\frac{\sum Q - \sum Q'}{\sum Q} \times 100\% = \frac{234.36 - 177.59}{234.36} \times 100\% = 24.2\%$$

设计时,如果井群互阻影响减少的水量超过单井出水量总和的 25%,可通过调整设计井距,直至减少的水量不超过设计水量的 25% 为止。

2.3.4　垂直分段取水井组

对厚度超过 60m 的大厚度且透水性能良好的含水层,经过抽水试验和技术经济比较证明合理时,可采用垂直分段取水,如图 2-46 所示。

在一定井径与一定水位降深条件下,管井出水量随过滤器长度的增加而增加,但当含水层厚度很大,井的出水量和水位降深一定时,过滤器只在有效长度范围内有效,而且也只能影响到一定厚度的含水层。受抽水影响的含水层厚度称为含水层的有效带。在有效带范围以外的含水层中,地下水基本上不向水井流动。因此,可在有效带以外水层中另设过滤器,实行垂直分段开采。

实践证明,大厚度含水层分段取水井组同时抽水与单井抽水相比,分段取水井组同时抽水得到的水量并没有大大减少。可分段的数量根据过滤器有效长度、井距、含水层的厚度等确定。过滤器的设置深度在动水位或隔水顶板以下 1.5 ~ 2.0m。分段井组的布置可参照表 2-24。

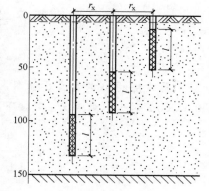

图 2-46　垂直分段井组示意图

表 2-24　分段取水井组的布置

含水层厚度/m	管井数量/个	过滤管长度/m	水平间距/m	垂直间距/m
40 ~ 60	2	20 ~ 30	5 ~ 10	>5
60 ~ 100	2 ~ 3	20 ~ 25	5 ~ 10	≥5
>100	3	20 ~ 25	5 ~ 10	≥5

分段取水井组的设计计算实质上仍为井群的互阻影响计算,所不同的是考虑设于含水层不同深度范围的非完整井之间的水平与竖向干扰,可借助于过滤器处于含水层任意位置的

（淹没式）各种非完整井的计算公式进行计算。

对于承压含水层中的非完整井，开采井单独工作时水位下降值可用下式计算：

$$S = \frac{Q}{2\pi Kl}\ln\frac{0.66l}{r_0} \tag{2-54}$$

式中 l——过滤器的有效长度（m）；

r_0——过滤器半径（m）。

其余符号含义同前。

各井单独开采时对邻近水井水位下降的影响可按下式近似计算：

$$S_{rt} = \frac{Q}{4\pi Kl}\left(\operatorname{arsh}\frac{t-C}{r_x} + \operatorname{arsh}\frac{C+l-t}{r_x} + \operatorname{arsh}\frac{t+C+l}{r_x} - \operatorname{arsh}\frac{C+t}{r_x}\right) \tag{2-55}$$

式中 t——受影响水井过滤器上端至静水位距离（m）；一般 $t=C$，为了安全也可取 $t=C+l/2$；

S_{rt}——任意点的水位降深（m）；

r_x——取水井至受影响井的水平距离（m）；

C——取水井过滤器上端至静水位距离（m）；

arsh——反双曲线正弦函数。

其余符号含义同前。

对于由 3 眼井组成的分段取水井组（图 2-47）可分别求得各井的水位降深：

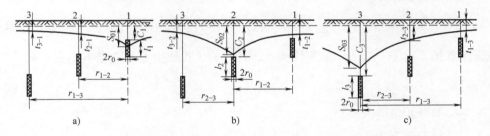

图 2-47 三个相互影响的非完整井的计算

a）当 1 号井对 2、3 号井影响时 b）当 2 号井对 1、3 号井影响时 c）当 3 号井对 1、2 号井影响时

$$\begin{cases} \sum S_1 = S_{01} + t_{1-2} + t_{1-3} \\ \sum S_2 = t_{2-1} + S_{02} + t_{2-3} \\ \sum S_3 = t_{3-1} + t_{3-2} + S_{03} \end{cases} \tag{2-56}$$

式中 S_1、S_2、S_3——各井本身的水位降深；

t_{k-i}——i 号井在 k 号井引起的水位降深（水位削减值）。

由此可确定出水量不变时各井的动水位或动水位不变时的出水量减少系数 $\dfrac{\sum t_{k-i}}{S_k}$。

2.3.5 联合工作井群的计算

井群实质上是由井、井泵、井群连接管路、输水管、清水池（或水塔）以至配水管网等组成的一个有机整体，井的出水量不仅取决于每个井本身的性能及它们之间的互相影响，还可能受到系统各部分工况的影响。井群中取水井的联合工作情况取决于整个给水工程系统的组成。由井、井泵、井群连接管、清水池组成的系统在一般城市地下水源取水工程中最为多见，系统布置情况如图 2-48 所示。

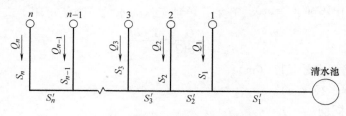

图 2-48　联合工作取水井群系统

图中，S_i 表示各独立管段的摩阻系数，S_i' 表示相应的各公共管段的摩阻系数，Q_i 表示各井的出水量。

对于 1 号井，水泵的扬程为

$$H_1 = \sum h_1 + \Delta h_1' + Z_{c1} \tag{2-57a}$$

式中　H_1——1 号井水泵总扬程（m）；

$\sum h_1$——1 号井水泵吸水管至清水池的管路水头损失（m）；

$\Delta h_1'$——1 号井水位降深（m）；

Z_{c1}——清水池计算水位与 1 号井静水位间的高差（m）。

由水力学可知：

$$\sum h_1 = S_1 Q_1^2 + S_1' \left(\sum_{i=1}^{n} Q_i \right)^2 \tag{2-57b}$$

假设干扰抽水时 $Q = f(S)$ 呈直线关系，各井的干扰影响系数 β_i 基本不变，则

$$\Delta h_1' = \frac{Q_1}{\beta_1 q_1} \tag{2-57c}$$

式中　q_1——1 号井单位出水量。

由水泵特性曲线方程：

$$H_1 = H_{x1} - S_{x1} Q_1^2 \tag{2-57d}$$

式中　H_{x1}——1 号井水泵的虑总扬程；

S_{x1}——1 号井泵阻力常数。

将式（2-57b）、式（2-57c）和式（2-57d）代入式（2-57a）并整理得

$$(S_1 + S_{x1}) Q_1^2 + S_1' \left(\sum_{i=1}^{n} Q_i \right)^2 + \frac{Q_1}{\beta_1 q_1} + Z_{c1} - H_{x1} = 0 \tag{2-58}$$

对于 2 号井，其管路水头损失为

$$\sum h_2 = S_2 Q_2^2 + S_1' \left(\sum_{i=1}^{n} Q_i \right)^2 + S_2' \left(\sum_{i=2}^{n} Q_i \right)^2 \tag{2-59a}$$

同理可以推导出

$$(S_2 + S_{x2}) Q_2^2 + S_1' \left(\sum_{i=1}^{n} Q_i \right)^2 + S_2' \left(\sum_{i=2}^{n} Q_i \right)^2 + \frac{Q_2}{\beta_2 q_2} + Z_{c2} - H_{x2} = 0 \tag{2-59b}$$

一般地，对于第 k 号井，可得到

$$(S_k + S_{xk}) Q_k^2 + S_1' \left(\sum_{i=1}^{n} Q_i \right)^2 + \cdots + S_k' \left(\sum_{i=k}^{n} Q_i \right)^2 + \frac{Q_k}{\beta_k q_k} + Z_{ck} - H_{xk} = 0 \tag{2-59c}$$

这样可得方程

$$\begin{cases} (S_1 + S_{x1})Q_1^2 + S_1'\left(\sum_{i=1}^{n} Q_i\right)^2 + \dfrac{Q_1}{\beta_1 q_1} + Z_{c1} - H_{x1} = 0 \\[2mm] (S_2 + S_{x2})Q_2^2 + S_1'\left(\sum_{i=1}^{n} Q_i\right)^2 + S_2'\left(\sum_{i=2}^{n} Q_i\right)^2 + \dfrac{Q_2}{\beta_2 q_2} + Z_{c2} - H_{x2} = 0 \\[2mm] \quad\cdots\cdots \\[2mm] (S_k + S_{xk})Q_k^2 + S_1'\left(\sum_{i=1}^{n} Q_i\right)^2 + \cdots + S_k'\left(\sum_{i=k}^{n} Q_i\right)^2 + \dfrac{Q_k}{\beta_k q_k} + Z_{ck} - H_{xk} = 0 \\[2mm] (S_n + S_{xn})Q_n^2 + S_1'\left(\sum_{i=1}^{n} Q_i\right)^2 + \cdots + S_{n-1}'\left(\sum_{i=n-1}^{n} Q_i\right)^2 + S_n'Q_n^2 + \dfrac{Q_n}{\beta_n q_n} + Z_{cn} - H_{xn} = 0 \end{cases}$$

$$(2-60)$$

在方程组（2-60）中，未知量 Q_i 的个数恰好等于方程组的个数，求得方程组的根就得到井群中每眼管井的出水量。

当井的个数较多时，令 S_{B1}、S_{B2}、$\cdots$、S_{Bn} 为各管段的折算摩阻系数，即

$$\begin{cases} S_{B1}Q_1^2 = S_1'\left(\sum_{i=1}^{n} Q_i\right)^2 \\[2mm] S_{B2}Q_2^2 = S_1'\left(\sum_{i=1}^{n} Q_i\right)^2 + S_2'\left(\sum_{i=2}^{n} Q_i\right)^2 \\[2mm] \quad\cdots\cdots \\[2mm] S_{Bk}Q_k^2 = S_1'\left(\sum_{i=1}^{n} Q_i\right)^2 + S_2'\left(\sum_{i=2}^{n} Q_i\right)^2 + \cdots + S_k'\left(\sum_{i=k}^{n} Q_i\right)^2 \\[2mm] \quad\cdots\cdots \\[2mm] S_{Bn}Q_n^2 = S_1'\left(\sum_{i=1}^{n} Q_i\right)^2 + \cdots + S_{n-1}'\left(\sum_{i=n-1}^{n} Q_i\right)^2 + S_n'Q_n^2 \end{cases}$$

$$(2-61)$$

由上式可得

$$\begin{cases} S_{B1} = \dfrac{S_1'\left(\sum\limits_{i=1}^{n} Q_i\right)^2}{Q_1^2} \\[6mm] S_{B2} = \dfrac{S_1'\left(\sum\limits_{i=1}^{n} Q_i\right)^2 + S_2'\left(\sum\limits_{i=2}^{n} Q_i\right)^2}{Q_2^2} \\[6mm] \quad\cdots\cdots \\[6mm] S_{Bk} = \dfrac{S_1'\left(\sum\limits_{i=1}^{n} Q_i\right)^2 + S_2'\left(\sum\limits_{i=2}^{n} Q_i\right)^2 + \cdots + S_k'\left(\sum\limits_{i=k}^{n} Q_i\right)^2}{Q_k^2} \\[6mm] \quad\cdots\cdots \\[6mm] S_{Bn} = \dfrac{S_1'\left(\sum\limits_{i=1}^{n} Q_i\right)^2 + \cdots + S_{n-1}'\left(\sum\limits_{i=n-1}^{n} Q_i\right)^2 + S_n'Q_n^2}{Q_n^2} \end{cases}$$

$$(2-62)$$

将方程组（2-62）代入方程组（2-60）可将方程组（2-60）化成 $(S_i + S_{xi} + S_{Bi})Q_i^2 + \dfrac{Q_i}{\beta_i q_i} + Z_{ci} - H_{xi} = 0 (i = 1, 2, \cdots, n)$，由此得

$$Q_i = \frac{\sqrt{\left(\dfrac{1}{\beta_i q_i}\right)^2 - 4(Z_{ci} - H_{xi})(S_i + S_{xi} + S_{Bi})} - \dfrac{1}{\beta_i q_i}}{2(S_i + S_{xi} + S_{Bi})} \tag{2-63}$$

Q_i 可用迭代法进行计算。

2.4 复合井

2.4.1 复合井适用条件与构造

（1）复合井适用条件 复合井适用于地下水位较高，厚度较大的含水层，它比大口井更能充分利用厚度较大的含水层。当含水层厚度和大口井半径之比等于 3~6 时或者含水层透水性能较差时，可采用复合井以提高出水量。

复合井常用于同时取集上部孔隙潜水和下部承压水，含水层上部和下部的地下水分别为大口井及过滤器所取集，并同时汇集于大口井井筒。由于大口井井筒内的空间可以兼做"调节水池"，因此复合井也适用于间歇供水的给水系统，从而被广泛地用于需水量不大的小城镇、工业企业自备水源、铁路沿线给水站及农业水源。此外，在保证取水量的前提下，复合井可以减小管井的开凿深度，有时采用复合井也可以作为大口井的一种挖潜措施。当单独采用大口井或管井（"分层取水"的管井系统除外）都不能充分利用含水层时，可采用由大口井和管井或过滤器组成的复合井分层取水系统。

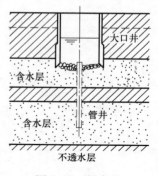

图 2-49 复合井

（2）复合井的构造 复合井组是由大口井和一至数根滤管上下重合组成的分层或分段取水系统，如图 2-49 所示。

复合井上部的大口井部分的构造同一般大口井构造。由于复合井下部的管井进水和大口井井底进水相互干扰，因此管井过滤器直径一般取 200~300mm。考虑到过滤器上部与大口井的互相干扰较大，其有效长度可比一般管井的有效长度稍大，并且不大于含水层厚度的 75%；过滤器数量不宜超过 3 根。

2.4.2 复合井出水量计算

复合井的各种渗流均属轴对称二维流动，出水量计算公式以均质各向同性含水层的稳定滤流为基础，可在上述各类取水井计算公式的基础上用势流叠加法求解。对于从井壁与井底同时进水的大口井，其井壁进水口的进水量可以根据分段解法原理求得。一般均采用大口井和管井两者单独工作条件下的出水量之和，并乘以干扰系数。其计算公式一般表示为

$$Q = \xi(Q_1 + Q_2) \tag{2-64}$$

式中 Q——复合井出水量（$\mathrm{m^3/d}$）；

Q_1、Q_2——同一条件下大口井、管井单独工作时的出水量（$\mathrm{m^3/d}$）；

ξ——干扰系数，也称为互相影响系数。

按照含水层的水力状况（承压或无压）和滤管的完整程度（完整或非完整），可将复合井出水量的计算分成以下 4 种情况考虑。

（1）承压含水层完整复合井　承压含水层完整复合井如图 2-50 所示，是由井底进水的大口井与单一完整垂直滤管组合而成。出水量计算公式如下：

$$Q = \xi_1 \left[\frac{2\pi K r_0 S_0}{\dfrac{\pi}{2} + 2\arcsin \dfrac{r_0}{M + \sqrt{M^2 + r_0^2}} + 0.515 \dfrac{r_0}{M}\ln \dfrac{R}{4M}} + \frac{2\pi K M S_0}{\ln \dfrac{R}{r_0'}} \right] \qquad (2\text{-}65a)$$

其中，ξ_1 为

$$\xi_1 = \frac{1}{1 + \left(\ln \dfrac{R}{r_0} \Big/ \ln \dfrac{R}{r_0'} \right)} \qquad (2\text{-}65b)$$

式中　r_0——大口井内径（m）；

$\quad\quad r_0'$——过滤器内径（m）。

符号含义如图 2-50 所示或同前。

同一条件下复合井出水量比大口井出水量增加率为

$$\eta(\%) = \left[\xi_i \frac{Q_2}{Q_1} - (1 - \xi_i) \right] \times 100\% \qquad (2\text{-}66)$$

式中　ξ_i——各种条件下的干扰系数。

（2）承压含水层非完整复合井　承压含水层非完整复合井计算简图如图 2-51 所示，出水量计算公式如下：

$$Q = \xi_2 \left(\frac{2\pi K r_0 S_0}{\dfrac{\pi}{2} + 2\arcsin \dfrac{r_0}{M + \sqrt{M^2 + r_0^2}} + 0.515 \dfrac{r_0}{M}\ln \dfrac{R}{4M}} + \frac{2\pi K M S_0}{\dfrac{M}{2l}\left(2\ln \dfrac{4M}{r_0'} - A \right) - \ln \dfrac{4M}{R}} \right) \qquad (2\text{-}67a)$$

$$\xi_2 = \frac{1}{1 + \dfrac{\ln \dfrac{R}{r_0}}{\dfrac{M}{2l}\left(2\ln \dfrac{4M}{r_0'} - A \right) - \ln \dfrac{4M}{R}}} \qquad (2\text{-}67b)$$

式中符号含义如图 2-51 所示或同前。

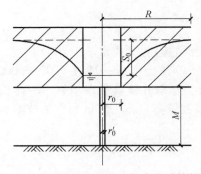

图 2-50　承压含水层完整复合井计算简图

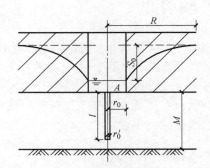

图 2-51　承压含水层非完整复合井计算简图

（3）无压含水层完整复合井　无压含水层完整复合井计算简图如图 2-52 所示，出水量计算公式如下：

$$Q = \xi_3 \left(\frac{2\pi K r_0 S_0}{\frac{\pi}{2} + 2\arcsin \dfrac{r_0}{T + \sqrt{T^2 + r_0{}^2}} + 0.515 \dfrac{r_0}{T} \ln \dfrac{R}{4H}} + \frac{2\pi K T S_0}{\ln \dfrac{R}{r_0'}} \right) \qquad (2\text{-}68a)$$

$$\xi_3 = \frac{1}{1 + \left(\ln \dfrac{R}{r_0} \Big/ \ln \dfrac{R}{r_0'} \right)} \qquad (2\text{-}68b)$$

符号含义如图 2-52 所示或同前。

（4）无压含水层非完整复合井　无压含水层非完整复合井计算简图如图 2-53 所示，计算公式如下：

$$Q = \xi_4 \left(\frac{2\pi K r_0 S_0}{\frac{\pi}{2} + 2\arcsin \dfrac{r_0}{T + \sqrt{T^2 + r_0{}^2}} + 0.515 \dfrac{r_0}{T} \ln \dfrac{R}{4H}} + \frac{2\pi K T S_0}{\dfrac{T}{2l}\left(2\ln \dfrac{4T}{r_0'} - A \right) - \ln \dfrac{4T}{R}} \right) \qquad (2\text{-}69a)$$

$$\xi_4 = \frac{1}{1 + \dfrac{\ln \dfrac{R}{r_0}}{\dfrac{T}{2l}\left(2\ln \dfrac{4T}{r_0'} - A \right) - \ln \dfrac{4T}{R}}} \qquad (2\text{-}69b)$$

符号含义如图 2-53 所示或同前。

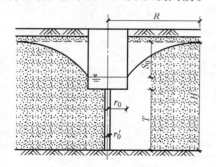

图 2-52　无压含水层完整复合井计算简图

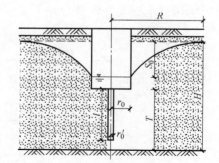

图 2-53　无压含水层非完整复合井计算简图

2.5　辐射井

辐射井是由集水井与很多辐射状敷设的水平或倾斜的辐射（集水）管组合而成，是一种进水面积大、出水量高、适应性较强的取水构筑物，单井出水量一般在 5000 ~ 50000m³/d，最大可达 30 万 m³/d 以上，是管井的 8 ~ 10 倍。另外，辐射井还具有占地省、寿命长、管理方便、运行费用低、便于卫生防护等优点，但施工难度较高，施工质量和施工技术水平直接影响出水量的大小。

2.5.1　辐射井型式

按照集水井是否取水，辐射井分为两种型式：一是集水井井底和辐射管同时进水，适用于含水层厚度 5～10m 的地段；二是集水井井底封闭，仅由辐射管集水，适用于含水层厚度≤5m 的地段。

按取集水源的不同，辐射井又分为取集远离河流地下水的辐射井、取集河流或其他地表水体渗透水的辐射井、取集岸边地下水和河床地下水的辐射井等型式。

按辐射管敷设方式，还分为单层辐射管的辐射井和多层辐射管的辐射井两种。各种型式如图 2-54 所示。

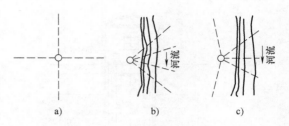

图 2-54　不同布置方式的辐射井
a）取集远离河流地下水的辐射井
b）取集河床渗透水的辐射井
c）取集岸边地下水和河床地下水的辐射井

2.5.2　辐射井适用条件

一般不能用大口井开采的、厚度较薄的含水层，可用辐射井开采；一般不能用渗渠开采的厚度薄、埋深大的含水层，也可采用辐射井开采。此外辐射井对开发位于咸水上部的淡水透镜体，较其他取水构筑物更为适宜。

辐射井可设置于以下地区：地下水埋藏浅，含水层透水性强，有丰富补给水源的粗砂、砾石、卵石地层地区；地下水埋藏浅，含水层透水性良好，有补给水源，含水层深度在 30m 以内的粉、细、中砂地区；裂隙发育、厚度大于 20m 的黄土裂隙含水层地区；透水性较弱、厚度小于 10m 的黏土裂隙含水层地区。

受一般辐射状集水管构造与施工条件限制，辐射井更适用于颗粒较粗砂层或粗细混杂的砂砾石含水层，而不宜用于细粉砂地层、漂石含量多的含水层。

2.5.3　辐射井构造

辐射井由集水井和辐射管构成。

（1）集水井　集水井又称竖井，直径一般不小于 3.0m，为大口井，其作用是汇集辐射管的来水和安装抽水设备，并作为辐射管的施工基坑等，对于不封底的集水井还兼有取水井的作用。辐射井如果采用不封底的集水井，可以扩大井的出水量，但不封底的集水井从施工到管理都较困难。

集水井井深根据水文地质条件、设计水量等因素确定。井底应低于最低一排辐射孔位 1～2m。取集河流渗透水时，集水井应设在岸边，辐射管伸入河床底部。

（2）辐射管　辐射管用以取集地下水、地表渗透水和河流渗透水。

1）辐射管布置。辐射管设置方式有单层和多层，如图 2-55、图 2-56 所示。

辐射管的层数，根据含水层的厚度确定，相邻层辐射管交错排列。含水层厚度大的地段可设多层辐射管。在砂、砾含水层中，含水层厚度小于 10m 时，可布置一层，含水层厚度大于 10m 时，可布置 2～3 层。黄土裂隙含水层中的辐射管宜布置一层，含水层厚度大的可布置 2～3 层，每层以 6～8 条为宜。浅层黏土裂隙含水层中的辐射管一般布置一层，每层以 3～4 条为宜。

在无压含水层中辐射井的辐射管以多层且短而多为好，在承压含水层中则以单层且长而少为宜。

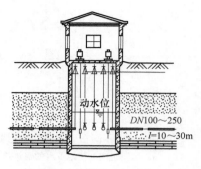

图 2-55　单层辐射管的辐射井

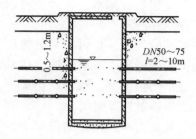

图 2-56　多层辐射管的辐射井

2）辐射管设计。辐射管一般采用钢管。当采用套管法施工时，也可采用铸铁管、薄壁钢管、塑料管和石棉水泥管等。粗砂、砾石、卵石含水层中的辐射管采用预打孔眼的滤水钢管，并采用顶进法施工；粉、细、中砂含水层中的辐射管可采用双螺纹塑料过滤管或预打眼的塑料滤水管，并采用套管法施工；高水头的粉砂、细砂、中砂含水层中的辐射管可采用外钢过滤管内插塑料过滤管的双过滤管，必须采用顶进法施工。

在均质、透水性差、水力坡度小的地段，辐射孔要均匀、水平对称布置。一般情况下，采用直径较大的辐射管较为有利。

辐射管各层间距根据含水层厚度和补给条件而定，一般为 1～3m。当辐射管直径为 100～150mm 时，层间距可采用 1.5～3.0m。最下层辐射管距不透水层应不小于 1.0m，以利于进水。为方便顶管施工，最下层辐射管宜高于井底 1.5m。

辐射管的直径和长度，视水文地质条件和施工条件而定。地层补给好、透水性强时，宜采用大管径。辐射管长度一般在 30m 以内。取集潜水或井群取水时，辐射管的布置数量和长度在迎地下水流方向需适当加密和加长。在含水层薄、颗粒较细的地区，为取得较多的地下水，辐射管有时长达 60m。为利于集水和排砂，辐射管以一定坡度倾向井内。

辐射管的进水孔一般采用圆形和条形两种，其孔径尺寸根据含水层颗粒组成确定。采用圆孔时，孔径一般为 6～12mm；采用条形孔时，孔宽为 2～9mm，长为 40～140mm。孔口交错排列，孔隙率一般为 15%～20%，最大可达 25%～35%。

根据日本的工程经验，滤孔的总面积可按下列经验公式确定：

$$\sum F = Q_s / K \tag{2-70}$$

式中　$\sum F$——滤孔的总面积（m²）；

　　　Q_s——井的设计出水量（m³/d）；

　　　K——含水层渗透系数（m/d）。

K 值应取比抽水试验求得的 K 值要小些的值，一般取 70% 左右，否则会出现向管内涌砂的现象，影响井的寿命。

为了防止地表水沿集水井外壁下渗，除在井口采用黏土封填的措施外，在靠近井壁 2～3m 范围内辐射管不穿孔眼。一般情况下，辐射管的末端设阀门，以便于施工、维修和控制水量。

辐射管（孔）允许最大入管流速，可按表 2-25 中的经验值选取。

表 2-25　不同含水层中的辐射管（孔）允许最大入管流速　　　（单位：m/s）

砂砾石	细砂	黄土裂隙	黏土裂隙
0.03	0.01	0.7 ~ 0.8	0.8

为延长辐射管的使用年限，确保稳定的出水量，最好采用高强度、耐腐蚀的辐射管和一定颗粒级配的滤料，或采用贴砾集水管，尽可能减少辐射管的锈蚀、堵塞和漏砂现象。

2.5.4　辐射井出水量计算

除了含水层的渗透性、埋藏深度、厚度、补给条件等复杂的水文地质因素影响辐射井出水量以外，辐射井本身的工艺因素如辐射管管径、长度、根数、布置方式等对出水量也存在很大的影响。

1. 辐射管长度

辐射管集水量随管长增加而增加，在辐射管直径和降深不变情况下，辐射管长度达到某一长度时，其集水量基本上不再随管长的增加而增加。

辐射管有效长度可按下列经验公式计算：

$$l = 4266K^{-0.85}Z_0^{0.12}A^{-0.32} \qquad (2\text{-}71\text{a})$$

式中　l——辐射管长度（m）；

　　　K——渗透系数（m/d）；

　　　Z_0——辐射管埋深（m）；

　　　A——比阻。

$$A = \frac{10.293n^2}{D^{5.33}} \qquad (2\text{-}71\text{b})$$

式中　n——管壁粗糙系数；

　　　D——辐射管直径（m）。

实际工程中辐射管长度往往受限于地质构造。

2. 辐射井水量计算公式

近年来，通过模拟试验及试验数据回归分析计算结果，得出了一系列取集河床渗透水的辐射管集水计算模型，计算公式较多，但都有其局限性。因此，应用公式时不仅要了解公式的适用条件，还应根据实际情况进行修正。公式计算值与实际出水量相差较大，可作为近似值，但最好通过开采资料加以验证。

（1）取集远离河流的地下水

1）潜水含水层半经验公式。潜水含水层辐射井计算简图如图 2-57 所示，辐射井出水量半经验公式的一般形式为

$$Q = \alpha nq \qquad (2\text{-}72\text{a})$$

式中　Q——辐射井的出水量（$\mathrm{m^3/d}$）；

　　　q——无互相影响时单根辐射管出水量（$\mathrm{m^3/d}$）；

　　　α——辐射管之间的相互影响系数；

　　　n——辐射管数量。

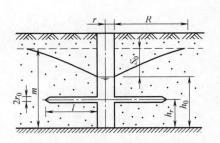

图 2-57　潜水含水层辐射井计算简图

$$q = 1.36K \frac{m^2 - h_0^2}{\lg \frac{R}{0.75l}} \tag{2-72b}$$

式中　m——含水层厚度（m）；

　　　h_0——动水位以下含水层厚度（m）；

　　　R——影响半径（m）。

其余符号含义同前。

当辐射管轴线至不透水层的距离 $h_r > h_0$ 时

$$q = 1.36K \frac{m^2 - h_0^2}{\lg \frac{R}{0.25l}} \tag{2-72c}$$

系数 α 通常可根据不同条件下的各种模拟试验确定，无统一计算公式。例如，对于水平辐射管，在有限厚的承压与无压含水层中，由模型试验得

$$\alpha = \frac{1.609}{n^{0.6864}} \tag{2-72d}$$

式中符号含义同前。

式（2-72b）、式（2-72c）适用于辐射管长度在 30～50m 之间的情况。

2）承压含水层半经验公式。承压含水层辐射井计算简图如图 2-58 所示，辐射井出水量半经验计算公式如下：

$$Q = \frac{2.73KlS_0}{\lg V_r + 2\mu \lg V_m} \beta n \varphi \tag{2-73a}$$

$$V_r = \frac{l}{1.36r_0} \sqrt{\frac{2R-l}{2R+l}} \tag{2-73b}$$

$$V_m = \frac{l + \sqrt{l^2 + 4m^2}}{2m} \sqrt{\frac{2R-l}{2R+l}} \tag{2-73c}$$

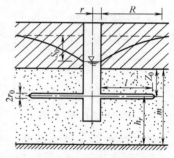

图 2-58　承压含水层辐射井计算简图

式中　β——辐射管埋深系数，根据 l/m、Z_0/m 比值，

　　　由图 2-59 确定，此处 Z_0 为河床至辐射管的距离，以 m 计；

　　　μ——系数，根据 $l/2m$、l/m 按图 2-60 确定；

　　　φ——辐射管互阻系数，按图 2-61 确定。

其余符号含义同前。

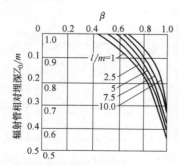

图 2-59　辐射管埋深系数 β 曲线图

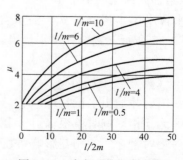

图 2-60　确定系数 μ 曲线图

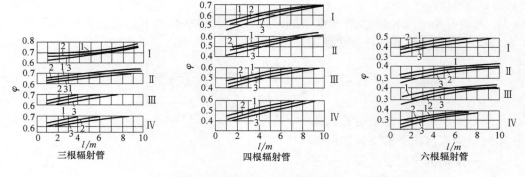

图 2-61 辐射管互阻系数 φ 曲线表

1、2、3—$r/m = 1/370$、$1/150$、$1/37$ Ⅰ、Ⅱ、Ⅲ、Ⅳ—$R/m = 5$、15、25、50

（2）取集河床地下水

1）取集潜水含水层河床渗透水。特定条件下辐射井的出水量通常是在单根集水管计算公式的基础上用势流叠加法求得。辐射管设于河床下部的辐射井如图 2-62 所示。

当河流不断流时，垂直取集河床渗透水的辐射井出水量理论公式如下：

$$Q = \frac{2\pi K S_0 l}{\ln U_r + \frac{n-1}{2}\ln U_\beta} n \qquad (2\text{-}74a)$$

$$U_r = \frac{3 m Z_0 l}{r_0(m - Z_0)(l + \sqrt{l^2 + 16m^2})} \qquad (2\text{-}74b)$$

$$U_\beta = 1 + \frac{16m^2}{l^2 \sin^2\theta} \qquad (2\text{-}74c)$$

式中 r_0——辐射管的半径（m）；

θ——辐射管之间夹角。

其余符号含义同前。

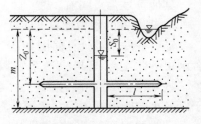

图 2-62 取集河床渗透水
的辐射井计算简图

2）取集岸边潜水含水层地下水。当河床下含水层较厚，取集岸边地下水的辐射井计算简图如图 2-63 所示。出水量计算公式如下：

$$Q = \frac{2\pi K S_0 l}{f(U_x)}\varphi\xi n \qquad (2\text{-}75a)$$

式中 $f(U_x) = \ln\left(\frac{0.74 l}{r_0}\sqrt{\frac{2R - l}{2R + l}}\right) + 2\mu\ln U_x \qquad (2\text{-}75b)$

$$U_x = \frac{l + \sqrt{l^2 + 4m^4}}{2m}\sqrt{\frac{2R - l}{2R + l}} \qquad (2\text{-}75c)$$

ξ——河床淤塞系数，可取 $0.3 \sim 0.8$；

R——影响半径或自辐射井至水边线的 3 倍距离（m）；

φ——辐射管互阻系数，按图 2-61 确定。

图 2-63 取集岸边地下水的
辐射井计算简图

其余符号含义同前。

（3）同时取集河床和岸边地下水　同时取集河床和岸边地下水的辐射管如图 2-64 所示。含水层较薄的情况下计算公式如下：

$$Q = 2\pi K S_0 \left[\frac{l_1 n_1}{\ln U_t + \frac{n_1 - 1}{2} \ln U_\beta} + \frac{l_2 n_2}{f(U_x)} \beta \varphi \right] \tag{2-76}$$

式中　l_1——伸入河床下的辐射管长度（m）；

n_1——伸入河床下的辐射管根数；

l_2——岸边的辐射管长度（m）；

n_2——岸边的辐射管根数；

φ——辐射管互阻系数，按图 2-65 确定。查图时，辐射管数量按 $n_1 + n_2$ 计。

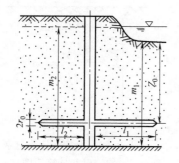

图 2-64　同时取集岸边和河床
地下水的辐射井计算简图

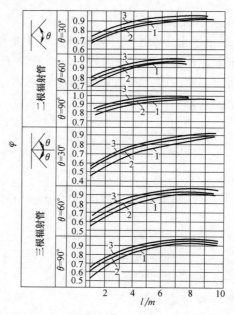

图 2-65　辐射管互阻系数 φ 曲线图

1、2、3—b/m = 1/50、1/200、1/400

其他符号含义同前。

3. 辐射井的水力计算

辐射井的水力计算简图如图 2-66 所示。水流沿辐射管的分布情况与辐射井的出水量、含水层的水力状况与渗透系数以及辐射管的长度、直径、数量以至层数等因素有关。水流会自动调节，倾向于以最小的能量损失沿含水层、辐射管流动。

一般情况下，当井的出水量大，含水层的渗透性差，辐射管数量多、直径大、管线短，多层含水层不承压时，水流倾向于呈图 2-66 中曲线 1 分布；反之，倾向于呈图 2-66 中曲线 2 分布。

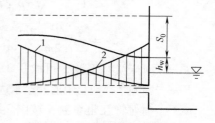

图 2-66　辐射井水力计算简图

为保证辐射管中的水流汇集至集水井，应计入水流沿辐射管流动的水头损失。因此，集水井中的水位降深应为

$$S = S_0 + h_w \tag{2-77a}$$

式中　S_0——辐射井外壁处的水位降深（m）；

　　　h_w——水流沿辐射管流动的水头损失（m）。

$$h_w = \left(1 + \alpha \frac{\lambda l}{\mu d}\right)\frac{v^2}{2g} \tag{2-77b}$$

式中　v——辐射管中水流速度（m/s），可取平均值；

　　　d——辐射管管径（m）；

　　　l——辐射管长度（m）；

　　　λ——辐射管的阻力系数；

　　　μ——取决于渗流沿辐射管分布情况的系数：水流呈曲线1分布时 $\mu = 1 \sim 3$，水流呈曲线2分布时 $\mu > 3$，水流均匀分布时 $\mu = 3$；

　　　α——安全系数，考虑辐射管孔眼的影响，约为 $3 \sim 4$。

2.6　渗渠

渗渠是水平敷设在含水层中、壁上开孔取集浅层地下水的管渠。渗渠主要用以截取河流渗透水和潜流水，可敷设在河流、水库等地表水体之下或旁边。由于集水管是近似水平敷设的，也称水平式地下水取水构筑物。

当截取河流渗透水时，渗渠有一定的净化作用，其净化效果与河水浊度及人工滤料结构有关，一般可去除悬浮物70%以上，去除细菌70%~95%，去除大肠菌群70%以上。

2.6.1　渗渠型式

按相对于河流的位置，渗渠可分为平行于河流、垂直于河流以及组合型三类布置形式。渗渠的集水方式有盲沟、集水管和集水廊道三种型式，多采用集水管。按集水管的埋藏深度，有完整式渗渠和非完整式渗渠之分，如图2-67所示。

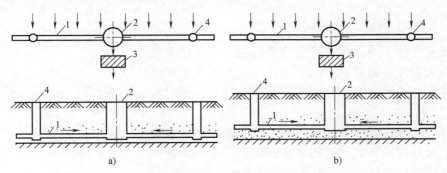

图2-67　以集水管取集地下水的渗渠

a）完整式　b）非完整式

1—集水管　2—集水井　3—泵站　4—检查井

（1）平行于河流布置　当河床潜流水和岸边地下水较充沛，且河床稳定，可平行于河流沿河滩布置渗渠，取集河床潜流水和地下水。平行于河流的形式又有建于河床下与河滩下之分，如图 2-68 和图 2-69 所示。在较薄的含水层中，一般多将渗渠大致平行于河流埋设在河滩下。

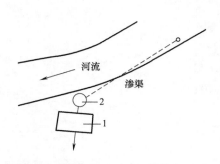

图 2-68　河床下平行于河流布置的渗渠
1—泵房　2—集水井

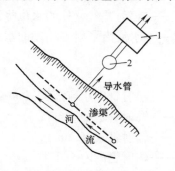

图 2-69　河滩下平行于河流布置的渗渠
1—泵房　2—集水井

平行于河流的渗渠，在枯水季节，地下水补给河水，渗渠截取地下水；在丰水季节，河水补给地下水，渗渠截取河流下渗水，全年产水量均衡、充沛，水质、水量变化小，并且施工与维修均较方便。

（2）垂直于河流布置　当河岸地下水补给较差，河床漫滩下含水层较厚、透水性良好，潜流又比较丰富，河流枯水期流量很小甚至断流，河流主流摆动不定时，可采用垂直于河床布置方式。垂直于河流的形式也有建于河床下与河滩下之分，如图 2-70 和图 2-71 所示。

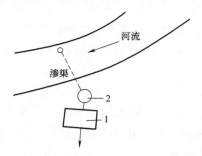

图 2-70　河床下垂直于河床布置的渗渠
1—泵房　2—集水井

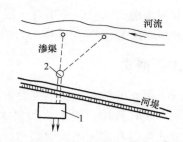

图 2-71　河滩下垂直于河流布置的渗渠
1—泵房　2—集水井

受河流宽度的影响，渗渠长度受到限制，可采用多级截留，以最大限度地截取地下水。这种布置方式施工和检修均较困难，且出水量受河流水文变化影响较大，同时易于淤塞。

（3）平行于河流与垂直于河流组合型布置　在含水层较厚，地下水和河床潜流水都很丰富，而且河水水质较清的条件下，可以分别将一条渗渠平行于河流埋设在河滩下，另一条渗渠垂直于河流埋设在河床下，以兼取地下水、河床潜流水和河流渗透水，如图 2-72 所示。河流丰水期，垂直埋设于河床下的渗渠产水量增大，而平行于河流埋设的

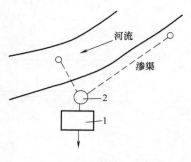

图 2-72　组合型布置的渗渠
1—泵房　2—集水井

渗渠产水量虽然相对较少，但水质良好。这种布置形式广泛用于山区间歇性河流地带。

2.6.2 渗渠适用条件

渗渠常建于北方地区，可满足季节性河段全年取水的要求。渗渠水经过地层的渗滤作用，悬浮物和细菌含量少，硬度和矿化度低，故渗渠常用作山区和丘陵地带小河流的取水和净化处理综合性构筑物。

渗渠适用于含水层厚度小于 5m，渠底埋藏深度小于 6m 的地域；适用于渗水条件良好的中砂、粗砂、砾石或卵石层；最适宜于开采河床渗透水。

渗渠运行费用低，安全可靠，并可取得较好的出水水质，但是由于施工条件复杂、造价高、易淤塞，常有早期报废的现象，应用受到限制。据国外的实践，在流速较高的河床下修建渗渠，可以得到优质水，比直接取用河水进行净化更为经济。

渗渠的规模和布置，应考虑在检修时仍能满足取水要求。在取集河床潜流水时，渗渠的位置不仅要考虑水文地质条件，还要考虑河流水文条件，选址的一般原则为：

1）渗渠应选择在河床冲积层较厚、颗粒较粗、渗透性较好的河段，要避开不透水夹层，如淤泥夹层以及易被工业废弃物淤积或污染的河段。

2）渗渠应选择在河流水力条件良好的河段，避免设在有壅水的河段和弯曲河段的凸岸，以防泥沙沉积，影响河床的渗透能力，但也要避开冲刷强烈的河岸，否则可能增加护岸工程费用。可选在水流较急，有一定冲刷能力的直线或凹岸非淤积河段，并尽可能靠近主流。

3）渗渠应设在河床稳定的河岸。河床变迁，主流摆动不定，都会影响渗渠补给，导致出水量波动过大。可选在河水清澈、水位变化小、河床稳定的河段。

2.6.3 渗渠构造

渗渠通常由水平集水管、反滤层、集水井、检查井和泵站组成，其规模和布置，需要考虑检修时仍能满足取水要求。渗渠的埋深一般在 4～7m。当含水层厚度小于 7m 时，要尽量将渗渠设计成完整式。

（1）集水管 集水管一般为钢筋混凝土穿孔管；水量较小时，可用混凝土穿孔管、陶土管、铸铁管；也可以用带缝隙的干砌块石或装配式钢筋混凝土暗渠。

1）断面。渗渠中管渠的断面形式通常为圆形或矩形，其尺寸可按表 2-26 所示设计。管渠充满度一般采用 0.4～0.8；最小坡度不小于 0.2%；管内流速一般采用 0.5～0.8m/s；设计动水位，最低要保持集水管内有 0.5m 的水深。若含水层较厚，地下水量丰富，则设计动水位以保持在管顶以上 0.5m 为宜，高出越多越好。钢筋混凝土集水管管径，一般为 600～1000mm。需要进人清理的管渠，其内径或短边不得小于 1000mm。

表 2-26 渗渠中管渠断面尺寸设计参数

渗渠流速/（m/s）	充满度	内径/mm	最小坡度	渗渠孔眼流速/（m/s）
0.5～0.8	0.4～0.8	≥600	≥0.2%	≤0.01

2）进水孔。进水孔形式分为圆孔和条形孔两种。孔眼为内大外小的楔形，交错排列于

管渠上部 1/2 ~ 2/3 处。圆孔进水孔孔径 20 ~ 30mm，间距为孔眼直径的 2 ~ 2.5 倍。条形进水孔宽度为 20mm，长为宽的 3 ~ 5 倍，条形孔间距纵向为 50 ~ 100mm，环向为 20 ~ 50mm。

进水孔总面积可按式（2-78）计算：

$$\sum F = \frac{Q}{v} \tag{2-78}$$

式中　$\sum F$——进水孔总面积（m^2）；

　　　Q——设计出水量（m^3/s）；

　　　v——进水孔允许流速，一般不应大于 0.01m/s。

（2）人工反滤层　反滤层是渗渠最重要的组成部分，其渗透能力决定了渗渠的取水能力，其净化功能则保证了渗渠的出水水质，其稳定性能决定了渗渠的使用年限。

铺设在河滩下和河床下的渗渠反滤层构造如图 2-73 所示。

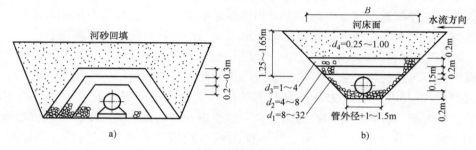

图 2-73　渗渠人工反滤层构造
a）铺设在河滩下的渠道　b）铺设在河床下的渠道

1）在河滩下取集地下水。渗渠外侧应设反滤层，滤层的层数和厚度根据含水层颗粒分析资料选择，其层数、厚度和滤料粒径的计算与大口井的规定相同，但最内层滤料的粒径应比进水孔孔径略大。反滤层一般设 3 ~ 4 层，通常为 3 层，总厚度 0.8m 左右，每层厚度宜为 200 ~ 300mm。集水管两侧的反滤层对称分层铺设，且不得使集水管产生位移。

2）在河床下取集渗水。渗渠的滤料级配，上层回填的河砂粒径一般为 0.25 ~ 1.0mm，厚 1.0m，下面三层每层厚为 0.15 ~ 0.20m。位于河床及河漫滩的渗渠，其反滤层上部应根据河道冲刷情况设置防护措施。

一般在人工滤料层上部铺设厚度 0.3 ~ 0.5m 的防冲块石，在块石下设置用直径 5 ~ 10mm 小木条编制的席垫，当河水最大流速小于 4m/s 时，块石直径可按下式计算：

$$D = \frac{v^2}{36} \tag{2-79}$$

式中　D——块石直径（m）；

　　　v——河水最大流速（m/s）。

当增加防冲块石时，由于局部渗透速度加大，增加了淤塞的可能性，因此在选择位置和埋深时，应考虑避免冲刷。

渗渠的长度可按下式计算：

$$L = \frac{Q}{Bv_g} \tag{2-80}$$

式中 Q——设计出水量（m^3/d）；

　　　L——渗渠长度（m）；

　　　B——滤层断面上口宽度（m），如图 2-73b 所示；

　　　v_g——计算渗透速度。

为防止滤层淤塞，渗透速度不宜过大，一般取 4.8～15.0m/d。当河水浊度高、埋深又小时，取较小值。

当渗渠总长度过长时，要分成 2～3 条铺设，每条渗渠的最大长度一般控制在 500～600m 较为适宜。

（3）集水井　集水井采用大口井形式，可采用钢筋混凝土结构。为方便检修，在进水管入口处设置闸门。

渗渠出水量较大时，集水井可分成两格，靠近进水管的一格为沉砂室，后面一格为吸水室。沉砂室水平流速可采用 0.01m/s，砂粒下沉速度可采用 0.005m/s。当产水量小时，集水井容积可按不小于渗渠 30min 出水量计算，并按最大一台水泵 5min 抽水量校核；当产水量大时，可按不小于一台水泵 5min 水量计算。

（4）检查井　为了便于检修、清理，在集水管直线段间隔一定距离处、渗渠的端部、转角和断面变换处应设置检查井。直线部分检查井的间距，视渗渠的长度和断面尺寸而定，一般采用 50m。洪水期会被淹没的检查井井盖需要密封，用螺栓固定，以防止洪水冲开井盖涌入泥沙淤塞管渠。检查井一般采用钢筋混凝土结构，直径以 1～2m 为宜，井底宜设 0.5～1.0m 深的沉沙坑。

地面式检查井应安装封闭式井盖，井顶应高出地面 0.5m，并有防冲设施。

2.6.4　渗渠出水量计算

渗渠出水量不仅与水文地质条件、渗渠铺设方式有关，还与取集水源的水文条件、水质状况有关。取集河道表流渗透水的渗渠设计时，应根据进水水质并结合使用年限等因素，选用适当的淤塞系数。根据渗渠铺设形式，渗渠出水量可按以下几种情况计算。

（1）敷设在无压含水层中的渗渠　完整式渗渠如图 2-74 所示。

当渗渠长度 L 大于 50m，其出水量计算公式如下：

$$Q = \frac{KL(H^2 - h_0^2)}{R} \tag{2-81}$$

式中 Q——渗渠出水量（m^3/d）；

　　　K——含水层渗透系数（m/d）；

　　　R——影响半径（m）；

　　　L——渗渠长度（m）；

　　　H——含水层厚度（m）；

　　　h_0——渗渠内水位距含水层底板高度（m）。

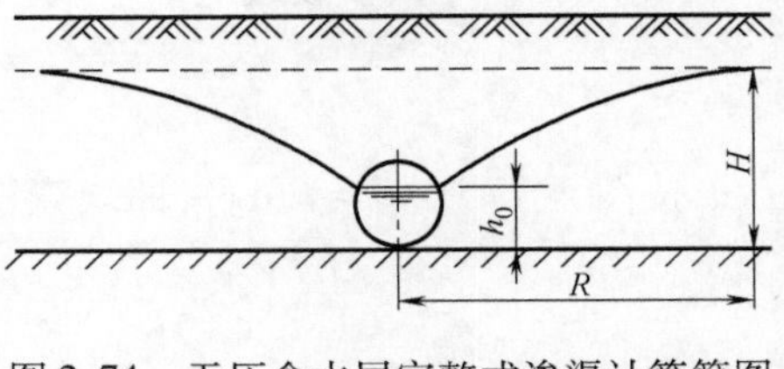

图 2-74　无压含水层完整式渗渠计算简图

当 L 小于 50m，其出水量计算公式如下：

$$Q = 1.37K \frac{H^2 - h_0^2}{\lg \dfrac{R}{0.25L}} \tag{2-82}$$

符号含义同前。

式中　S——水位下降值（m）；

　　　H——渠底至静水位的距离（m）；

　　　h_0——动水位至渗渠底的距离（m）；

　　　q_r——根据 α 及 β 值用图 2-76 查得；

非完整式渗渠如图 2-75 所示，其出水量计
算公式如下：

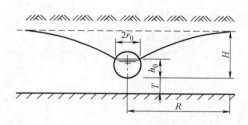

图 2-75　无压含水层非完整式渗渠计算简图

$$Q = 2LK\left[\frac{(H^2 - h_0^2)}{2R} + Sq_r\right] \tag{2-83a}$$

$$\alpha = \frac{R}{R + r_0} \tag{2-83b}$$

$$\beta = \frac{R}{T} \tag{2-83c}$$

式中　r_0——渗渠宽度的一半（m）；

　　　T——渗渠底至含水层底端的距离（m）。

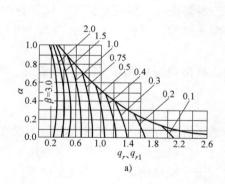

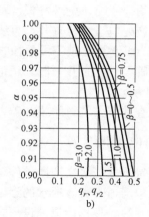

图 2-76　q_r 曲线图

a）α-q_r、q_{r1} 曲线　　b）α-q_r、q_{r2} 曲线

其余符号含义同前。

当 β 大于 3 时，q_r 按式（2-83d）计算：

$$q_r = \frac{q_r'}{(\beta - 3)q_r' + 1} \tag{2-83d}$$

q_r' 按图 2-77 中 $q_r' = f(\alpha_0)$ 曲线查得

$$\alpha_0 = \frac{T}{T + \frac{1}{3}r_0} \tag{2-83e}$$

其中符号含义如图 2-75 所示。

（2）平行于河流敷设在河滩下的渗渠　平行于河流敷设在河滩下，同时取集岸边地下
水和河床潜流水的完整式渗渠如图 2-78 所示，其出水量等于取集河床潜流水、岸边地下水
水量之和，计算公式为：

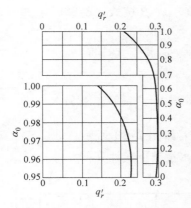

图 2-77　q'_r 曲线图

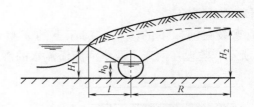

图 2-78　河滩下完整式渗渠计算简图

$$Q = \frac{KL}{2l}(H_1^2 - h_0^2) + \frac{KL}{2R}(H_2^2 - h_0^2) \qquad (2\text{-}84)$$

式中　H_1——河水位距含水层底板的高度（m）；

　　　　H_2——岸边地下水水位距含水层底板的高度（m）；

　　　　l——渗渠中心距河水边线的距离（m）。

非完整式渗渠示意图如图 2-79 所示，其出水量按照相应的公式叠加计算：

$$Q = KL\left[\frac{H_1^2 - h_0^2}{2l} + S_1 q_{r1} + \frac{H_2^2 - h_0^2}{2R} + S_2 q_{r2}\right]$$

$$(2\text{-}85\text{a})$$

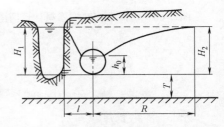

图 2-79　河滩下非完整式渗渠计算简图

式中　S_1——河流方面的水位下降值，$S_1 = H_1 - h_0$（m）；

　　　　S_2——河滩方面的水位降落值，$S_2 = H_2 - h_0$（m）；

　　　　H_1——河流方面渗渠底以上含水层厚度（m）；

　　　　H_2——河滩方面渗渠底以上含水层厚度（m）；

　　　　q_{r1}——河流方面的相应引用流量，为 α、β 的函数，α、β 由式（2-85b）、式（2-85c）确定：

$$\alpha = \frac{l}{l + r_0} \qquad (2\text{-}85\text{b})$$

$$\beta = \frac{l}{T} \qquad (2\text{-}85\text{c})$$

当 β 小于 3 时，q_{r1} 按图 2-76a 确定。

当 β 大于 3 时，q_{r1} 按下式计算：

$$q_{r1} = \frac{q'_r}{(\beta - 3)q'_r + 1} \qquad (2\text{-}85\text{d})$$

式中　T——渗渠底至含水层底板距离（m）；

　　　其余符号含义同前。

q_{r2}——河滩方面相应引用流量，为 α、β 的函数，α、β 按式（2-85b）、式（2-85c）确定。

当 β 小于 3 时，q_{r2} 按图 2-76b 确定。当 β 大于 3 时，q_{r2} 按下式计算：

$$q_{r2} = \frac{q_r'}{(\beta-3)q_r'+1} \tag{2-85e}$$

q_r' 计算方法同前。

（3）敷设在河床下的渗渠　河床下的完整式渗渠如图 2-80 所示，非完整式渗渠如图 2-81 所示。敷设在河床下取集河床潜流水的渗渠出水量按下式计算：

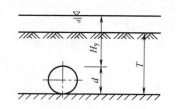

图 2-80　河床下完整式渗渠计算简图

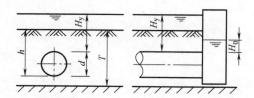

图 2-81　河床下非完整式渗渠计算简图

$$Q = \alpha L K \frac{H_y - H_0}{A} \tag{2-86a}$$

式中　α——淤塞系数，水浊度低时，取 $\alpha = 0.8$；浊度很高时，取 $\alpha = 0.3$；

L——渗渠长度（m）；

H_y——河水位至渗渠顶的距离（m）；

H_0——渗渠的剩余水头（m）；当渗渠内水流为非满管流有自由水面时，$H_0 = 0$，一般采用 $H_0 = 0.5 \sim 1.0\text{m}$。

完整式渗渠的 A 值由下式求得

$$A = 0.73 \lg\left[\cot\left(\frac{\pi}{8} \cdot \frac{d}{T}\right)\right] \tag{2-86b}$$

非完整式渗渠的 A 值由下式求得

$$A = 0.37 \lg\left[\tan\left(\frac{\pi}{8} \cdot \frac{4h-d}{T}\right)\cot\left(\frac{\pi}{8} \cdot \frac{d}{T}\right)\right] \tag{2-86c}$$

式（2-86b）和式（2-86c）中：

T——含水层厚度（m）；

h——河床底至渗渠底的高度（m）；

d——渗渠直径（m）。

2.7　泉室

泉室是取集泉水的构筑物，适用于有泉水露头、流量稳定，且覆盖层厚度小于 5m 的地域。当泉水水质良好、水量充沛时，可选择泉室取集泉水。泉室应根据地形、泉水类型和补给条件进行布置，尽可能利于集水和出水，且不破坏原有地质构造。

2.7.1　泉室型式

按照补给来源，泉水可分为上升泉和下降泉，相应的泉室也可分为上升泉泉室和下降泉泉室；按照出流方式，泉水可分为集中出流和分散出流，相应的泉室分为集中泉泉室和分散泉泉室。泉室还可以根据泉水水质、周围环境设为封闭式或敞开式。

（1）集中上升泉泉室　对于由下而上涌出地面的自流泉，可用底部进水的泉室，其构造类似大口井，如图 2-82 所示。泉水由泉室底部进水，出流集中，泉水从地下或从河床中向上涌出。这种类型的泉室主要适用于取集集中上升泉泉水或主要水量从一到两个主泉眼涌出的分散上升泉泉水。

（2）集中下降泉泉室　对于从倾斜的山坡、岩石或河谷流出的潜水泉，可采用侧壁进水的泉室，如图 2-83 所示。该类型的泉室主要适用于取集集中下降泉泉水或主要水量从一到两个主泉眼流出的分散下降泉泉水。

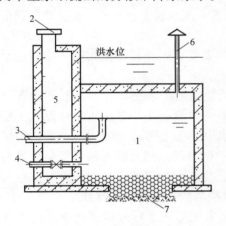

图 2-82　集中上升泉泉室示意图

1—泉池　2—人孔　3—溢流管　4—排污管

5—检修室　6—通气管　7—反滤层

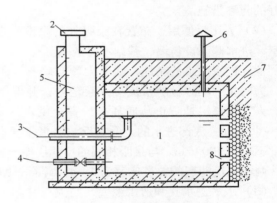

图 2-83　集中下降泉泉室示意图

1—泉池　2—人孔　3—溢流管　4—排污管

5—检修室　6—通气管　7—黏土层　8—进水孔

（3）分散泉泉室　若泉眼分散，需在取水时用穿孔管埋入泉眼区，先将水收集于管中，再集于泉室中，如图 2-84 所示。该类泉室主要适用于取集分散泉泉水。

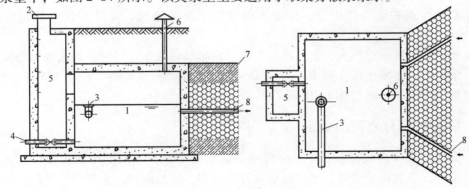

图 2-84　分散泉泉室示意图

1—泉池　2—人孔　3—溢流管　4—排污管　5—检修室　6—通气管　7—黏土层　8—穿孔集水管

2.7.2 泉室构造

（1）泉池　泉池可以是矩形或圆形，通常用钢筋混凝土浇筑或用砖、石、预制混凝土块、预制钢筋混凝土圈梁砌筑而成。当泉水水质好，不需要进行水质处理时，一般都要建造成封闭式泉池，以防泉水被污染；当泉水水质较差，或泉眼较分散，范围较大，不宜建造成封闭泉池时，也可建造成敞开式泉池。封闭式泉池设有顶盖、通气管、溢流管、排空管和检修孔。

根据泉室不同的类型，泉池进水部分主要有池底进水的人工反滤层或池壁进水的水平进水孔和透水池壁。

泉池周围地面，应有防冲和排水措施，防止雨水的污染。在低洼地区、河滩上的泉室，要有防止洪水冲刷和淹没的措施。为避免地面污水从池口或沿池外壁侵入泉池而污染泉水，敞开式泉池池壁上沿应高出地面 0.5m 以上，泉池周围要修建 1.5m 以上的散水坡。透水性土壤处与散水坡下面还应填一定厚度黏土层或做薄薄的一层混凝土。另外，泉池结构还应有良好的防渗措施。

（2）人工反滤层　布置在泉眼处的泉室，进水侧设反滤层，其他侧封闭。侧向进水的泉室，进水侧要设齿墙，基础不可透水。

池底进水的泉池底部，除了大颗粒碎石、卵石及裂隙岩出水层以外，一般砂质含水层中，为防止细小砂粒随水流进入泉池中，并保持含水层的稳定性，应在池底铺设人工反滤层。人工反滤层是防止池底涌砂，安全供水的重要措施。反滤层一般为 3～4 层，每层厚 200～400mm，底部进水的上升泉反滤层总厚度不小于 600mm；侧向进水的下降泉反滤层总宽度不小于 1000mm。与泉眼相邻的反滤层滤料的粒径可参照大口井反滤层计算方法进行计算，两相邻反滤层的粒径比宜为 2～4。碎石、卵石及裂隙岩，不设人工反滤层。

（3）水平进水孔和透水池壁　与大口井相似，泉室池壁进水形式主要有水平进水孔和透水池壁两种。

水平进水孔，由于容易施工而采用较多。在孔内滤料级配合适的情况下，堵塞较轻。一般做成直径 100～200mm 的圆孔或 100mm×150mm～200mm×250mm 的矩形孔。进水孔内的填料有 2～3 层，一般为 2 层，其级配按泉眼处含水层颗粒组成确定，具体做法同大口井反滤层。当泉眼周围含水层为砂砾或卵石时，可采用直径为 25～50mm 不填滤料层的圆形进水孔。进水孔应布置在动水位以下，在进水侧池壁上交错排列，其总面积可达池壁面积的 15%～20%。

透水池壁具有进水面积大、进水均匀、施工简单和效果好等特点。透水池壁布置在动水位以下，采用无砂混凝土，孔隙率一般为 15%～25%。砾石水泥透水池壁每高 1～2m 设一道钢筋混凝土圈梁，梁高为 0.1～0.2m。

2.7.3 泉池水位与容积的确定

（1）泉池水位　在泉室设计中，泉池水位的设计非常重要。池中水位设计过低，不能充分利用水头，造成能量浪费，也会使泉池开挖过深，施工困难。水位设计过高，则会使泉路改道，造成取水量不能满足要求或取不到水，甚至造成泉室报废。泉室中的设计水位一般以略低于测定泉眼枯流量时的水位 300～500mm 为宜，这样可保证泉水向泉池内汇集，取到所需的水量，保证供水安全。

泉池中有效水深为 1.5～4.0m，可根据泉池容积大小确定。若泉水涌水量太大而施工不便，或泉眼处为基岩而难以开挖，泉池水深可适当减小，但也要保证出水管管顶淹没在水中不小于1m水深，以便避免空气进入出水管。

（2）泉池容积　泉池容积根据泉室功能、泉水流量和最高日用水量等条件确定。泉室与清水池合建时，泉池容积可按最高日用水量的25%～50%计算；与清水池分建时，可按最高日用水量的10%～15%计算。

当泉水量很大，任何时候均大于最高日最大时用水量，则泉池容积就可设置小些；如果泉水量不很大，泉池要起到调节水量的作用，则泉池设计容积就要大些。通常可按如下几种情况考虑：

1）泉池起取水和集水作用。泉水量很大，泉室之后设有调节设施。这时泉室在供水系统中只起到取水、集水作用，其容积就不需要很大，泉室能罩住主泉眼，满足检修，检修清掏时人能进入池内操作即可，一般为30～100m³。如果是日用水量较大的供水系统，泉池容积可按 10～30min 的停留时间来计算。

2）泉池起预沉池作用。泉室之后设有调节设施，泉水中大颗粒泥沙含量较高，经自然沉淀后可以去除。这时泉池既起到取集泉水的作用，又起到预沉池的作用。其容积除了要保证能罩住主泉眼，满足检修、清淤时人能进入池内操作外，还要满足不小于 2h 的停留时间。对于供水量较大的供水系统，泉池容积可按2h停留时间计算或按试验确定的停留时间计算。

3）泉池起调节作用。如果泉水水质好，不需要净化处理，泉水水位高，能满足重力供水，消毒后可直接供给用户，同时泉水量稳定，泉眼处工程地质条件好，施工方便，但不能在任何时候均满足大于最高日最高时用水量。在这种情况下，可适当加大泉池容积，使泉池起调节水量作用，而给水系统中可不再设置清水池、水塔或高位水池。泉池的容积根据泉水出流水量和用水量变化曲线来确定。缺乏资料时，中、小型供水系统可按日用水量的20%～40%确定，对于极小型供水系统，泉池容积可取日用水量的50%以上。

思　考　题

1. 管井一般由哪几部分组成？各部分有哪些功能？

2. 管井过滤器主要有哪几种？简述各种过滤器适用条件。

3. 管井出水量计算的公式有哪几种？如何根据抽水试验选用恰当的经验公式？

4. 根据集水和取水方式，井群系统可分为哪几类？各自的适用条件是什么？

5. 渗渠出水量衰减由哪些因素引起？如何防止？

6. 井群互阻影响有哪两种情况？井群的互阻影响程度与哪些因素有关？井群互阻影响的主要结果是什么？

7. 管井和大口井分别适用于哪种地质条件？

8. 复合井、辐射井和渗渠分别适用于什么情况？出水量如何计算？

9. 泉室有哪些类型？泉池水位和容积如何确定？

第 3 章
地表水取水工程

本章知识点：地表水取水位置选择条件，泥沙运动与河床演变对河流取水口选择的影响。地表水取水构筑物分类及型式选择要求，岸边式与河床式固定取水构筑物型式、构造及设计要点；活动式取水构筑物型式、构造与适用条件；山区河流取水构筑物的型式与构造组成；库湖与海水取水构筑物的基本型式。

本章重点：地表水取水位置选择条件及原则；取水头部及格栅网选择与设计计算；岸边式与河床式取水构筑物型式、构造、设计步骤及计算方法。

由于地表水水源的种类、性质和取水条件各不相同，地表水取水构筑物也有多种型式。本章主要阐述地表水的特征与取水构筑物的关系、取水构筑物位置的选择，以及取水构筑物的型式和构造、设计和计算等方面的问题。

3.1 地表水特征与取水构筑物的选择

3.1.1 江河特征

江河水的径流特征、河流泥沙的运动及河床演变、河流的冰冻情况、河床与岸坡的岩性和稳定性、河道中天然障碍物与水工构筑物等多种因素，对取水构筑物的选址、设计、施工和运行管理都有着较大影响。

1. 江河水的径流特征

江河的水位、流量和流速等是江河径流的重要特征，也是江河重要的水文特征，而江河的径流变化规律是取水构筑物设计的重要依据。

在设计地表水取水构筑物时，一般需要 10～15 年以上的当地实测资料，内容包括：

1）河段历年的最高和最低水位、逐月平均水位和年常水位。

2）河段历年的最大洪水流量和最小枯水流量，施工期的最高水位及持续时间，潮汐河流的最大、最小潮差以及潮位的变化规律。

3）河段取水点历年的汛期最大流速、枯水期最小流速和平均流速，河床断面上的流速分布以及施工期最大流速。

4）河段历年冬春两季流冰期的最大流量、最小流量、最高水位和最低水位。

2. 河床的稳定程度

河床稳定程度主要按水流对组成河床的泥沙的作用情况来判断。

（1）纵向稳定程度　纵向是否稳定，主要与河床的粒径组成、水力坡度以及水深有关。计算纵向稳定系数 f 的经验公式如下：

$$f = \frac{d}{ih} \tag{3-1}$$

式中　f——河流纵向稳定系数；

　　　d——河床泥沙颗粒的粒径（m）；

　　　h——水深（m）；

　　　i——河床水力坡度。

f 越小，泥沙颗粒相对较细，泥沙运动越强，河床越不稳定。黄河 $f = 0.18 \sim 0.21$，长江 $f = 0.27 \sim 0.33$。

（2）横向稳定程度　河流的横向稳定程度与发生洪水时的水面宽度以及枯水时的水面宽度密切相关。计算横向不稳定系数 λ 的经验公式如下：

$$\lambda = \frac{B}{b} \tag{3-2}$$

式中　B——与河床演变影响最大的洪水流量相对应的水面宽度（m）；

　　　b——枯水时的水面宽度（m）。

λ 越大，说明枯水时露出的沙滩越宽，洪水对河岸越易冲刷。

（3）河弯的稳定程度　稳定河弯的长度 L 和直线段的河宽 B 关系应满足以下经验公式：

$$L = (1.2 \sim 1.5)B \tag{3-3}$$

稳定河弯的曲线半径 R 和河弯的过水断面面积 F 关系应满足以下经验公式：

$$R = 40\sqrt{F} \tag{3-4}$$

较稳定的河弯应同时满足式（3-3）和式（3-4）；若不满足，则河弯不稳定。

3. 河流的泥沙运动

江河中运动着的泥沙，主要来源于雨、雪水对地表土壤的冲刷侵蚀，其次是水流对河床和河岸的冲刷。江河挟带泥沙的多少与流域特性、地面径流以及人类活动等因素有关。

江河中的泥沙，按其运动状态，可分为推移质和悬移质。推移质指受拖曳力作用沿河床滚动、滑动或跳跃前进的泥沙，也称为底沙；悬移质指受重力作用和水流紊动作用悬浮于水中随水流前进的泥沙，也称为悬沙。在一定水流条件下，这两种泥沙可以互相转化。河流泥沙的分类，见表 3-1。

表 3-1　河流泥沙的分类　　　　　　　　　　　　　　　　　（单位：mm）

黏粒	粉砂	砂粒	砾石	卵石	漂石
< 0.004	0.004 ~ 0.062	0.062 ~ 2.0	2.0 ~ 16.0	16.0 ~ 250.0	> 250.0

推移质泥沙一般粒径较粗，如砂粒、砾石、卵石等，通常只占河流总挟沙量的 5% ~ 10%，但对河床演变起着重要作用；悬移质泥沙一般粒径较细，如黏粒、粉砂等，在冲积平原江河中，约占总挟沙量的 90% ~ 95%。

在悬移质泥沙中，部分细颗粒泥沙随水流一泻千里，不在河槽中沉降，不参与河床泥沙的交换，其余较粗颗粒则参与河床泥沙的交换和冲淤变化。对于悬移质运动，与取水最为密切的问题是含沙量沿水深的分布和水流的挟沙能力。挟沙能力是指水流能够挟带泥沙的饱和数量。不同水流条件的河水挟沙能力不同。单位体积河水内挟带泥沙的质量，称为含沙量，以 kg/m³ 表示。含沙量在 10 ~ 100kg/m³ 的水可称为高浊度水，其浊度高，静沉时有清晰的界面。黄河中下游为高浊度河流，很多河段含沙量超过 $100kg/m^3$，最高达到 $920kg/m^3$（1977 年）。

对于推移质运动，与取水最为密切的问题是沙波运动和泥沙的起动。当流速超过起动流速一定程度，推移质运动达到一定规模时，河床表面形成起伏的沙波。沙波运动是推移质运动的主要形态。沙波的运动速度目前还没有理想的计算公式。

泥沙的起动是指在一定的水流作用下，静止的泥沙由静止状态转变为运动状态。使河床上的泥沙颗粒脱离静止状态开始运动的临界水流速度就是起动流速。

当泥沙颗粒的粒径 $d \geqslant 0.2mm$ 时，泥沙的起动流速可根据沙莫夫公式［式（3-5）］计算：

$$u_c = 1.14 \sqrt{\frac{\rho_s - \rho}{\rho} gd} \left(\frac{h}{d}\right)^{1/6} \tag{3-5}$$

式中　u_c——泥沙颗粒的起动流速（m/s）；

$\quad\quad h$——水深（m）；

$\quad\quad d$——河床面泥沙粒径（m）；

$\quad\quad \rho_s$——砂粒的密度（kg/m^3）；

$\quad\quad \rho$——水的密度（$1000kg/m^3$）；

$\quad\quad g$——重力加速度，$9.806m/s^2$。

张瑞瑾公式［式（3-6）］考虑了黏结力因素，对于粗砂和细砂均适用：

$$u_c = \sqrt{17.6 \frac{\rho_s - \rho}{\rho} d + 6.05 \frac{10 + h}{d^{0.72}} \times 10^{-7}} \left(\frac{h}{d}\right)^{0.14} \tag{3-6a}$$

对于一般泥沙，可取 $\rho_s = 2650kg/m^3$，则得

$$u_c = \sqrt{29d + 6.05 \frac{10 + h}{d^{0.72}} \times 10^{-7}} \left(\frac{h}{d}\right)^{0.14} \tag{3-6b}$$

计算取水构筑物周围河床的局部冲刷深度，需要知道泥沙的起动流速，可根据河床泥沙平均粒径和水深，用式（3-6b）进行计算。该公式的适用范围是：粒径为 $0.1 \sim 100mm$，水深为 $0.2 \sim 17m$，流速为 $0.1 \sim 6m/s$。

当河水流速逐渐减小到泥沙的起动流速时，河床上运动着的泥沙并没有静止下来。当流速继续降低到一定程度时，泥沙才停止运动。泥沙由运动状态到静止状态的临界垂线平均流速即为泥沙的止动流速。

止动流速可根据起动流速近似计算：

$$u_c' = ku_c \tag{3-7}$$

式中　u_c'——泥沙的止动流速（m/s）；

$\quad\quad k$——系数，一般为 $\frac{1}{1.2} \sim \frac{1}{1.4}$；

$\quad\quad u_c$——泥沙的起动流速（m/s）。

当采用自流管或虹吸管取水时，为避免水中的泥沙在管中沉积，设计流速应不低于不淤流速。不同颗粒的不淤流速可以参照其相应的止动流速。

4. 河床演变与河流分型

任何一条江河，其河床形态都在不断地发生变化，只是有的河段变形显著，有的河段变

形缓慢，或者暂时趋于相对稳定状态。这种河床形态的变化，称为河床演变。

（1）影响河床演变的因素　河床演变是水流与河床相互作用的结果。河床影响水流状态，水流促使河床变化，两者相互依存，相互制约。

影响河床演变的因素十分复杂。对于具体河段来说，影响河床演变的主要因素有以下几个方面：①上游来水量及其变化过程；②上游来沙量、来沙组成及其变化过程；③河谷比降；④河床形态及地质情况。

河床演变的具体原因千差万别，但根本原因可以归结为输沙不平衡。水流与河床的相互作用是通过泥沙运动来体现的。水流状态改变时，挟沙能力也随着改变。如果上游来沙量与本段水流挟沙能力相适应，则水流处于输沙平衡状态，河床既不冲刷，也不淤积。相反，如果来沙量与水流挟沙能力不相适应，则水流处于输沙不平衡状态，河床将发生冲刷或淤积。河段的来水量大，则河床将发生冲刷，来水量小，则河床将发生淤积；河段的来沙量大、沙粒粗，则河床将发生淤积，来沙量少、沙粒细，则河床将发生冲刷；河段的水面比降减小，则河床将发生淤积；水面比降增大，则河床将发生冲刷；疏松土质河床容易冲刷变形，坚硬岩石河床则不易变形。

另外，人类为改善自身的生产和生活条件而进行的大规模经济活动，如修建水库、整治河道、河道采沙、河口修建挡潮闸等，对河流的演变也会产生巨大影响。

（2）河床变形　河床变形是指河道在自然情况下，或受人工干扰时所发生的变化过程。在河床演变过程中，河床变形概括起来主要有四个方面。

1）长期变形和短期变形。按河床演变的时间特征，河床的变形可以分为长期变形和短期变形两类。如由河底沙波运动引起的河床变形历时不过数小时乃至数天；由水下成型堆积体引起的河床变形则长达数月乃至数年；而发展成蜿蜒曲折的弯曲河流，经裁弯取直之后再向弯曲发展，历时可能长达数十年、百年之久；至于修建大型水库造成的坝上游淤积和坝下游冲刷，其变形可能延续数百年以上。

2）长河段变形及短河段变形。长河段变形是指在较长距离内河床的普遍冲淤变化，如河流的蜿蜒曲折等。短河段变形也称局部河床变形，是指在较短距离内局部河床的冲淤变化，如个别河弯的演变、汊道的兴衰、浅滩的冲淤等。

3）纵向变形与横向变形。一般而言，河床纵向变形和横向变形是交织在一起进行的。

纵向变形指河道沿流程方向的变形，即河床纵剖面的冲淤变化，是由于水流纵向输沙不平衡引起的。这种变形可以出现在较短或较长的河段中，在某段河床发生冲刷，则在另一段河床发生淤积。纵向输沙不平衡是由来沙量随时间的变化、来沙量随沿程的变化、河流比降和河谷宽度的沿线变化以及拦河坝等的兴建所引起的。

横向变形也称平面变形，是指河床在与水流流向垂直的方向发生的变形，即河道在横断面上发生的冲淤变化。横向变形是由于横向输沙不平衡所致，表现为河床在平面上的摆动。弯曲河道平面如图 3-1 所示。主流最初靠近凹岸的部位称为"顶冲点"。洪水期时，主流线趋向河中心，顶冲点向下游移动；枯水期时，主流线偏向凹岸，顶冲点位于河弯顶点上游。

造成横向输沙不平衡的因素主要是环流，其中最常见的是弯曲河段的横向环流，使弯曲河段的凹岸冲刷，形成深槽；凸岸淤积，形成浅滩。弯曲河流的横断面如图 3-2 所示。水流在流经弯道时，由于重力和离心力的共同作用，在断面内形成横向环流。横向环流使凹岸被冲刷而凸岸发生淤积，引起河床的横向变迁。横向环流与纵向主流运动的叠加，使弯道水流

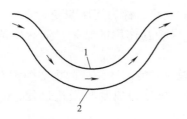

图 3-1 弯曲河道平面图
1—凸岸 2—凹岸

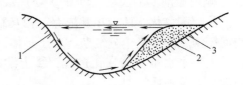

图 3-2 弯曲河流横断面图
1—凹岸 2—泥沙堆积体 3—凸岸

呈螺旋流运动状态。弯道横向环流运动，加剧了泥沙在横断面上的输移，使得凹岸不断被冲刷，凸岸不断发生淤积，增加了河道的弯曲程度，危及堤岸的稳定与安全，同时会影响航道、引水工程的正常运行。因此，在取水工程中应对弯道水流特别加以关注，应利用弯道水流的水沙运动特性，把取水口设在凹岸，这样可以尽量减少引沙，从而可以减少取水口泥沙淤积。

4）单向变形和复归性变形。单向变形是指河道在相当长时期内只是单一地朝某一方向发展的演变现象。也就是说，在此期间内，河床只是缓慢地受到冲刷或淤积，不出现冲、淤交错。这种单向变形是就平均情况而言，严格的单向变形是不存在的。

复归性变形是指河道周期性往复发展的演变现象。也就是说，在一定时期内，河道处于冲刷发展状态，此后一定时间内，河道则处于淤积发展状态。例如，洪水期产生河床冲刷，枯水期产生河床淤积，冲、淤交替进行。

（3）河流分型 根据河流的形态和演变特点，常将河流分为顺直、弯曲和分汊三种河型。在分汊河型中又常分出一种游荡型河流。在上述不同河型之间，还有各种过渡形式。

1）顺直型河道。顺直型河道如图 3-3 所示。平面外形顺直或略弯曲，弯曲系数（某河段的实际长度与该河段直线长度之比）一般小于 1.2，两岸有交错边滩，纵剖面滩槽相间。组成两岸的物质具有较强的抗冲性能，如黏土及粉砂黏土等，河岸很难受到冲刷，河流的横向变形因而受到限制，而河底主要由中、细砂组成。

图 3-3 顺直型河道

2）弯曲型河道。弯曲型河道又称蜿蜒型河道，如图 3-4 所示。其平面外形弯曲，两个弯道间以直段相连，纵剖面滩槽交替，弯道凹岸为深槽，过渡段为浅滩。其演变特点是弯道凹岸不断崩退，凸岸边滩不断淤涨，曲率越来越大，当发展到一定程度时，可发生撇弯甚至自然裁弯取直，老河淤死形成牛轭湖，新河又继续向弯曲发展。

3）分汊型河道。分汊型河道如图 3-5 所示。平面外形比较顺直、宽浅，江心有一个或多个沙洲，水流分成两股以上汊道，其演变特点是洲滩不断变化，汊道兴衰交替。组成河床的物质不均匀，在河段上下游往往有较稳定的节点。河道径流变幅小，水流含沙量也不大，河段基本上处于输沙平衡状态。

图 3-4　弯曲型河道

图 3-5　分汊型河道

在分汊型河道中，洲汊较多，稳定性较弱，冲淤变化迅速的河段常称为游荡型河道。组成游荡型河底和河岸的物质均为颗粒较细的泥沙，黏土含量小，抗冲能力较差，易冲易淤，而且河道年径流量变幅大，洪枯悬殊，洪水暴涨暴落，来沙量及含沙量偏大，两岸及河底的可动性较大。因此，一般不在游荡型河道上设置取水构筑物。

5. 泥沙与漂浮物

江河中的泥沙和漂浮物对取水工程的安全和水质有很大影响。欲取得含沙量较少的水，就需要了解河流中含沙量的分布情况。

泥沙及水草较多的江河上，常常由于泥沙和水草堵塞取水头部，严重影响取水，甚至造成停水事故。因此，在设计取水构筑物时，必须了解江河的最高、最低和平均含沙量，泥沙颗粒的组成及分布规律，漂浮物的种类、数量和分布，以便采取有效的防沙防草措施。

由于河流中各处水流脉动强度不同，而使得河水含沙量的分布也不均匀。一般来说，含沙量的分布是越靠近河床底部越大，越靠近水面越小。靠近河底的泥沙粒径较粗，靠近水面的泥沙粒径较细。泥沙在水流横断面上的分布也不均匀。一般泥沙沿断面横向分布的变化比沿水深分布的变化小，在横向分布上，河心的含沙量略高于两侧。

6. 冰冻情况

我国北方大多数河流在冬季均有冰冻现象，水内冰、流冰和冰坝等对取水的安全有很大影响，因此取水口处应设防冰设施。

河流的冰冻可分为结冰、冰封和解冻三个时期。

（1）结冰期　冬季随着气温下降，地表水的温度也逐渐降低，当河水温度降至 0℃ 时，河流开始结冰。若地表水流速较小，则水面会很快形成冰盖；反之，若流速较大，虽然水面不能很快形成冰盖，但由于水流的紊动作用，使河水过度冷却，水中会出现细小的冰晶。冰晶在热交换条件良好的情况下，极易附着于水底的砂粒或其他固体物上，并聚集成块，成为初冰。冰晶和初冰相对密度较小，极易悬浮于水中。冰晶结成的海绵状的冰屑、冰絮，称为水内冰。悬浮在水中的冰屑、冰絮，称为浮冰。水内冰沿水深的分布与泥沙相反，越接近水面数量越多。水内冰极易粘附在进水口的格栅上，造成进水口堵塞，增加水头损失，严重时甚至会很快冻结格栅，造成阻塞，中断取水。

（2）冰封期　当冰封期来临时，随着气温下降，冰盖逐渐变厚。气温越低，低温持续时间越长，则冰盖厚度越大。因此，北方的取水口需设于冰盖以下。

（3）解冻期　春季当气温上升到 0℃ 以上时，冰盖融化、解体而成冰块，顺流而下，形成流冰。春季流冰体积较大，流速较快，对河道中的构筑物有很强的冲击作用，严重影响河床中取水构筑物的稳定性，而且有可能堆积在取水口处造成堵塞。

流冰在河流急弯和浅滩处积聚起来，形成冰坝，使上游水位抬高。若冰絮流入输水管内，还会造成管道堵塞。当冰絮流经取水构筑物时，由于取水构筑物的阻挡和吸水口的抽吸作用，大量的冰絮会聚集于此，严重时会堵塞吸水口格栅，使吸水口过水断面减小。若冰块体积较大，会在取水构筑物附近堆积，从而堵塞进水口。

3.1.2　湖泊、水库特征

湖泊泛指陆地上相对低洼地区内具有一定规模而不与海洋发生直接联系的水体，由湖岸、湖盆、湖水所组成。水库是指在河道、山谷等处修建水坝等挡水建筑物而形成的蓄积水的人工湖泊，兼具有给水、防洪、发电、灌溉、观光游憩等多种功能。

水库按其盆地的构造可分为湖泊式和河床式两种。湖泊式水库是指被淹没的河谷具有湖泊的形态特征，即面积宽广，深度较大，库中水流和泥沙运动都接近于天然湖泊的状态，具有湖泊的形态及水文特征。河床式水库是指淹没的河谷较狭窄，形态狭长弯曲，水深较浅，水库内水流泥沙运动接近于天然河流状态，具有河流的水文特征。大型水库按照形态特征和水文情势可分为下游近坝部分、中游部分、上游部分及回水末端部分。

1. 湖泊地貌的演变

地表上低洼的盆地蓄水时，称为湖盆。湖泊最高水位时的界线称为湖界。湖盆是由于各种因素形成的地貌，如地壳运动、流水、冰川、熔岩、风等作用而产生的，有各种各样的形态。

水流、风以及某些地区的冰川等，是造成湖盆形态演变的外部因素；风浪、湖流、水生植物、水生动物的活动是造成湖盆形态演变的内部因素。在风浪的作用下，湖的凸岸被冲刷；凹岸（湖湾）产生淤积。而河流和溪沟中水流带来的泥沙、风吹来的泥沙、湖岸破坏的土石以及水生动植物的残体等均沉积在湖底，颗粒粗的多沉积在湖的沿岸区，颗粒细的则沉积在湖的深水区。

2. 湖岸、库岸的变形

湖岸、库岸长期受到波浪冲击和水流冲刷，发生侵蚀和堆积作用，会产生变形，甚至崩塌或滑坡，而后波浪又把堆积物运走，继续对湖岸、库岸蚀袭。此外，一些水库建成后，库岸土壤含水率增大，土壤承载力减小，也会发生崩塌，因此必须修建护岸工程。

湖岸、库岸的变形还与本身的地质、地貌等因素有关。一般是岸越高，波浪上卷的高度也越大，浪蚀洞穴形成后越容易引起岸的崩坍。湖岸、库岸上应种植完整的植被，以保护湖岸、库岸的稳定。

3. 库湖水位变化

湖泊、水库具有独特的水文条件。湖泊、水库水位变化，主要是由水量变化而引起的，其年变化规律基本上属于周期性变化。湖泊、水库的储水量与湖面、库区的降水量，水汽的凝结量，入湖（库）的地表径流量和地下径流量等有关，也与湖面、库区的蒸发量以及出湖（库）的地面和地下径流量等有关。以雨水补给的湖泊，一般最高水位出现在夏秋季节，最低水位出现在冬末春初。干旱地区的湖泊、水库，水位变幅较大，在融雪和雨季期间，水位陡涨，然后由于蒸发损失引起水位下降，甚至蒸发到完全干涸为止。

湖泊中的增减水现象，也是引起湖泊水位变化的一个因素。所谓增减水现象，是因强风作用或气压骤变，表层湖水从湖泊背风岸移至迎风岸的现象。风把动量传给湖水形成漂流，使表层湖水从背风岸移到迎风岸，向风岸水位上升，即增水现象；同时，背风岸水位下降，即减水现象。

湖盆的形态对于增减水水位变化影响很大。在水深大的湖岸，其水下形成的与漂流方向相反的补偿流流势大，因而水位变化较小。在有浅滩分布的湖岸，由于底部的摩擦作用，补偿流的流势不及表面流，不能补偿增水的水位升高的水量，因而水位变化比较剧烈。因此，当冬季刮大风时，水浅滩大的湖湾向风岸的浊度大大超过夏季暴雨期的浊度。

湖泊水位变化幅度除了与其水量的变化、风速大小、湖盆的地貌特性有关外，还与湖泊的补给系数有关。补给系数是湖泊的流域面积与湖泊面积之比。补给系数越大，水位年变幅也越大。

4. 库湖水温的变化

湖泊和水库中的水因太阳辐射而增温。湖泊和水库的表层水因为受到充分的太阳辐射，所以温度较高，而深层水温较低，从而形成明显的水温分层。在平静无风的天气，水温沿垂线的分布和辐射流沿垂线的分布一致，其分布规律是：上层温度随水深向下方向的下降并不显著；中层温度向下急剧下降，这一层称为温度跃层；下层是较冷的一层，温度向下缓缓降低。

水温的变化对水生生物的生长具有很大的影响。水温过低不利于水生生物的生长，有利于取得生物量少、相对洁净的水源。

5. 水生生物分布规律

湖泊、水库中的水生生物分布对取水构筑物位置的选择、形式等影响很大。湖泊、水库的水生生物十分丰富，一般的分布规律如下：

1）湖泊、水库中的浮游生物较多，多分布在水体上层 10m 以内的水域中，如蓝藻分布于水的最上层，硅藻多分布于较深处。浮游生物的种类和数量，近岸部分比湖中心多，浅水处比深水处多，无水草处比有水草处多。

2）漂浮生物如漂浮在水面的小浮萍、水藻等，或沉在水中的如三叉浮萍等，在平面上多分布于湖泊岸边浅水部分。

3）游泳生物是具有发达运动器官的大型生物，游泳速度快，甚至能克服湍急的水流上溯，如鱼、虾等，在湖泊中分布较广。

4）沿岸区的水生植物主要为挺水植物和浮叶植物，如芦苇、蒲草、浮莲及野莲、菱、荇菜、芡等，也生长沉水植物和藻类。水底动物则有昆虫的幼虫，螺、蚌等软体动物。远离湖岸的区域，沉水植物多为菹草、小茨藻、聚草和苦草等；距离岸边越远，水底动物也越少。

3.1.3　取水构筑物位置的选择与设计

1. 河流取水构筑物选址

取水构筑物位置的选择是否恰当，不但会直接影响到取水的水质和水量、供水的安全可靠性以及工程投资，还会对施工、运行管理以及河流的综合利用等方面产生巨大影响。取水构筑物的选择，主要考虑以下因素：

（1）水文条件　为确保取水水量、水质和安全供水，必须准确地取得河流的洪、枯水期的流量和水位、含沙量及其颗粒组成等数据，了解水质资料、泥沙运动及堆积的规律、河床变化的趋向、水资源开发与利用的情况等，以便正确地选择取水口的位置及取水构筑物的形式。

取水构筑物选址应保证在枯水季节仍能取水。历史上脱流、断流次数较多或延续时间较长的河流，不宜作为给水水源。当自然状态下不能取得所需设计水量时，应修筑拦河坝或采取其他确保可取水量的措施。在洪水期要防止取水构筑物被冲毁，并保护其设备的安全。当河道水深较浅时，应选用适当的取水构筑物形式。

山溪河流洪、枯流量变化很大，枯水期流量很小，因此取水量所占比例往往很大，有时可达90%以上。山区河流在平水期和枯水期水深较小，枯水期取水深度往往不足，为确保取到所需水量，需要修筑低坝抬高水位或采用底部进水等方式解决。

从江河取水的大型取水构筑物，当河道及水文条件复杂，或取水量占河道的枯水流量比例较大时，在设计前应进行水工模型试验。

（2）水质因素　取水构筑物应位于水质良好的地段。要掌握取水地段的水质资料：相应水质指标；水生植物、浮游生物的繁殖和生长情况；河流中漂浮物的情况；河流泥沙平均含量、洪水期最大含沙量及持续时间；河流多年最大输沙率和平均输沙率、垂线泥沙含量及颗粒组成及泥沙运动的变化规律。

应避开河流或湖泊中含沙量较高的地段。在泥沙量较多的河流，应根据河道中不同深度的泥沙分布，选择适宜的取水深度。

山区浅水河流洪水期推移质多、粒径大，要防止固体推移质、悬移质及漂浮物进入取水口。将取水口的位置设在离河底一定的高度，保持进水口的设计流速小于河流流速、进水方向背向水流方向等，可大为减少泥沙进入取水口；采用斜板取水头部，可去除进入取水口的泥沙；若采用底栏栅式取水，需同时设置沉沙池。

选择在水流通畅和靠主流地段，避开河流中的回水区或"死水区"，可有效减少进入取水口的泥沙颗粒、杂草、水生生物等悬浮物。

为了避免污染，取得较好水质的水，取水构筑物的位置，宜位于城镇和工业企业上游的清洁河段，在污水排放口的上游100～150m以上。农田污水灌溉，农作物及果园施加杀虫剂，有害废料场等都可能污染水源，在选择取水构筑物位置时尽可能避开这些污染区域。

在沿海地区的内河水系取水，应避免咸潮影响。当在咸潮河段取水时，对采用避咸蓄淡措施的水库取水或在咸潮影响范围以外的上游河段取水，应根据咸潮特点，进行技术经济比较后确定。避咸蓄淡的方法根据当地具体条件确定。可利用现有河道容积蓄淡，也可利用沿河滩地筑堤修库蓄淡等。

（3）河床与地形　取水构筑物宜建在具有良好工程地质条件的地点，如稳定的河床及岸边，不宜建在平原河流的蜿曲段。

对于平原河流，在顺直或微弯河段上，取水构筑物位置宜设在河床稳定、深槽主流近岸处，通常也就是河流较窄、流速较大、水深较大的地点。应选择在深槽稍下游处，且应注意边滩是否下移。

在弯曲河段上，取水口位置宜设在水深岸陡、泥沙量少的凹岸地带，并避开顶冲点，一般设在顶冲点下游；不宜设在河流凸岸，因为凸岸岸坡平缓，容易淤积，深槽主流离岸较远。但是，如果在凸岸的起点，主流尚未偏离时，或在凸岸的起点或终点，主流虽已偏离，但离岸不远有不淤积的深槽时，仍可设置取水构筑物。

在有边滩、沙洲的河段上取水时，应注意了解边滩、沙洲形成的原因，移动的趋势和速度。取水构筑物不宜设在可能移动的边滩、沙洲的下游附近，以免日后被泥沙堵塞，而宜设在边滩、沙洲上游500m以外，如图3-6所示。

　　在特殊情况下，需要在游荡型河段设置取水构筑物时，应设置在主流密集的河段上。

　　在有支流汇入的河段上，由于干流和支流涨水的幅度和先后顺序各不相同，容易形成壅水，产生大量的泥沙沉积。因此，取水构筑物与汇水口应保持足够的距离，如图3-7所示，宜大于支流出口400m或设置在干流上游。

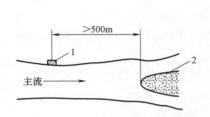

图3-6　沙洲处取水构筑物位置示意图
1—取水构筑物　2—沙洲

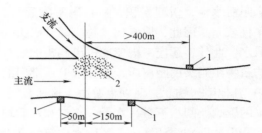

图3-7　两河汇合处取水构筑位置示意图
1—取水构筑物　2—堆积锥

　　河床不稳定，一方面河流水力冲刷会引起河岸崩塌，导致取水构筑物倾覆和沿岸滑坡，另一方面还可能使河道淤塞或取水口堵塞。因此，取水构筑物应设在地质构造稳定、承载力高的地基上或地质条件较好的河床处，不宜设在淤泥、流沙、滑坡、风化严重和岩溶发育的地段。在地震地区不宜将取水构筑物设在不稳定的陡坡或山脚下。

　　取水构筑物也不宜设在有宽广河滩的地方，以免进水管过长。另外，选择取水构筑物时，要尽量考虑到施工条件，尽量选在对施工有利的地段，除要求交通运输方便，有足够的施工场地外，还要尽量减少土石方量，以节省投资，缩短工期。

　　下列地段不宜设置取水口：①弯曲河段的凸岸；②弯曲河段成闭锁的河环内；③分岔河道的分岔和汇合段；④河谷收缩的上游河段和河谷展宽后的下游河段；⑤河流出峡谷的三角洲附近；⑥河道出海口区域；⑦顺直河段具有犬牙交错状边滩地段以及沙滩、沙洲下游附近；⑧突入河道的陡崖、石嘴的上下游岸边，常常出现沉积或局部冲深区（影响如同丁坝）；⑨游荡型河段；⑩易于崩塌和滑动的河岸及其下游的附近河段；⑪汇入水库或湖泊的河流或支流的汇入段；⑫芦苇、杂草丛生的湖岸浅滩处。

　　（4）上、下游构筑物的影响　河流上常见的人工构筑物（如桥梁、码头、丁坝、拦河坝等）和天然障碍物，往往引起水流条件的改变，从而使河床产生冲刷或淤积，在选择取水构筑物位置时，必须注意避开有这些人工构筑物或天然障碍物影响的区域。

　　1）桥梁。桥梁是河道最常见的人工设施，通常设于河流最窄处和比较顺直的河段上。在桥梁上游河段，由于桥墩处缩小了水流过水断面，使水位壅高，流速减慢，泥沙易于淤积。在桥梁下游河段，由于水流流过桥孔时流速增大，致使下游近桥段成为冲刷区。再往下，水流又恢复原来流速，冲积物在此落淤。因此，取水构筑物应避开桥前水流滞缓段和桥后冲刷、落淤段。取水构筑物一般设在桥前500～1000m或桥后1000m以外的地方。

　　2）丁坝。丁坝是常见的河道整治构筑物。由于丁坝将主流挑离本岸，逼向对岸，因此在丁坝附近形成淤积区，如图3-8所示。因此，取水构筑物如与丁坝同岸时，则应设在丁坝上游，与坝前浅滩起点相距一定距离。岸边式取水构筑物与坝前浅滩起点的距离应不小于 150～200m，河床式取水构筑物可以小些。取水构筑物也可设在丁坝的对岸，但必须有护岸设施；不宜设在丁坝同一岸侧的下游，因主流已经偏离，容易产生淤积。

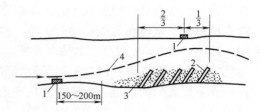

图 3-8　取水构筑与丁坝布置示意
1—取水构筑物　2—丁坝系统　3—淤泥区　4—主流

3）码头。突出河岸的码头也和丁坝一样，会阻滞水流，引起淤积，而且码头附近卫生条件较差。因此，取水构筑物应离开码头一定距离。如必须设在码头附近时，最好伸入河心取水。此外，还应考虑船舶进出码头的航行安全线，以免船只与取水构筑物相撞。确定取水构筑物距码头的距离时，应征求航运部门的意见。

4）其他障碍物。拦河坝上游由于流速减缓，泥沙易于淤积，设置取水构筑物应注意河床淤高的影响。闸坝下游，水量、水位和水质均受闸坝调节的影响。闸坝泄洪或排沙时，下游可能产生冲刷和泥沙增多，故取水构筑物宜设在其影响范围以外的地段。

残留的施工围堰、突出河岸的施工弃土、陡崖、石嘴对河流的影响类似丁坝。在其上下游附近往往出现淤积区，在此区域内不宜设置取水构筑物。

（5）冰冻与漂浮物的影响　在北方地区的河流上设置取水构筑物时，应避免冰凌的影响。应详细了解河流流冰期出现和持续的时间，水内冰的组成、大小、粘接性、上浮速度及分布，温度变化，以及封冻期、封冻时间、冰层厚度等。取水构筑物应设在水内冰较少和不受流冰冲击的地点，而不宜设在易于产生水内冰的急流、冰穴及支流出口的下游，尽量避免将取水构筑物设在流冰易于堆积的浅滩、沙洲、回流区和桥孔的上游附近。在水内冰较多的河流中取水，取水构筑物不宜设在冰水混杂地段，而宜设在冰水分层地段，以便从冰层下取水。

（6）城市规划　取水构筑物位置选择应与工业布局和城市规划相适应，全面考虑整个给水系统（输水管线、净水厂、二级泵房等）合理布置。在保证取水安全的前提下，取水构筑物应尽可能靠近主要用水地区，以缩短输水管线的长度，减少输水管的投资和输水费用。此外，输水管的敷设应尽量减少穿过河流、谷地等天然障碍物或铁路、公路等人工障碍物。

在选择取水构筑物位置时，还应结合河流的综合利用，如航运、灌溉、排洪、水力发电等，全面考虑，统筹安排，做到不妨碍航运和排洪，并符合河道、湖泊、水库整治规划的要求。在通航的河流上设置取水构筑物时，应不影响航船的通行，并根据航运部门的要求设置航标；应了解河流上下游拟建或已建的各种水工构筑物（水坝、水库、水电站、丁坝等）和整治规划对取水构筑物可能产生的影响。

（7）城市防洪　取水构筑物在河床上的布置及其形式的选择，不但要考虑取水构筑物建成后不至于因水流情况的改变而影响河床的稳定性，还必须充分考虑城市防洪要求，防止洪水对取水构筑物的冲刷。江河取水构筑物的防洪标准不应低于城市防洪标准，其设计洪水重现期不低于 100 年。水库取水构筑物的防洪标准应与水库大坝等主要建（构）筑物的防洪标准相同，并采用设计和校核两级标准。

取水构筑物的设计最高水位应按不低于百年一遇频率确定，并不低于城市防洪标准。设计枯水位的保证率，应根据水源情况、供水重要性选定，一般采用90%~99%。

2. 湖泊与水库取水构筑物选址

当在湖泊、水库中取水时，在取水口位置选择上还应注意以下几点：

1）湖泊取水口的位置应选在湖水流出口附近，远离支流的汇入口处，以防在取水头部淤积泥沙。在湖泊或水库的支流汇入口，由于流速突然变小，从河水中挟带的大量泥沙就会迅速沉积下来，造成取水头部淤堵。

水库取水口的位置应设在下游近坝处。下游近坝处水深，除泄水时外，流速都较小，枯水期时水中含悬浮泥沙量少、浊度低。

2）湖泊取水口应尽量避免设在夏季主风向的向风面的凹岸处。较浅湖泊的这些位置会有大量的浮游生物集聚并死亡，沉至湖底后腐烂，从而致使水质恶化，水的色度增加，且产生臭味。漂浮水生物腐烂的同时，湖水的 pH 值也随之降低。

如果藻类、苔藓类被吸入水泵提升至水厂后，还会在滤池的砂粒中滋长，使滤料产生泥球现象，不但影响滤池的出水水质，还会导致过滤周期缩短，增加制水成本。

在湖泊中取水时，在吸水管中应定期加氯，以消除水中生物的危害。

3）湖泊的取水口应避免设在湖岸芦苇丛生处附近。这类区域有机质含量高，水质较差，并且水生物多，尤其是吸着力强的水底生物如螺、蚌等软体动物较多，一旦被吸入后，取水口会严重堵塞。

4）取水口处的水深应在2.5~3.0m以上。深度不足时，可采用人工开挖，同时采取防淤措施，否则将产生泥沙淤积，特别是间断性取水构筑物，淤积将更加严重。在自流进水管与水泵吸水管的连接处，可设置水力自动闸阀或其他自动启闭闸阀，停泵时随即关闸，停止进水；或采用虹吸管进水以及专设一台排除淤积泥沙的污泥泵等。当湖岸为浅滩且湖底平缓时，将取水头部伸入到湖中远离岸边，可取得较好的水质。

如果受条件限制，取水口必须设置在水深不大、水面宽广，且是冬季主风向的向风面的湖岸、库岸浅滩处时，冬季在巨大风浪的作用下，沉积在湖底的泥沙、有机质会被搅动起来，此时原水的浊度将远远超过夏季暴雨期间的浊度，持续时间有时达数日之久，应特别注意。

5）取水构筑物应建在稳定的湖岸或库岸处。岸坡坡度较小、岸高不大的基岩或植被完整的湖岸和库岸是较稳定的地方，适宜建设取水构筑物。

6）北方寒冷地区，湖泊、水库在冬季结冰期和春季解冻期会产生冰凌，从而堵塞取水口，影响取水构筑物的正常工作，因此需采取防冻措施。防冻措施与河流取水构筑物防冻措施相似，一般可在进水口前设置浮排，或利用工业生产热水（如冷却水）回流至进水口处，或采用橡木格栅、蒸汽或电热进水栅，或采用压缩空气曝气法等破冰。

3. 取水构筑物的选型

（1）取水构筑物型式。按水源的种类、性质和取水条件的差异划分，地表水取水构筑物有江河取水构筑物、库湖取水构筑物、山区浅水河流（山溪）取水构筑物、海水取水构筑物等型式。按取水构筑物的构造划分，可分为固定式取水构筑物和移动式取水构筑物。按照泵站与集水井的关系划分，又可分为合建式取水构筑物和分建式取水构筑物。取水构筑物的型式，应根据取水量和水质要求，结合河床地形及地质、河床冲淤、水深及水位变幅、泥沙及漂浮物、冰情和航运、波浪等因素以及施工条件，在保证安全可靠的前提下，通过技术经济比较确定。

固定式取水构筑物位置固定不变,安全可靠,适用于各种取水量和各种地表水源。根据水源的水位变化幅度、岸边的地形地质和冰冻、航运等情况,取水构筑物可有多种布置形式。移动式取水构筑物适用于中小取水量,多用于水位变化大的河流。构筑物可随水位升降,具有投资较省、施工简单等优点,但操作管理较固定式麻烦,取水安全性也较差。

(2)影响因素 影响江河取水构筑物型式选择的主要因素有:

1)河流水文地质条件。水位变幅不大时,可考虑采用一般的岸边式或河床式取水构筑物;水位变幅很大时可考虑采用相应的泵房型式,以降低造价。

不同水位变化和不同岸坡条件下的取水形式,如图3-9所示。当河岸较缓而水位差较小时,可采用自流管进水,如图3-9a所示。当河岸较缓而水位差较大时,可在岸内设置双自流管进水,如图3-9b所示。离岸较近时,也可在低水位时采用自流管进水,高水位时采用岸边进水,如图3-9c所示。当河岸较陡,水位差较大时,泵站可采用分层岸边进水,如图3-9d所示。

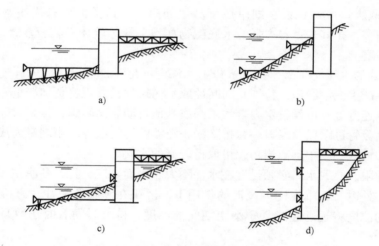

a)   b)

c)   d)

图3-9 不同河床形式与水位变幅情况下的取水形式

在取水口进水处,一般要求水深不小于2.5m;对小型取水口,水深可降低到1.5 ~ 2.0m。当在浅水河流取水时,可采用底栏栅取水或低坝取水;当水位变幅大,建造固定式取水构筑物有困难时,可采用移动式取水构筑物。

2)河流含沙量。如果洪水期含沙量较高,且在垂线上的含沙量分布有明显差异,则应考虑采用分层取水的取水构筑物;当河水含沙量高,且主要由粗颗粒泥沙组成时,若取水点有足够的水深,则可考虑采用斜板(管)式取水头部。

3)取水规模与安全保证率。当取水规模较大,要求安全保证率较高时,取水泵房可采用集水井与泵房合建的形式;当取水规模不大,而且条件许可时,泵房可采用水泵吸水管直接取水的形式。

4)航运要求。在通航频繁的河道,一般不宜采用桥墩式取水构筑物。在淹没式取水口附近,应设置明显的警示牌以及保护措施,以防船只碰撞。

5）冰情条件。在有流冰的河道中，不宜采用桩架式取水头部。其他形式的取水头部，其迎水面应设尖棱或破冰装置。

4. 不同水源的典型取水构筑物型式

（1）长江水系　长江上游河段，洪水位与枯水位相差显著，暴雨季节流量暴涨，水位急剧上升，洪水期间水中含沙量及其他漂浮物也大大增加。在河流流速大，河道水位变幅大，且陡涨陡落，主流近岸边，河床稳定的河段，一般选用深井泵房式取水构筑物。

长江中游河段，水位变幅较大，水质浑浊。但水位变幅较小，且河床稳定，流速较小，又有适宜的岸坡时，可采用岸边式或河床式取水构筑物。主流靠岸的中小型取水工程，也可采用缆车式取水构筑物。对于河岸停泊条件良好但主流不够稳定的河段，可采用浮船式取水构筑物。

长江下游河段，水位变幅较小，可根据河床的条件、河岸的地形及地质情况，选用合建或分建的河床式取水构筑物。

（2）黄河水系　黄河水系含沙量大，可考虑采用双向斗槽式取水构筑物。由于泥沙运动的结果，河床稳定性较差，主流游荡不定，如果岸边有足够的水深，可采用河床式桥墩取水构筑物，必要时应设潜丁坝。

黄河下游河段，河床淤积严重，建造固定式取水构筑物时应考虑淤高情况；也可以采用活动式取水形式。

（3）松花江水系　松花江水系河水浊度低，但河流冰冻期长，冰情严重，取水时要注意采取防冰冻措施。根据岸边地形和地质条件，可选择合建式或分建式，也可采用水泵直吸式取水形式。

（4）湖泊　可根据地貌、地质条件以及水生生物情况，选择合建式或分建式取水构筑物。当湖面宽阔、水深不大时，可采用自流管或虹吸管取水；当取水口很深时，应采用分层取水。

（5）水库　河床式水库取水形式与河流取水类同；湖泊式水库可根据具体情况采取隧洞式取水、引水明渠取水。水库较深时可采用分层取水，较浅时可采用合建式或分建式取水构筑物，也可采用浮筒式取水。

（6）山区浅水河流　山区浅水河流洪水期和枯水期水量相差大，水位变幅显著，选择取水构筑物时，要确保枯水期的取水量以及洪水期取水构筑物的安全。

如果山区浅水河流的水文地质特征与平原河流的水文地质特征相似，也可采用平原河流的取水形式。当取水量小于枯水期径流量时，可采用底栏栅式或低坝式取水构筑物。当山区浅水河流枯水期径流量小于取水量时，为了利用年径流量来调节水量，可利用山区地形，修建小型水库，以确保取水量。

当河床为透水性较好的砂砾层，且含水层较厚、水量丰富时，也可采用大口井或渗渠取用河床渗流水。

5. 高浊度水取水的注意事项

1）高浊度水取水工程设计必须考虑下列因素：河道的游荡和冲淤；流量和水位变化、河道断流、脱流；含沙量、沙峰过程和泥沙的组成；漂浮物、杂草、冰凌和冰坝。

2）取水口位置选择应符合下列条件：游荡型河段的取水口应结合河床、地形、地质的特点，布置在主流线密集的河段上；设在主流顶冲点下游、并有横向环流同时冰水分层的河段。

3）当取水量大，河水含沙量高，主河道游荡，冰情严重时，可设置两个取水口。

4）取水构筑物应采用直接从河道中取水的方式，可不设取水头部、自流管及单独的集水井等。

5）在黄河下游淤积河段设置的取水构筑物，应预留设计使用年限内的总淤积高度，并考虑淤积引起的水位变化。

6. 壅水对取水构筑物高程的影响

当构筑物显著突出河岸时，会大大减小河流过水断面，从而在构筑物上游产生壅水。设计取水泵站时，应考虑壅水高度对泵房高程的影响。

（1）最大壅水高度 H_{max}　最大壅水高度可用下式计算：

$$H_{max} = \eta(u_s^2 - u_0^2) \tag{3-8}$$

式中　H_{max}——最大壅水高度（m）；

　　　　η——与河流特征有关的系数，见表3-2；

　　　　u_0——设计流量通过全部过水断面时的平均流速，即水流未被压缩时的平均流速（m/s）；

　　　　u_s——设计流量通过构筑物所在断面时的平均流速（m/s），与土壤抗蚀能力相关，见表3-3。

表3-2　η 值

序号	河流特征	η
1	山区河流，河滩很小的河流，河滩可通过总流量的10%以下	0.05
2	半山区河流，河滩很小的河流，河滩可通过总流量的30%以下	0.07
3	平原河流，有中等河滩的河流，河滩可通过总流量的50%以下	0.10
4	低洼地区河流，河滩很大的河流，河滩可通过总流量的50%以下	0.15

表3-3　构筑物所在河流断面平均流速 u_s

序号	土壤种类	u_s
1	松软土壤：淤泥、细砂、中砂、松软的淤泥质砂黏土	断面设计流速 u_s
2	中等密实土壤：粗砂、砾石、小卵石、中等密实的沙壤土和黏土	$\dfrac{2P}{P+1}u_s$
3	密实土壤：漂石、密实的黏土	Pu_s

注：P 为土壤容许冲刷系数，P 值参见表3-4。

表3-4　土壤容许冲刷系数 P 值

河流类型		冲刷系数 P	备　　注
山区	峡谷	1.0～1.2	无滩
	开阔段	1.1～1.4	有滩
平原区		1.1～1.4	—
山前区	半山区稳定段	1.2～1.4	包括丘陵区
	变迁性河段	1.2～1.8	断面水深≤1.0m时，方可采用接近1.8的较大值

构筑物所在断面的壅水高度一般可取最大壅水高度的一半。山区河流和半山区河流，洪水涨落急骤，历时短促，且河槽土壤坚实，不易被冲刷，壅水高度可采用最大壅水高度。洪水涨落很慢的平原河流，壅水高度可以不计。

（2）壅水线长度　取水构筑物所在断面以上的壅水水面曲线可近似为抛物线形，如图 3-10 所示。壅水曲线全长可用下式计算：

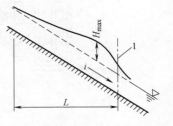

$$L = \frac{2H_{max}}{i} \tag{3-9}$$

式中　L——壅水断面纵向投影长度（m）；

　　　i——河道纵坡。

其他符号含义同前。

图 3-10　壅水线长度计算简图
1—工程位置

3.2　固定式取水构筑物

固定式取水构筑物是应用最多、适用条件最广的一种类型，主要有岸边式、河床式两大类。对含沙量大或冰凌严重或两者均出现的河流，且取水量较大时，可采用斗槽式取水构筑物，它是一种特殊的岸边式取水构筑物。

河床式取水构筑物有江心式和底栏栅式。江心式取水构筑物又分为进水头式和桥墩式。进水头式构筑物可用于各种地表水的取水，桥墩式取水构筑物一般用于湖泊或水库，底栏栅式取水构筑物一般用于山区浅水河流的取水。

3.2.1　岸边式取水构筑物

原水直接由江河或水库、湖泊流入集水井的取水构筑物称为岸边式取水构筑物，一般由集水井和泵房两部分组成。根据集水井与泵房的关系，分为合建式和分建式两种基本形式，一般适用于江河岸坡较陡、深水线靠近岸边、岸边有足够水深而且地质条件较好，水质较清、水位变幅不大的情况。

1. 合建式岸边取水构筑物

合建式岸边取水构筑物将集水井与泵房合建在一起，设于岸边，如图 3-11 所示。河水经进水孔流入进水间，再经过格网进入吸水间，然后由水泵抽送至水厂或用户。共设两道格栅，设在进水孔上的粗格栅用以拦截水中粗大的漂浮物，而设在集水井中的细格网用以拦截水中细小的漂浮物。

合建式岸边取水构筑物适用于岸边地质条件较好的场合。其优点是布置紧凑，占地面积小，水泵吸水管路短，运行管理方便，因此应用较为广泛，但由于土建结构复杂，施工较为困难。

当地基条件较好时，取水泵房可呈阶梯式布置，将集水井与泵房的基础建在不同的标高上，如图 3-11a 所示。这种布置可以利用水泵吸水高度以减少泵房深度，便于施工和降低造价，但水泵起动时需要真空引水。当地基条件较差时，为避免产生不均匀沉降，可将集水井与泵房的基础建在相同标高上，如图 3-11b 所示。这种方式起动方便，供水安全性高，但泵房较深，会增加土建费用，而且通风及防潮条件差，操作管理不便。

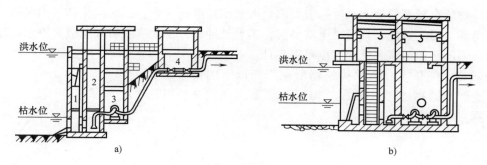

图 3-11　合建式岸边取水构筑物

a）阶梯式布置　b）水平式布置

1—进水间　2—吸水间　3—进水孔　4—阀门井

2. 分建式岸边取水构筑物

当岸边地质条件较差，集水井不宜与泵房合建时，或者分建对结构和施工有利时，则取水构筑物宜采用分建式。

分建式岸边取水构筑物的集水井设于岸边，泵房则建在岸内地质条件较好的地点。泵房距离集水井不宜太远，以免吸水管过长。吸水方式根据水位的高低可采用自吸式（图 3-12）和虹吸式（图 3-13）等方式。在水位变幅很大，且陡涨陡落的地点，如长江上游河段，可采用深井泵房。

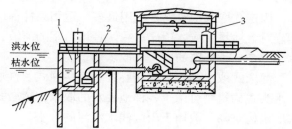

图 3-12　分建式岸边取水构筑物

1—进水间　2—引桥　3—泵房

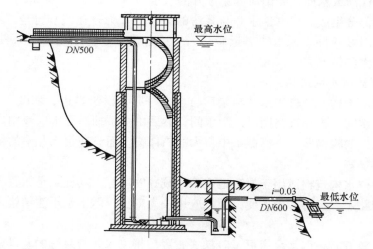

图 3-13　分建式深井泵房取水构筑物（虹吸进水）

这种型式土建结构简单，施工较容易，但操作管理不便，吸水管路较长，运行安全性不如合建式。

3. 集水井

（1）集水井型式　集水井一般由进水间和吸水间两部分组成，可与泵房分建或合建。分建式集水井的平面形状有圆形、矩形、椭圆形等。

图 3-14 所示为岸边分建式集水井的构造。集水井为矩形，由纵向隔墙分为进水间和吸水间，两室之间设有平板格网或旋转格网。当河中漂浮物少时，也可不设格网。

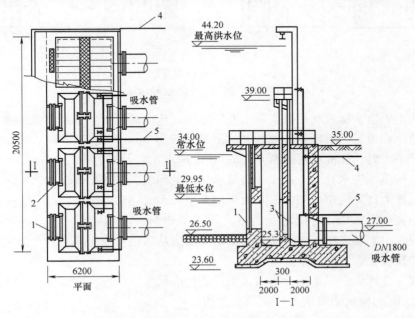

图 3-14　岸边分建式集水井布置
1—格栅　2—闸板　3—格网　4—冲洗管　5—排水管

集水井上部设操作平台，平台上设有便于操作的闸阀启闭设备和格网起吊设备，必要时还应设清除泥沙的设施。操作平台标高可根据运行要求和河流水文特征确定。

（2）进水间　为了工作可靠和便于清洗检修，进水间通常用隔墙分成若干个可独立工作的分格。分格数根据安全供水要求、水泵台数及容量、清洗排泥周期、运行检修时间、格栅类型等因素确定，一般不少于两格。对于大型取水构筑物，可采用一台泵一个分格，后面对应一个格网；对于小型取水构筑物，可采用数台泵一个分格，共用一个格网或数个格网。一般一个分格布置一根进水管或一个进水口。

1）进水孔。在进水间外壁上开有进水孔，进水孔前要设置格栅及闸门槽。进水孔一般为矩形。进水间的平面尺寸根据进水孔、格网和闸板的尺寸及安装、检修和清洗等要求确定。

当河流变幅不大时，岸边式集水井可采用单层进水孔；当河流水位变幅超过 6m 时，可采用两层或三层的分层进水孔，以便洪水期取表层含沙量少的水。水库取水构筑物宜分层取水。位于湖泊或水库边的取水构筑物最底层进水孔下缘距水体底部的高度，应根据水体底部泥沙沉积和变迁情况等因素确定，一般不宜小于 1.0m。当水深较浅、水质较清，且取水量不大时，其高度可减至 0.5m。

当进水孔采用分层布置时，要根据构筑物内部设备布置及使用条件，采用分层并列或分层交错布置，如图 3-15 所示。

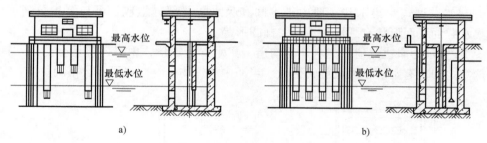

图 3-15　进水孔口布置方式

a) 并列布置　b) 分层交错布置

位于江河上的取水构筑物最底层进水孔下缘距河床的高度，应根据河流的水文和泥砂特性以及河床稳定程度等因素确定。侧面进水孔应大于 0.5m，当水深较浅、水质较清、河床稳定、取水量不大时，其高度可减至 0.3m；顶面进水孔应大于 1.0m。

取水构筑物淹没进水孔上缘在设计最低水位下的深度，应根据河流的水文、冰情和漂浮物等因素通过水力计算确定。顶面进水时，应大于 0.5m；侧面进水时，不得小于 0.3m；虹吸进水时，不宜小于 1.0m，当水体封冻时，可减至 0.5m。

当有冰盖时，上层进水孔的上缘距水面的高度应从冰层下缘起算。大江河边的取水构筑物，进水孔的高度还应考虑风浪的影响。

进水孔的高宽比，宜尽量配合格栅和闸门的标准尺寸。

2）格栅。取水构筑物取水头部或集水井的进水孔应设置粗格栅，用来拦截水中粗大的漂浮物及鱼类。

① 格栅构造。格栅由金属框架和栅条组成，栅条断面形式如图 3-16 所示，有矩形、圆形等。格栅框架外形与进水孔形状相同。栅条可以直接固定在进水孔四周边框上，或者放在进水孔外侧的导槽中，以便清洗和检修。

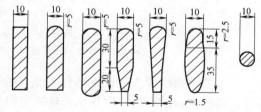

图 3-16　栅条的断面形式

栅条厚度或直径一般采用 10mm，栅条间净距根据取水量大小、冰絮和漂浮物等情况确定，小型取水构筑物宜为 30～50mm，大、中型取水构筑物宜为 80～120mm。当江河中冰絮或漂浮物较多时，栅条间净距宜取较大值。

② 格栅计算。进水孔的过栅流速，根据水中漂浮物数量、有无冰絮、取水地点的水流速度、取水量大小、检查和清理格栅的方便程度等因素确定。流速过大，容易吸进泥沙、杂草和冰凌；流速过小，会增加取水构筑物的外形尺寸和体积，从而增加投资。对于岸边式取水构筑物，有冰絮时过栅流速为 0.2～0.6m/s，无冰絮时过栅流速为 0.4～1.0m/s；对于河床式取水构筑物，有冰絮时过栅流速为 0.1～0.3m/s，无冰絮时过栅流速为 0.2～0.6m/s。当取水量较小、江河水流速度较小、泥沙和漂浮物较多时，可取较小值；反之，可取较大值。

格栅面积按下式计算：

$$F_0 = \frac{Q}{K_1 K_2 v_0} \tag{3-10}$$

式中　F_0——进水孔或格栅的面积（m^2）；

$\quad Q$——进水孔的设计流量（m^3/s）；

$\quad v_0$——进水孔过栅流速（m/s）；

$\quad K_1$——栅条引起的面积减少系数，$K_1 = \dfrac{b}{b+s}$，b 为栅条净距（mm），s 为栅条厚度

（或直径）（mm）；

$\quad K_2$——格栅阻塞系数，采用 0.75。

格栅的阻塞面积应按 25% 考虑。水流通过格栅的水头损失一般采用 0.05 ~ 0.1m。

【**例 3-1**】　某城市用水量为 24 万 m^3/d，采用 2 个侧面进水的箱式取水头部，从无冰絮河流中取水至吸水间，进水孔上安装格栅，栅条采用 10mm 厚扁钢，栅条净距为 100mm，若水厂自用水量、原水输水管漏失量分别占设计水量的 8% 和 5%，则每个取水头的进水孔总面积最小应为多少？

【**解**】　每个取水头部的设计流量为

$$Q = \frac{240000 \times (1 + 5\% + 8\%)}{2 \times 86400} \, m^3/s = 1.57 m^3/s$$

$$K_1 = \frac{b}{b+s} = \frac{100}{100 + 10} \approx 0.91$$

$K_2 = 0.75$；河床式构筑物取水头部最大过栅流速为 0.6m/s；则每个取水头的进水孔最小总面积为

$$F_0 = \frac{Q}{K_1 K_2 v_0} = \frac{1.57}{0.91 \times 0.75 \times 0.6} \, m^2 = 3.83 m^2$$

（3）吸水间　吸水间用来安装水泵吸水管，其设计要求与泵房吸水间基本相同。根据使用条件和维修要求，吸水间宜采用分格。吸水间的平面尺寸按水泵吸水管的直径、数目和布置要求确定。吸水井布置应满足井内水流顺畅、流速均匀、不产生涡流，且便于施工及维护。

（4）格网设计　当需要清除通过格栅后水中的漂浮物时，在集水井内可设置平板式格网、旋转式格网或自动清污机。格网设在集水井内，用以拦截水中细小的漂浮物，通常分为平板格网和旋转格网两种，其布置形式分别如图 3-17 和图 3-18 所示。平板格网放置在槽钢或钢轨制成的导槽或导轨内。

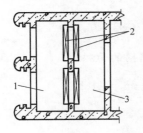

图 3-17　平板格网布置示意图
1—进水间　2—格网　3—吸水间

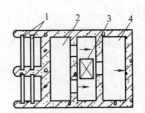

图 3-18　旋转格网布置示意图
1—格栅或闸门　2—进水间　3—格网　4—吸水间

1）平板格网。平板格网一般由槽钢或角钢框架及金属网构成，如图 3-19 所示。一般设

一层金属网；当面积较大时设两层金属网，一层作为工作网，起拦截水中细小漂浮物的作用，另一层作为支撑网，增加工作网的强度。金属网由耐腐蚀材料如铜丝、镀锌钢丝或不锈钢丝等制成。工作网的孔眼尺寸根据水中漂浮物情况和水质要求确定。

平板格网的优点是结构简单、体积小，可少占集水井空间。当水量不太大、漂浮物不多时采用较广。其缺点是网眼较大，不能截留很小的漂浮物，冲洗时需提起格网，操作麻烦，清洗劳动强度大，而且会导致部分杂质进入吸水间，特别是在较深的竖井泵房进水间，起吊清洗难度更大，因此在漂浮物较多的取水工程中的使用日趋减少。

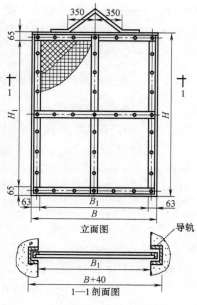

图 3-19　平板格网

平板式格网的阻塞面积按 50% 考虑，通过流速不应大于 0.5m/s。平板格网的面积可按下式计算：

$$F_1 = \frac{Q}{v_1 \varepsilon K_1 K_2} \tag{3-11}$$

式中　F_1——平板格网的面积（m^2）；

Q——通过格网的流量（m^3/s）；

v_1——通过格网的流速，$\leqslant 0.5m/s$，一般采用 $0.2 \sim 0.4m/s$；

ε——水流收缩系数，一般采用 $0.64 \sim 0.80$；

K_1——网丝引起的面积减少系数，$K_1 = \dfrac{b^2}{(b+d)^2}$，$b$ 为网眼边长尺寸（mm），d 为金属丝直径（mm）；

K_2——格网阻塞后面积减少系数，通常采用 0.5。

通过平板格网的水头损失，一般采用 $0.1 \sim 0.2m$。

【例 3-2】　通过平板格网的流量为 $1.5m^3/s$，网眼尺寸为 $10mm \times 10mm$，网丝直径为 1mm，格网水下深度为 1.6m，当过网流速为 0.4m/s，阻塞系数取 0.5，水流收缩系数取 0.8 时，格网的宽度应是多少？

【解】

网丝面积减少系数　　　$K_1 = \dfrac{b^2}{(b+d)^2} = \dfrac{10^2}{(10+1)^2} \approx 0.83$

阻塞系数 $K_2 = 0.5$；水流收缩系数 $\varepsilon = 0.8$；则平面格网的面积为

$$F_1 = \frac{Q}{v_1 \varepsilon K_1 K_2} = \frac{1.5}{0.4 \times 0.8 \times 0.83 \times 0.5} m^2 = 11.3 m^2$$

格栅宽度为

$$B = \frac{F}{H} = \frac{11.3}{1.6} m \approx 7.2 m$$

2）旋转格网。旋转格网是由绕在上下两个旋转轮上的连续网板组成的，用电动机带

动。网板中金属网固定在金属框架上，如图 3-20 所示。网眼尺寸根据水中漂浮物数量和大小确定，一般为（4mm×4mm）~（10mm×10mm），网丝直径为 0.8 ~ 1.0mm。

　　旋转格网的布置方式有直流进水、网外进水和网内进水三种，如图 3-21 所示，多采用前两种。直流进水方式水力条件好，格网上水流分配均匀，水流经过两次过滤，水质较好，占地面积较小，但格网工作面积利用率低，未冲洗下来的污物有可能掉入集水井。网外进水方式与直流进水方式优缺点相近，不同点是网外进水被截留的污物容易清除，因此较多被采用。而网内进水方式的格网虽然工作面积利用率高，可增大设计流速，水质良好，被截留在格网上的污物不会掉入吸水间，但水力条件差，滤网工作不均匀，积存的污物不宜清除，占地面积较大，因此较少被采用。

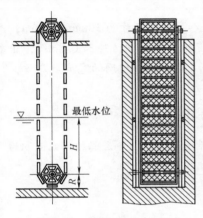

图 3-20　旋转格网示意图

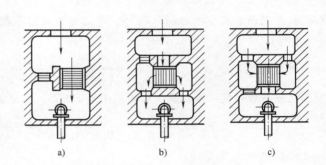

图 3-21　旋转格网进水方式

a）直流进水　b）网内进水　c）网外进水

　　旋转格网是定型产品，其转动速度视河中漂浮物的多少而定，一般为 2.4 ~ 6.0m/min，可以是连续转动，也可以是间歇转动。旋转格网一般采用 0.2 ~ 0.4MPa 的压力水通过穿孔管或喷嘴进行连续冲洗，冲洗后的污水沿排水槽排走。

　　旋转式格网或自动清污机的阻塞面积按 25% 考虑，通过流速不应大于 1.0m/s。旋转格网的有效过水面积（即水面以下的格网面积）可按下式计算：

$$F_2 = \frac{Q}{v_2 \varepsilon K_1 K_2 K_3} \tag{3-12}$$

式中　F_2——旋转格网有效过水面积（m^2）；

　　　v_2——过网流速，≤1.0m/s，一般采用 0.7 ~ 1.0m/s；

　　　K_2——格网阻塞系数，采用 0.75；

　　　K_3——由于框架引起的面积减少系数，采用 0.75。

　　其余符号的意义同前。

　　当为网外或网内双面进水时，旋转格网在水下的深度，可按下式计算：

$$H = \frac{F_2}{2B} - R \tag{3-13}$$

式中　H——格网在水下部分的深度（m）；

　　　B——格网宽度（m）；

F_2——旋转格网有效过水面积（m^2）；

R——格网下部弯曲半径，目前使用的标准滤网的 R 值为 0.7m。

当为直流单面进水时，则旋转格网在水下的深度可按下式计算：

$$H = \frac{F_2}{B} - R \tag{3-14}$$

公式中符号含义同前。

水流通过旋转格网的水头损失一般采用 0.15～0.30m。

旋转格网结构复杂，所占面积较大，但冲洗较方便，拦污效果较好，可以拦截细小的杂质，故宜用在水中漂浮物较多、取水量较大的取水构筑物。

【例3-3】 直流式布置的旋转格网，通过流量为 1.5m^3/s，网眼尺寸为 10mm × 10mm，网丝直径为 1mm，格网水下深度为 1.5m，格网弯曲半径为 0.70m。当过网流速为 0.8m/s，阻塞系数和框架面积减少系数均取 0.75，水流过网收缩系数取 0.8 时，旋转格网的宽度应是多少？

【解】

网丝面积减少系数 $K_1 = \dfrac{b^2}{(b+d)^2} = \dfrac{10^2}{(10+1)^2} \approx 0.83$

阻塞系数和框架面积减少系数 $K_2 = K_3 = 0.75$，水流收缩系数 $\varepsilon = 0.8$，则旋转格网的面积为

$$F_2 = \frac{Q}{v_2 \varepsilon K_1 K_2 K_3} = \frac{1.5}{0.8 \times 0.8 \times 0.83 \times 0.75 \times 0.75} m^2 = 5 m^2$$

旋转格网的宽度为

$$B = \frac{F_2}{H+R} = \frac{5}{1.5 + 0.7} m = 2.3m$$

4. 冬季防冰措施

对于已有的取水构筑物，在容易受到冰冻影响的河段，可根据实际情况采取如下预防措施：

1）增大进水孔面积，降低进水孔流速，减少带入水内冰的数量，阻止过度冷却水形成冰晶。这种方法在实际使用中受到限制。

2）利用电、蒸汽或热水加热格栅来预防冰冻的方法，比较有效，应用较广。

3）在进水孔前引入废热水。这种方法常用于电厂取水构筑物。

4）采用渠道引水，使水内冰在渠道内上浮，并通过排水渠带走。

5）在进水孔上游采取疏导措施，阻挡冰凌进入进水孔，如图 3-22 和图 3-23 所示。挡冰木排吃水深度为河深的 25%～30%，导凌筏与引水渠水流夹角为 15°～20°。

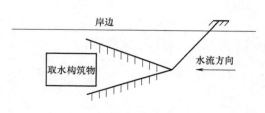

图 3-22　水内冰疏导布置示意图

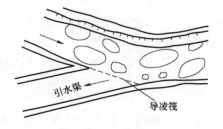

图 3-23　导凌筏的设置

此外，还可以通过降低栅条导热功能、机械清除、反冲洗等措施来防止进水孔冰冻。

河流在冰封期会形成较厚的冰盖层，由于温度的变化，冰盖膨胀会对取水构筑物产生巨大压力。为了预防冰盖对取水构筑物的破坏，可采用压缩空气鼓动法、高压水破冰法等措施，或在构筑物的结构计算时考虑冰压力的作用。根据经验，斗槽式取水构筑物能有效防止冰凌危害。

5. 泵房设计

1）有关水泵的选择、泵房及附属设备的设计参见第4章取水泵站。

2）波浪高度计算。岸边式取水泵房进口地坪的设计标高，当泵房在湖泊、水库岸边时，为设计最高水位加浪高再加 0.5m，并采取防止波浪爬高的措施。

当取水构筑物建于湖泊、水库或很开阔的河面上，波浪扩散长度在 3~30km 范围内时，波浪高度（图 3-24）可按以下经验公式计算：

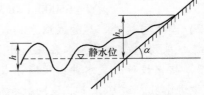

图 3-24 波浪示意图

$$h = 0.208v^{5/4}l^{1/3} \qquad (3-15)$$

式中 h——浪高，从波峰到波谷的垂直距离（m）；

　　　v——最大风速（m/s）；对一般库湖，风速可取汛期最大月风速的平均值，取最大波浪长度时，最大风速则为最大浪程方向的风速。

　　　l——波浪扩散长度（km）；取决于湖泊、水库形状，当湖泊、水库的平面形状近似对称时，l 为坝址至对岸的最大直线距离，在窄而长的湖泊或水库中，l 为 5 倍库湖平均宽度。

当河滩上水深不大时，波浪的形成会受到破坏，此时波长 $\lambda \leq 2h_n$。波浪高度的近似值可按下式计算：

$$h = 0.2h_n \qquad (3-16)$$

式中 h_n——滩上水深（m）。

实际发生的浪高取式（3-15）和式（3-16）计算值中的较小值。

3）波浪爬高。波浪冲向岸坡的爬升高度称为波浪爬高，当波浪爬高小于 1.5m 时可按下式计算：

$$h_e = 3.2K_0 h \tan\alpha \qquad (3-17)$$

式中 h_e——静水位以上的波浪高度（m）；

　　　α——坝坡对水平线的倾角（°）；

　　　K_0——与边坡粗糙程度有关的系数，见表 3-5。

表 3-5 不同性质的边坡对应的 K_0 值

边坡性质	K_0 值	边坡性质	K_0 值
光滑边坡（混凝土等）	1.00	片石铺砌加固	0.75
植草或草皮加固	0.90	抛石加固	0.60

当浪程小于 0.2m，或平均水深小于 1.0m，或计算浪高小于 0.15m，岸坡或河滩上有不

被波浪淹没的稠密灌木林或树林时，可不考虑波浪爬高。

【例3-4】 设计一座设计水量为 6.5 万 m^3/d 的岸边式取水构筑物，水厂自用水系数为 5%，河流最低水位至水厂所需扬程为 20m。河流百年一遇最高洪水位为 98.00m，最枯水位为 91.00m（保证率 97%），常水位为 95.00m；河流最枯流量为 $125m^3/d$（保证率 97%）；河流最大流速为 3.0m/s；洪水期泥沙沿垂直方向分布变化比较明显，漂浮物少；河流为结冰河流，最大冰层厚度为 0.5m，结冰期风速较大时，水中有冰絮生成；地质条件较差；浪高为 0.4m。

【解】

1）设计流量：

$$Q = 65000m^3/d \times 1.05 = 68250m^3/d = 0.7899m^3/s$$

2）型式与构造。岸边式取水构筑物采用合建式，平面形状采用矩形。由于地质条件不好，底板采用水平布置，水泵采用卧式泵，构造为钢筋混凝土构造，采用筑岛沉井法施工。

3）格栅设计。集水井由隔墙分成进水间与吸水间，两室之间设平板格网。在进水间外壁上设进水孔，进水孔上装设闸板和格栅。进水孔也采用矩形。

① 进水孔（格栅）面积计算。取进水孔设计流速 $v_0 = 0.4$m/s，栅条采用圆钢，直径为 10mm，取栅条净距 $b = 50$mm，取格栅阻塞系数 $K_2 = 0.75$。

则

$$K_1 = \frac{b}{b+s} = \frac{50}{50+10} = 0.833$$

$$F_0 = \frac{Q}{K_1 K_2 v_0} = \frac{0.7899}{0.833 \times 0.75 \times 0.4}m^2 = 3.16m^2$$

进水孔设置 4 个，3 用 1 备，与水泵配合工作，每个进水孔面积：

$$F_0' = \frac{F_0}{3} = \frac{3.16}{3}m^2 = 1.05m^2$$

进水孔尺寸采用：$B_1 \times H_1 = 1200mm \times 1000mm$

进水孔格栅尺寸选用：$B \times H = 1300mm \times 1100mm$（标准尺寸）

② 格网尺寸计算。采用平板格网，过网流速采用 0.4m/s，网眼尺寸采用 5mm×5mm，网丝直径 $d = 2$mm。

格网网丝引起的面积减少系数

$$K_1 = \frac{b^2}{(b+d)^2} = \frac{5^2}{(5+2)^2} \approx 0.51$$

取格网阻塞后面积减小系数 $K_2 = 0.5$，水收缩系数 $\varepsilon = 0.8$，通过格网的流速为 $v_1 = 0.4$m/s，则

$$F_1 = \frac{Q}{v_1 \varepsilon K_1 K_2} = \frac{0.7899}{0.4 \times 0.8 \times 0.51 \times 0.5}m^2 = 9.68m^2$$

设置 4 个格网，同样三用一备，每个格网所需要的面积为

$$F' = \frac{9.68}{3}m^2 = 3.22m^2$$

则进水部分的尺寸为 $B_2 \times H_2 = 1750mm \times 2000mm$

格网标准尺寸为 $B \times H = 1880mm \times 2130mm$（标准尺寸）

实际通过格网的流速：

$$v_1 = \frac{Q}{F'_1 \varepsilon K_1 K_2} = \frac{0.7899}{3 \times 3.5 \times 0.8 \times 0.51 \times 0.5} \text{m/s} \approx 0.37 \text{m/s}$$

通过平板格网的水头损失一般采用 $0.1 \sim 0.2$m，设计采用 0.2m。

③集水井布置。集水井用隔墙分成4格，集水井进水窗口设上下2层，每层设4个窗口。进水孔上设平板闸板及平板格栅，两者共槽；吸水间下层设平板格网，每格一个。

4）高程计算。下层进水孔上缘标高为最低水位减去冰层厚度，再减去 0.2m：

$$91.00 - 0.5 - 0.2 \text{m} = 90.30 \text{m}$$

下层进水孔下缘距河床底面不小于 0.5m，设计取 0.7m；上层进水孔上缘在最高洪水位以下 1.0m；浪高 0.4m，超高取 0.5m。

5）起吊设备、排泥与启闭设备。集水井沉降的泥沙，用排泥泵排除，采用2PN型泥浆泵抽吸。其性能为：$Q = 30 \sim 58 \text{m}^3/\text{h}$，$H = 22 \sim 17$m，$n = 1450\text{r/min}$，轴功率 $N = 5.45 \sim 6.98$kW，配套电动机功率 $N_d = 10$kW，效率 $\eta = 33\% \sim 39\%$。为提高排泥效率，在井底设穿孔冲洗管，利用高压水力边冲洗边排泥。

在进水孔上设平板闸门或平板格栅，格网进水孔上设平板格网，隔墙下部连通管上设蝶阀，格栅及格网以操作器开启。

起吊设备设于集水井上的平台上，用以起吊格栅、格网、闸门等。选用SC型手动单轨小车起吊，起质量1t，起升高度 $3 \sim 12$m。

6）防冰措施。为防止格栅被冰絮粘附而结冰，影响进水，栅条用空心栅条，在结冰期、风浪大易产生冰絮的季节，可将热水或蒸汽通过栅条，加热格栅，防止结冰。在流冰期，防止流冰破坏取水口，应在进水口前设破冰设施。

7）取水泵房设计。

①水泵选择。水泵选用4台，1台备用，3台工作。由河流最枯水位至水厂稳压井高差20m，选用14sh-19A型卧式离心泵，其性能为：$Q = 864 \sim 1296 \text{m}^3/\text{h}$，$H = 26 \sim 16.5$m，$n = 1450\text{r/min}$，轴功率 $N = 76.5 \sim 80$kW，配套电动机功率 $N_d = 110$kW，型号为Y315S-4。水泵采用无底座安装方式，安装尺寸为 $B_3 \times L_3 = 1300\text{mm} \times 2500\text{mm}$。

②泵房布置。吸水间容积为一台泵30s的流量：

$$V = Qt = 0.7899 \times 30 \text{m}^3 = 23.697 \text{m}^3$$

吸水间水面高度为 90.00m，泵房池底标高 87.60m，则

吸水间平面面积为　　　　$S = 23.697/2.40 \text{m}^2 = 9.87 \text{m}^2$

每格吸水间面积为　　　　$S_1 = \frac{9.87}{3} \text{m}^2 \approx 3.3 \text{m}^2$

所以取每格吸水间长度为 $L_1 = 3.3$m，则每格吸水间宽度为1m。

则泵房长度为 $L = 4L_1 + 0.24 \times 3 \text{m} + 0.36 \times 2 \text{m} = 14.64 \text{m}$，取 $L = 15.00$m。

泵房宽度 $B = 2B_3 + 2 \times 1.00 \text{m} + 2.60 \text{m} = 7.20 \text{m}$

③泵房地面层的设计标高。泵房地面层的设计标高，又称泵房顶层进口平台，与集水井平台一致，为 98.80m，室内地面标高 99.20m。

④泵房的起吊、通风、交通和自控设计。泵房深度在20m以内，采用一级吊装，最大起重设备电动机重 0.912t，选用CD11-12D型电动葫芦，起质量为1t。

因泵房深度较大，采用自然进风，机械排风方式。

泵站内交通采用楼梯上下维护与检修，上层设走道板，楼梯至下层设走道板，再以小梯子连接至泵房底地面。

取水泵房在地面层设自控室、值班室、高低压配电室、生活间等。

⑤ 泵房的防渗和抗浮设计。泵房井壁及井底进行防水处理，防止渗透。泵房受河水及地下水很大的浮力，采用以下抗浮措施：加大泵房的自重；将泵房底部打入锚桩与基岩锚固；在运行时，不在高水位时对集水井进行排泥冲洗。

3.2.2　斗槽式取水构筑物

在岸边设置斗槽取水的设施，称之为斗槽式取水构筑物。斗槽是在河流岸边用堤坝围成，或在岸上开挖进水槽。由于斗槽中水流流速缓慢，进入斗槽水中的泥沙就会沉淀，水中的冰絮就会上浮，因而减少了进入取水口的泥沙和冰絮。斗槽式取水构筑物适宜在河流含沙量大、冰情严重、取水量较大的河流段取水。黄河水系常采用这种取水方式。

1. 斗槽式取水构筑物的型式

斗槽式取水构筑物建造在河流凹岸靠近主流的岸边处，以便利用河水水力冲洗斗槽内沉积泥沙。但由于斗槽取水构筑物施工量大、造价高、排泥困难，近年来较少采用。

按照斗槽内水流方向与河流流向的关系，可分为顺流式斗槽（图3-25a）、逆流式斗槽（图3-25b）和双流式斗槽（图3-25c）。

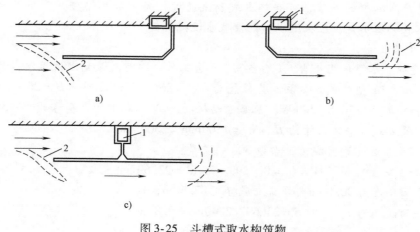

图3-25　斗槽式取水构筑物

a）顺流式　b）逆流式　c）双流式

1—取水口　2—下层水流

顺流式斗槽内水流方向与河流水流方向一致，适用于含泥沙量较高、冰凌情况不严重的河流。由于斗槽中水流速度小于河水流速，河水正向流入斗槽时，一部分动能迅速转化为位能，在斗槽进口处形成壅水和横向环流，迫使含有浮冰絮的河流表层水进入斗槽。斗槽的轴线与水流方向之间的夹角越小越好。

逆流式斗槽内水流方向与河流水流方向相反，适用于冰凌情况严重、含泥沙量较少的河流。当水流顺着斗槽堤坝流过进水口时，受到抽吸作用形成水位跌落，会使斗槽内水位低于河流水位而产生横向环流，含有泥沙较多的底流进入斗槽，可在进水口处设置调节闸板，或在进水口前设置底面比斗槽进水口还低的斜槽。

双流式斗槽兼具顺流式和逆流式斗槽的特点，当夏秋洪水季节河水含泥沙量较高时，开上游端阀门，顺流进水。当冬季冰凌情况严重时，则开下游端阀门，逆流进水。

2. 斗槽设计

斗槽工作室的大小，应根据在河流最低水位时，能保证取水构筑物正常工作，使潜冰上浮，泥沙沉淀，水流在槽中有足够的停留时间等因素进行计算。另外，还应考虑挖泥船能进入工作。

（1）主要设计参数 槽底泥沙淤积高度一般为 0.5 ~ 1.0m；槽中的冰盖厚度一般为河流冰盖厚度的 1.35 倍；槽中最大设计流速可按表 3-6 取值，一般采用 0.05 ~ 0.15m/s。

表 3-6 斗槽中最大设计流速

取水量/(m³/s)	最大设计流速/(m/s)	取水量/(m³/s)	最大设计流速/(m/s)
<5	≤0.10	10 ~ 15	≤0.20
5 ~ 10	≤0.15	>15	≤0.25

以最低水位及最大沉积层的情况计算，在斗槽中的停留时间应不小于 20min。

（2）预沉池设计 斗槽预沉池的深度、宽度和长度除满足预沉泥沙的要求外，还要在冬季流冰期河水低水位时，使进入斗槽的水中冰絮上浮于冰盖或水面，且将冰絮截流在取水泵房之前。

1）预沉池的深度。预沉池的深度 h 可按下式计算：

$$h = Z + 1.35\delta + h_1 + D + h_2 \tag{3-18a}$$

式中 h——工作室深度（m）；

Z——斗槽入口处的水位差（m）；

$$Z = \frac{v_0^2}{2g}\sin^2\frac{\theta}{2} \tag{3-18b}$$

v_0——河水平均流速（m/s）；

θ——斗槽中水流方向与河中水流方向的分叉角（°）；

δ——河流中冰盖最大厚度（m）；

D——进水孔孔口高度（m）；

h_1——进水孔孔口顶边至冰盖下的距离（m）；

h_2——进水孔孔口底栏高度，一般采用 0.5 ~ 1.0m。

2）预沉池宽度。预沉池宽度 B 按下式计算：

$$B = \frac{Q}{vh} \tag{3-19}$$

式中 B——斗槽宽度（m）；

Q——斗槽中的流量（m³/s）；

v——斗槽中的设计流速（m/s）。

3）预沉池长度。一般使用前苏联沙夫诺夫的经验公式，按照浮冰上浮的要求计算斗槽预沉池的长度，公式为

$$L = \frac{kh_3 v_p}{u} \tag{3-20}$$

式中　L——除冰的斗槽预沉池长度（m）；

　　　h_3——当河水为计算水位时，斗槽预沉池中的水深（m）；

　　　u——冰絮上浮速度，平均上浮速度为 $0.002 \sim 0.005 \mathrm{m/s}$；

　　　k——考虑到流冰期长短、斗槽内紊流的影响以及冰絮上浮至冰盖下均需占有一定的斗槽容积等因素而采取的安全系数，一般采用 $2 \sim 3$；

　　　v_p——斗槽内最不利情况下的水平平均流速（m/s）。

　　另外，可按沉淀泥沙的要求计算 L，计算公式为

$$L = 1.4 \frac{\varphi v_p'}{\mu} \tag{3-21}$$

式中　φ——斗槽内流速不均匀系数，一般顺流式宜采用 2.0，逆流式宜采用 1.5；

　　　v_p'——洪水期槽中平均流速（m/s）；

　　　μ——斗槽内泥沙的沉降速度（m/s），一般大于 $0.15 \sim 0.20 \mathrm{mm}$ 的泥沙应在斗槽中沉淀。

【例 3-5】　北方某地黄河水厂，设计为逆流式斗槽取水，斗槽水深为 $2.15 \mathrm{m}$，冰絮上浮速度为 $0.003 \mathrm{m/s}$，斗槽内平均流速为 $0.086 \mathrm{m/s}$，$k = 3$，求斗槽预沉池下游段长度。

【解】

$$L = \frac{kh_3 v_p}{u} = \frac{3 \times 2.15 \times 0.086}{0.003} \mathrm{m} = 184.9 \mathrm{m}$$

设计中可取 $190 \mathrm{m}$。

3. 斗槽中泥沙的清除

　　沉积在斗槽中的泥沙要及时清除，以保证斗槽具有正常的过水断面和有效容积，防止沉淀物腐化和增加清淤难度。当斗槽为双向式有闸板控制时，可以引河水清除淤泥，其他形式则需要使用清泥设备如泥沙泵、吸泥船等。

　　泥沙淤积量可用下式计算：

$$V = \frac{QtPW}{\gamma} \tag{3-22}$$

式中　V——泥沙淤积量（m³）；

　　　Q——设计取水量（m³/d）；

　　　t——斗槽清淤周期（d）；

　　　P——水流含沙量（kg/m³）；

　　　W——斗槽中泥沙下沉的百分比（%）；

　　　γ——泥沙密度（kg/m³）。

3.2.3　江心河床式取水构筑物

　　江心河床式取水构筑物是将取水头部深入江河、湖泊中，原水通过进水管流入集水井或水泵直接吸水的取水构筑物，适用于河床稳定、河岸平坦、枯水期主流离岸较远、岸边水深不够或水质不好而河中又具有足够水深或较好水质的取水条件。

1. 河床式取水构筑物的基本型式

江心河床式取水构筑物由取水头部、进水管、集水井和泵房组成，其中集水井与泵房和岸边式基本相同。河水经取水头部的进水孔流入，通过进水管流至集水井，然后由水泵提升。

江心式取水构筑物分为进水头式和桥墩式。进水头式取水构筑物又可分为自流管取水、虹吸管取水、水泵直接取水等方式。

（1）自流管取水　取水的自流管淹没在水中，河水靠重力自流入集水井。该方式供水安全性较高，但敷设自流管时，开挖土石方量较大，适用于自流管埋深不大或者在河岸可以开挖隧道以敷设自流管的场合。

自流管取水构筑物有集水井与泵房合建式以及集水井与泵房分建式，如图 3-26 和图 3-27 所示。

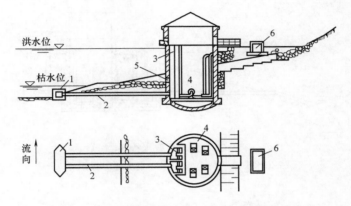

图 3-26　自流管取水构筑物（集水井与泵房合建）
1—取水头部　2—自流管　3—集水井　4—泵房　5—进水孔　6—阀门井

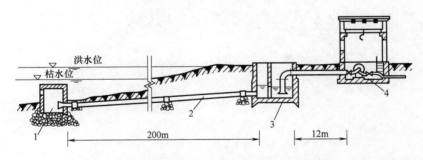

图 3-27　自流管取水构筑物（集水井与泵房分建）
1—取水头部　2—自流管　3—集水井　4—泵房

当河流水位变幅较大，且洪水期历时较长，水中含沙量较高时，可在集水井壁上开设进水孔，避免底层泥沙进入集水井，或设置高位自流管，以取得上层含沙量较少的水。

管内流速一般不宜小于 0.6m/s，以防管道淤积，必要时应考虑清淤措施。自流管根数应根据取水量、管材、施工条件、操作运行要求等因素，按最低水位通过水力计算确定。自流管一般不得少于 2 根，当事故停用一根时，其余管道仍能满足事故设计流量要求（一般为最大设计流量的 70% ~75%）。只有在对取水安全性要求相对较低、允许短时间停水的情况下，可采用一根自流管。

自流管一般埋设在河底以下，管顶最小埋深一般应在河底以下 0.5m。当敷设在有冲刷可能的河床时，管顶最小埋深应设在冲刷深度以下 0.25 ~ 0.3m。

自流管常用管材有钢管和钢筋混凝土管等。

（2）虹吸管取水　当河水水位高于集水井水位，在河滩宽阔、河岸较高、河床地质坚硬或管道需穿越防洪堤时，可采用虹吸管取水。由于具有一定的虹吸高度，虹吸管与自流管相比降低了管道埋深，可减少水下土石方量，缩短工期，节约投资。

图 3-28 所示为虹吸式取水构筑物。虹吸管一般采用钢管。河水通过虹吸管进入集水井中，然后由泵抽走。虹吸管构造如图 3-29 所示，当河水水位高于虹吸管顶部时，无需抽真空即可自流进水；当河水水位低于虹吸管管顶时，需先将虹吸管抽真空方可进水。总虹吸高度可采用 4 ~ 6m，最大不应超过 7m。虹吸管末端应伸入集水井最低动水位以下 1.0m。

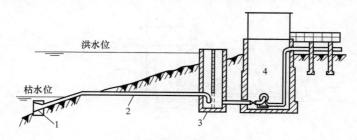

图 3-28　虹吸式取水构筑物
1—取水头部　2—虹吸管　3—集水间　4—泵房

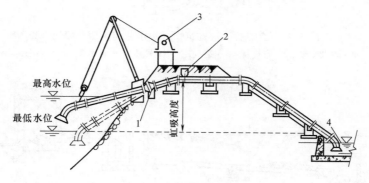

图 3-29　虹吸管示意图
1—活动接头　2—真空系统　3—卷扬机　4—集水井

虹吸管的数量及其管径，根据最低水位，通过水力计算确定。其数量不宜少于两条。当一条管道停止工作时，其余管道的通过流量应满足事故用水要求。虹吸管的设计流速可采用 1.0 ~ 1.5m/s，最小流速不宜小于 0.6m/s，必要时采取清淤措施。

虹吸管对管材及施工质量要求较高，运行管理要求严格，可靠性低于自流管。为保证虹吸系统运行的安全，必须设置可迅速形成真空的抽气系统，并确保虹吸管严格密封。

（3）水泵直接取水　直吸式取水构筑物适用于取水量小、河道水质良好、含泥沙、漂浮物少的河段，如图 3-30 所示。当河流水位变幅大于 10m，尤其是骤涨骤落（水位变幅大于 2m/h）时，可采用深井泵房直吸式取水构筑物，如图 3-31 所示。深井泵房操作室可设于地面或洪水位以上，水泵采用防沙潜水泵，取水口采用斜板式取水头部。

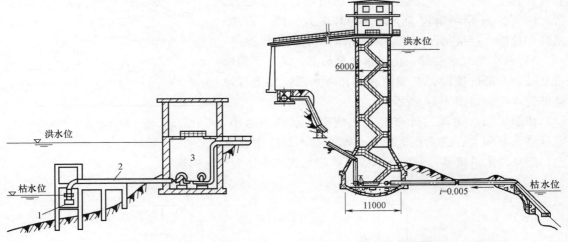

图 3-30　直接取水构筑物　　　　　　　　图 3-31　深井泵房直吸式取水构筑物
1—取水头部　2—水泵吸水管　3—泵房

　　直吸式取水构筑物的特点是水泵吸水管直接吸取河流中的水，省去了集水井，无滤网设备，但要求吸水管不能太长，且接头严密。由于可以利用水泵吸水高度，从而减少了泵房深度，结构简单，施工方便，造价较低。

2. 取水头部设计

　　取水头部的形状对泥沙和杂草的进入有较大影响，合理的形状应结构稳定，便于施工，能够有效减少泥沙和杂草进入，并对周围水流的破坏和扰动最小。

　　（1）取水头部的形式　取水头部的形式主要有管式、蘑菇形、鱼形罩、箱式、斜板式等。

　　1）管式取水头部。管式取水头部又称喇叭管取水头部，如图 3-32 所示。管式取水头部是设有格栅的金属喇叭管，用桩架或支墩固定在河床上。这种取水头部构造简单，造价较低，施工方便，适用于不同的取水规模。其喇叭口上需要设置格栅或其他拦截粗大漂浮物的装置。格栅的进水流速一般不宜过大，必要时还应考虑有反冲或清洗设施。顺流式管式取水头部一般用于泥沙和漂浮物较多的河流；水平管式取水头部一般用于纵坡较小的河段；喇叭口垂直向上式取水头部一般用于河床较陡、河水较深处，无冰凌、漂浮物较少，但推移质较多的河流；喇叭口垂直向下式取水头部一般用于直吸式取水泵房。

　　2）蘑菇形取水头部。图 3-33 所示为蘑菇形取

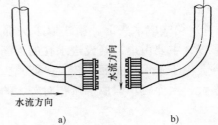

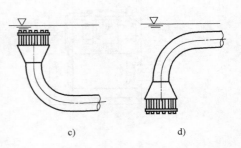

图 3-32　管式取水头部
a）顺流式　b）水平式
c）垂直向上式　d）垂直向下式

水头部，适用于中小型取水构筑物。它是一个向上的喇叭管，其上再加一个金属帽盖。河水由帽盖底部流入，带入的泥沙及漂浮物较少。帽盖为装配式，便于拆卸、吊装和检修，但头部高度较大，要求河道有一定水深。

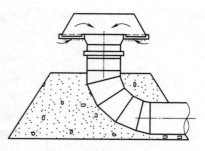

图 3-33　蘑菇形取水头部

3）鱼形罩取水头部。鱼形罩取水头部，是一个两端带有圆锥头部的圆筒，在圆筒表面和背水圆锥面上开设圆形进水孔，如图 3-34 所示。

鱼形罩取水头部的外形趋于流线型，水流阻力小，而且进水面积大，进水孔流速小，漂浮物不易吸附在罩上，能减轻水草堵塞，适用于水泵直接吸水式的中小型取水构筑物。

图 3-34　鱼形罩式取水头部

4）箱式取水头部。箱式取水头部适于中小型取水构筑物，其平面形状有圆形、矩形、菱形等，主要由周边开设进水孔的钢筋混凝土箱组成，如图 3-35 所示，箱体可以采用预制构件。由于进水孔总面积较大，能减少冰凌和泥沙进入量，所以适用于冬季冰凌较多或含沙量不大，水深较小但取水量相对较大的河流。

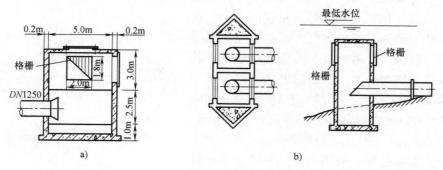

图 3-35　箱式取水头部

a）圆形　b）菱形

5）侧向流斜板式取水头部。侧向流斜板式取水头部适用于粗颗粒泥沙较多的河流，不能设于河流的回水区。斜板式取水头部如图 3-36 所示，它是在取水头部设置斜板，河水经过斜板时，粗颗粒泥沙沉淀在斜板上，并滑落至河底，被河水冲走。侧向流斜板过水断面的平均水流速度一般可采用 0.10 ~ 0.15m/s，斜板的垂直间距为 20 ~ 40mm，斜板长度不小于 2m，宽度 0.3 ~ 0.5m，斜板与水平面的倾角为 50° ~ 60°。斗式排泥装置的排泥口与河床的垂直距离不能小于 0.5m，安装时需要考虑河床的变化，防止因河床升高堵塞排泥口。

　　6）桩架式取水头部。桩架式取水头部是把取水头部水平或向下弯曲安装固定，在其周围打上木桩或钢筋混凝土桩，并在桩架周围用格网护卫，防止漂浮物进入，如图 3-37 所示。适用于河床地质易于打桩和水位变化不大的河流。

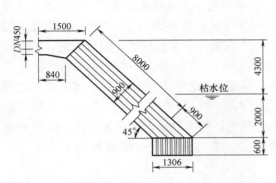

图 3-36　斜板式取水头部

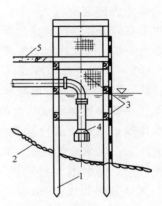

图 3-37　桩架式取水头部

1—钢筋混凝土桩　2—抛石护坡　3—防护网
4—取水头部　5—走道板

　　7）锯齿式取水头部。锯齿式取水头部呈锯齿状，锯齿斜面跟垂直面的夹角一般为 45°，锯齿间距为 35 ~ 60mm，圆形取水孔的直径为 10 ~ 20mm。如图 3-38 所示，利用锯齿形和水流速度可防止漂浮物进入取水口。该取水头部适用于水流中杂草等漂浮物较多、流速大于 0.4m/s 的河流，尤其是山区河流，但需要注意避开回流区。锯齿段也可用于岸边式取水构筑物的集水井、蘑菇形和箱式取水头部的取水孔口。

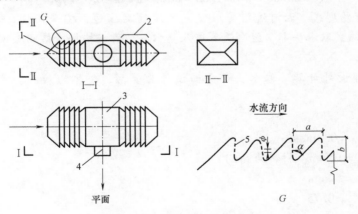

图 3-38　踞齿式取水头部

1—菱形迎水面　2—锯齿段　3—集水段　4—出水段　5—取水孔

（2）取水头部的设计　取水头部的设计，应尽量减少取水头部吸入泥沙和漂浮物，防止水流对周围河床的冲刷，避免船只和木排与取水头部碰撞，防止冰凌堵塞和冲击，便于施工，便于清洗、检修。设计时应满足以下要求：

为了减少取水头部对水流的阻力，取水头部迎水面宜设计成流线型，并使取水头部长轴与水流方向一致，常用的形状有菱形、椭圆形和尖圆形等。对于主流方向可能变动的河流，则常采用圆形，以适应水流方向的改变。

取水头部宜分设两个或分成两格，集水井应分成数格以利清洗。漂浮物多的河道，相邻头部在沿水流方向宜有较大间距。

取水头部应设在稳定河床的深槽主流，有足够的水深处。为避免推移质泥沙和浮冰、漂浮物进入取水头部，河床式取水头部侧面进水孔的下缘距河床高度不得小于 0.50m，上缘在最低水位以下 0.5～1.0m，冰盖底面以下 0.2～0.3m。当水深较浅、水质较清、河床稳定、取水量不大时，其下缘距河床高度可减至 0.30m；顶部进水孔高出河底的距离不得小于 1.0m。

进水孔一般布置在取水头部的侧面和下游面。当漂浮物较少和无冰凌时，也可布置在顶面。取水构筑物取水头部进水孔应设置粗格栅。进水孔的过栅流速，根据水中漂浮物的数量、有无冰絮、取水点的流速、取水量大小等因素确定。流速过大，易带入泥沙、杂草和冰凌；流速过小，又会增大进水孔和取水头部的尺寸，增加造价。一般有冰絮时为 0.1～0.3m/s，无冰絮时为 0.2～0.6m/s。

【例3-6】　设计一座取水量 6.5 万 m^3/d 的河床式取水构筑物，采用箱式取水头部，自流管进水。河流最大流量 27000m^3/s，最小流量 520m^3/s，最小水深为 3.80m；取 $P=1\%$ 的河流设计洪水位为 35.40m，取水保证率为 97% 的设计最低水位为 20.50m。河水中有一定数量的水草及青苔，无冰絮，最大含沙量为 0.47kg/m^3；最小含沙量为 0.015kg/m^3。河流岸坡平缓，主流离岸边约 90m 处。水泵所需扬程 26m。

【解】

1）设计流量：
$$Q = 65000m^3/d \times 1.05 = 68250m^3/d = 0.7899m^3/s$$

2）取水构筑物型式。因河流河岸较缓，主流远离岸边，宜采用固定式河床取水构筑物。河心处采用箱式取水头部，经自流管流入集水井，再经格栅、格网截留杂质后，用离心泵送出。

3）取水头部设计计算。取水头部平面设计为菱形，整体为箱式。尖角取 90°，侧面进水。

① 格栅计算：

进水流速：$v_0 = 0.3m/s$。

栅条厚度：$s = 10mm$，材料为扁钢。

栅条净距：$b = 50mm$。

阻塞系数：$K_2 = 0.75$。

面积减少系数：$K_1 = \dfrac{b}{b+s} = \dfrac{50}{50+10} = 0.833$

进水孔面积：$F_0 = \dfrac{Q}{K_1 K_2 v_0} = \dfrac{0.7899}{0.833 \times 0.75 \times 0.3}m^2 = 4.21m^2$

进水口数量选用 4 个，每个面积为：$F = \dfrac{F_0}{4} = \dfrac{4.21}{4}\text{m}^2 = 1.053\text{m}^2$

每个进水口尺寸为：$B_1 \times H_1 = 1400\text{mm} \times 800\text{mm}$

格栅标准尺寸：$B \times H = 1500\text{mm} \times 900\text{mm}$

② 取水头部构造尺寸：

最小淹没水深：$h' = 1.25\text{m}$，与河流通航船只吃水深度有关。

进水口下缘距河底：$h' = 1.45\text{m}$，为避免泥沙进入取水头部。

进水箱体埋深：$h' = 1.4\text{m}$，与该处河流冲刷程度有关。

箱体尺寸如图 3-39 所示，箱体外最低水位时水深 3.80m。

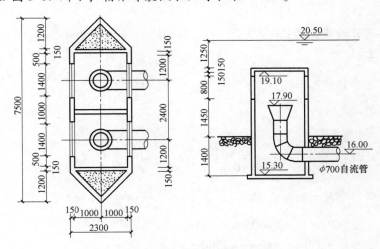

图 3-39 箱式取水头部设计尺寸

4）自流管设计计算。

自流管设计为两条，每条设计流量：$q = \dfrac{Q}{2} = \dfrac{0.7899}{2}\text{m}^3/\text{s} \approx 0.39\text{m}^3/\text{s}$

初选自流管流速：$v' = 1.2\text{m/s}$

初步计算直径为：$D = \sqrt{\dfrac{4q}{\pi v}} = \sqrt{\dfrac{4 \times 0.39}{\pi \times 1.2}}\text{m} = 0.64\text{m}$，取 $D = 0.7\text{m}$。

自流管实际流速为：$v = \dfrac{4 \times q}{\pi \times D^2} = \dfrac{4 \times 0.39}{\pi \times 0.7^2}\text{m/s} = 1.0\text{m/s}$

自流管损失按 $h_w = h_f + h_j$ 计算，其中：$h_f = il = 0.00126 \times 90\text{m} \approx 0.11\text{m}$。

各局部阻力系数为：喇叭口 $\xi_1 = 0.1$，焊接弯头 $\xi_2 = 1.01$，蝶阀 $\xi_3 = 0.2$，出口 $\xi_4 = 0.1$，局部阻力损失为：$h_j = (0.1 + 1.01 + 0.2 + 1.0) \times \dfrac{1^2}{2 \times 9.81}\text{m} \approx 0.12\text{m}$。

则管道总损失为：$h_w = h_f + h_j = (0.11 + 0.12)\text{m} = 0.23\text{m}$。

考虑以后淤积等原因造成管道阻力增大，为避免因此造成流量降低，管道总损失采用 0.3m。

当一根自流管发生故障时，另一根应能通过设计流量的 70%，即 $Q' = 0.7Q = 0.7 \times 0.7899\text{m}^3/\text{s} = 0.55\text{m}^3/\text{s}$，此时管中流速为

$$v = \dfrac{4 \times Q'}{\pi \times D^2} = \dfrac{4 \times 0.55}{\pi \times 0.7^2}\text{m/s} = 1.43\text{m/s}$$

故障时水头损失为：$h_f' = il = 0.00239 \times 90\,m = 0.22\,m$

$$h_j' = (0.1 + 1.01 + 0.2 + 1.0) \times \frac{1.43^2}{2 \times 9.81}\,m \approx 0.24\,m$$

$$h_w' = h_f' + h_j' = (0.22 + 0.24)\,m = 0.46\,m$$

考虑阻力增加因素，总水头损失采用 0.5m。

管道冲洗：

采用反向冲洗法。将集水井的一个分格冲水至最高位，然后迅速打开自流管上的闸门，利用集水井与河流形成的较大水头差来进行冲洗，但不宜在河流水位较高时冲洗。

5）集水井计算。

①格网计算。

采用平板格网；过网流速：$v_1 = 0.3\,m/s$；网眼尺寸：$5mm \times 5mm$。

网丝直径：$d = 1mm$。

格网面积减少系数：$K_1 = \dfrac{b^2}{(b+d)^2} = \dfrac{5^2}{(5+1)^2} = 0.694$

格网阻塞系数：$K_2 = 0.5$

水流收缩系数：$\varepsilon = 0.7$

格网面积：$F_1 = \dfrac{Q}{K_1 K_2 v_1 \varepsilon} = \dfrac{0.7899}{0.694 \times 0.5 \times 0.3 \times 0.7}\,m^2 = 10.84\,m^2$

设置四个格网，则每个格网面积为：$F = \dfrac{F_1}{4} = \dfrac{10.84}{4}\,m^2 = 2.71\,m^2$

则进水口尺寸为：$B_1 \times H_1 = 1800mm \times 1600mm$

格网标准尺寸为：$B \times H = 1900mm \times 1700mm$

②集水井平面布置。集水井分为两格，两格间设置连通管，安装阀门。

③集水井的标高计算。

a. 顶面标高。当采用非淹没式时，集水井顶面标高 = 1% 洪水位 + 浪高 + 0.5m，即：

$$H_a = (35.40 + 0.4 + 0.5)\,m = 36.30\,m$$

b. 集水井最低动水位。集水井最低动水位为 97% 枯水位减去取水头部到集水井的管段水头损失，再减去格栅水头损失：

$$H_b = (20.50 - 0.3 - 0.1)\,m = 20.10\,m$$

c. 吸水间最低动水位。为集水井最低动水位标高减去集水井到吸水间的平板格网水头损失：

$$H_c = (20.10 - 0.2)\,m = 19.90\,m$$

d. 集水井底部标高。平板格网净高为 1.70m，其上缘应淹没在吸水间动水位以下，取 0.1m，其下缘应高出地面，取 0.2m，则集水井地面标高为

$$(19.90 - 0.1 - 1.7 - 0.2)\,m = 17.90\,m$$

集水井深度校核：

当自流管用一根管输送时，$Q' = 0.7Q = 0.7 \times 0.7899\,m^3/s = 0.55\,m^3/s$，$v = \dfrac{4 \times Q'}{\pi \times D^2} = \dfrac{4 \times 0.55}{\pi \times 0.7^2}\,m/s = 1.43\,m/s$；水头损失为 $h_w' = 0.5\,m$，此时吸水间最低水位为

$$(20.50 - 0.5 - 0.1 - 0.2)\text{m} = 19.70\text{m}$$

吸水间最小水深为吸水间最低水位减去吸水间（集水井）池底标高：$(19.70 - 17.90)\text{m} = 1.80\text{m}$

满足水泵吸水要求。

④ 格网起吊设备

起吊设备设于集水井上的平台上，用以起吊格栅、格网、闸门等。选用 SC 型手动单轨小车起吊，起质量 1t。

选用 CD11-24D 型电动葫芦，起吊质量为 1t，起吊高度为 24m。

6）取水泵房设计。

① 水泵选择。水泵选用 4 台，1 台备用，3 台工作，由河流最枯水位至水厂稳压井高差 26m，选用 14sh-19 型卧式离心泵，其性能为：$Q = 971 \sim 1440\text{m}^3/\text{h}$，$H = 32 \sim 22$，$n = 1450\text{r/min}$，轴功率 $N = 95.7 \sim 102\text{kW}$，配套电动机功率 $N_\text{d} = 132\text{kW}$，型号为 Y315M-4。水泵采用无底座安装方式，则安装尺寸为 $B_3 \times L_3 = 1000\text{mm} \times 2600\text{mm}$。

② 泵房布置。

吸水间容积：

$$V = Qt = 0.7899\text{m}^3/\text{s} \times 30\text{s} = 23.697\text{m}^3$$

吸水间最低动水位时水深为 1.80m，则

吸水间平面面积为 $S = 23.697 \div 1.80\text{m}^2 = 13.17\text{m}^2$

每格吸水间面积为 $S_1 = \dfrac{13.17}{2}\text{m}^2 = 6.59\text{m}^2$

所以取每格吸水间长度为 $L_1 = 4.0\text{m}$，则每格吸水间宽度为 1.7m。

则泵房长度为

$$L = 2L_1 + (0.24 \times 3 + 0.36 \times 2)\text{m} = 9.44\text{m}, \text{取} L = 10\text{m}。$$

泵房宽度：

$$B_\text{总} = 2B_3 + (2 \times 1.0 + 2.6)\text{m} = 8.0\text{m}$$

③ 泵房地面层的设计标高。泵房地面层的设计标高，又称泵房顶层进口平台，与集水井平台一致，为 36.30m，室内地面标高 36.60m。

④ 泵房的起吊、通风、交通和自控设计。泵房深度在 20m 以内，采用一级吊装，最大起重设备电动机重 1.048t，选用 CD12-24 型电动葫芦，起质量为 2t。

其他设计同例 3-4。

⑤ 泵房的防渗和抗浮设计。同例 3-4。

3.3 移动式取水构筑物

当江河水位变幅较大，水位涨落速度不大，且水流不急、要求施工周期短和建造固定式取水构筑物有困难时，可考虑采用缆车或浮船等移动式取水构筑物。移动式取水构筑物与固定式取水构筑物相比，造价低，投资省，但供水安全性低，不方便管理。为供水安全和管理方便，应尽可能采用固定式取水构筑物。

3.3.1 浮船式取水构筑物

浮船式取水构筑物是用于集取表层水的取水构筑物，无复杂的水下工程，具有投资少、建设快、易于施工，有较强的适应性和灵活性，能取得泥沙含量少的表层水等优点，在我国南方地区应用较为广泛；但也存在当河流水位涨落时需要移动船位，船体维修养护频繁，怕冲撞，对风浪适应性差，检修麻烦，供水可靠性差等缺点。

1. 适用场合与选址

（1）适用场合 浮船式取水构筑物适用于以下情况：

1）水位变化幅度在 10～35m，涨落速度小于 2m/h，枯水期水深大于 1.5m 或不小于两倍浮船深度，河道水流平稳，风浪较小，停泊条件较好的江河水取水。

2）临时供水的取水构筑物或允许断水的永久性取水构筑物。

3）资金短缺，难以修建固定式取水构筑物时。

（2）取水构筑物选址 浮船式取水构筑物的位置，除了满足地表水取水构筑一般的选址要求以外，还应注意以下问题：

1）应选择在河岸较陡和停泊条件良好的地段。

2）应设在水流平缓，风浪小，河道平直，水面开阔，漂浮物少，无冰凌的河段上；应避开急流、顶冲点和大风浪区，并与航道保持一定距离；不宜选择洪水期有漫坡或枯水位出现浅滩和水脊的地段。

3）尽量避开分岔河道的汇合口。取水点应为微冲不淤河段，并有足够的水深。从凹岸取水时，凹岸不能太弯曲，以免流速大，冲刷严重。

4）在通航及放筏的河流中，船位与航道或水流中心应保持一定的距离。

5）为了便于浮船定期检修，应考虑附近有平坦河岸可供作检修场地的地段。

2. 浮船式构筑物的构造

浮船式取水构筑物将水泵布置在浮船上，水泵出水管与岸边输水管道通过活动式联络管连接，其构造如图 3-40 所示。

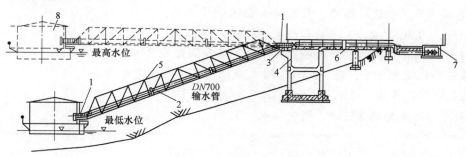

图 3-40　浮船式取水构筑物

1—橡胶管　2—输水管　3—滚动支座　4—支墩　5—桁架　6—引桥　7—阀门井　8—浮船

（1）浮船与水泵设置 浮船的数量，根据供水规模、联络管的接头形式及有无安全贮水池等因素综合考虑确定。当设有足够容量的调节水池或采用摇臂式连接时，可设置一条浮船。无调节池时，至少有两条浮船，每船的供水能力，按一条船事故时，仍能满足事故水量设计，城镇的事故水量按设计水量的 70% 计算。

浮船一般设计成平底囤船形式，平面为矩形，断面为矩形或梯形。浮船尺寸应根据设备及管路布置，操作及检修要求，浮船的稳定性等因素确定。目前一般船宽多在 5～6m，船长与船宽之比为 2:1～3:1，吃水深 0.5～1.0m，船体深 1.2～1.5m，船首尾的甲板长度为 2～3m。

浮船上的水泵布置，除考虑布置紧凑、操作检修方便外，还应特别注意浮船的平衡与稳定性。当每条浮船上水泵不超过 3 台时，水泵机组在平面上常成纵向排列，该方式管理简单，水力条件好，是一种常见的布置形式，如图 3-41a 所示。也可成横向布置，该布置方式较紧凑，船体宽大，稳定性好，但管路复杂，操作不便，水力条件不如纵向布置，如图 3-41b 所示。

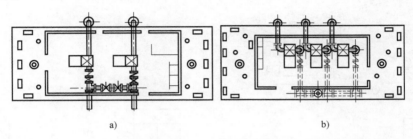

图 3-41　取水浮船平面布置

a）纵向布置　b）横向布置

水泵竖向布置一般有上承式和下承式两种，如图 3-42 所示。上承式的水泵机组安装在甲板上，设备安装和操作方便，船体结构简单，通风条件好，适用于各种船体，故常采用，但船的重心较高，稳定性差，振动较大。下承式的水泵机组安装在船体骨架上，其优缺点与上承式相反，吸水管需穿过船舷，仅适用于钢板船。

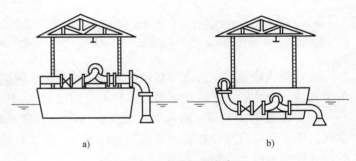

图 3-42　取水浮船竖向布置

a）上承式　b）下承式

当机组容量较大、台数较多时，宜采用下承式机组设备间。

水泵的选择，常选用特性曲线较陡的水泵，使之能在较长时间内都在高效区运行，或根据水位变化更换水泵叶轮。

（2）浮船与输水管的连接　浮船出水管与输水管的连接方式主要有阶梯式活动连接和摇臂式活动连接。其中以摇臂式活动连接适应水位变幅最大。浮船取水最早采用结构简单的阶梯式活动连接，该方式洪水期移船频繁，操作困难，供水安全性差。摇臂式活动连接不需或少拆换接头，不用经常移船，管理简单，供水安全性高，适用于水位猛涨猛落的河流，使用较为广泛。

摇臂联络管大致有球形摇臂管、套筒接头摇臂管、钢桁架摇臂管以及橡胶管接头摇臂管四种形式。套筒接头摇臂式连接方式的联络管由钢管和几个套筒旋转接头组成，一根联络管上设置多个套筒接头，使一个套筒接头只能在一个平面上转动。水位涨落时，联络管可以围绕岸边支墩上的固定接头转动，可适应浮船的摇摆。

图 3-43 所示是由五个套筒接头组成的摇臂式联络管，当水压较低、管径较小时使用。由于联络管偏心荷载大，两端套筒接头会受到较大扭力，因此接头填料易磨损漏水。图 3-44 所示是由七个套筒接头组成的摇臂式联络管，其特点为套筒接头处受力较均匀，接头转动较为灵活，且严密性大大提高，可容许浮船发生少许水平位移，能适应较高水压和较大水量的要求。

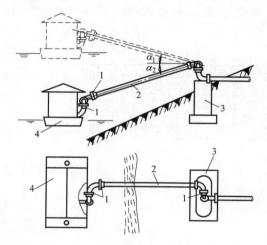

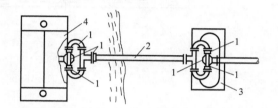

图 3-43　五个套筒的摇臂式套筒接头连接
1—套筒接头　2—摇臂联络管　3—岸边支墩　4—浮船

图 3-44　七个套筒的摇臂式套筒接头连接
1—套筒接头　2—摇臂联络管　3—岸边支墩　4—浮船

摇臂式联络管的岸边支墩接口应高出平均水位，使洪水期联络管的上仰角略小于枯水期的下俯角。联络管上下转动的最大夹角不宜超过 70°，长度一般在 20～25m 以内。

（3）输水管的敷设　输水管的坡度宜与岸坡坡度一致。当地质条件能满足管道基础要求时，输水管可沿岸坡敷设；不能满足要求时，应进行地基处理，并沿岸坡设置支墩，固定阶梯式连接的输水斜管。

在输水管上每隔一定距离设置岔管，其位置按水位变化幅度及岸坡坡度确定。接头岔管间的高差可取 0.6～2.0m，一般宜在 1.5～2.0m。在常年低水位处布置第一个岔管，然后按高差布置其余的岔管。当有两条以上输水管时，各条输水管上的岔管在高程上应交错布置，以便浮船交错位移。

输水斜管的上端应设置排气阀。阶梯式联络管的输水斜管，可在适当的部位设置止回阀；若采用钢桁架摇臂联络管，当水泵扬程小于 25m 时，可不设止回阀。

输水管两侧应设人行阶梯踏步。

（4）浮船的平衡和锚固　为了保证安全，浮船在任何情况下，均应保持平衡与稳定。浮船内设备的布置应使浮船在正常运转时保持平衡。可用平衡水箱或压舱重物来调整平衡。当移船和风浪较大时，浮船的最大横角以不超过 7°为宜。为防止沉船事故，应在船中设置水密隔舱。

浮船应有可靠的锚固设施。浮船锚固有岸边系缆、船首尾抛锚与岸边系缆结合及船首尾抛锚并增设角锚与岸边系缆相结合等形式。锚固形式应根据停泊处的地形、水流状况、航运要求及气象条件等因素确定。当流速较大时，浮船上游方向的固定索不应少于 3 根。当岸坡较陡、江面较窄、航运频繁、浮船靠岸边时，采用系缆索和撑杆将船固定在岸边。当岸坡较陡、河面较宽、航运较少时，采用在船首尾抛锚与岸边系缆相结合的形式，锚固更可靠，同时还便于浮船移动。在水流湍急、风浪大、浮船离岸较近时，除首尾抛锚外，还应增设角锚。

3.3.2　缆车式取水构筑物

缆车式取水构筑物是将水泵机组设在缆车上，在岸坡上设缆车轨道及输水斜管等设施，通过卷扬机绞动钢丝绳牵引，使缆车随水位涨落而上下移动取水的取水构筑物。缆车式取水工程的设计规模一般在 20 万 m^3/d 以内。

缆车取水的水下工程量和基建投资比浮船取水大，其优点与浮船式基本相同，但缆车移动比浮船方便，缆车受风浪影响小，比浮船稳定。

1. 缆车式取水构筑物构造与选址

（1）构造　缆车取水构筑物由安装有水泵机组的泵车、坡道或斜桥、输水管和牵引设备等组成，可作为永久性取水构筑物。根据岸坡条件的不同，有斜桥式和斜坡式等布置形式，如图 3-45 所示。

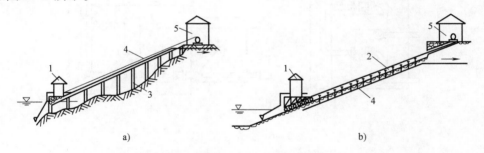

图 3-45　缆车式取水构筑物布置

a）斜桥式　b）斜坡式

1—泵车　2—坡道　3—斜桥　4—输水斜管　5—卷扬机房

（2）适用场合　当江河水位变化幅度在 10～35m，但水面风浪较大，不宜用浮船取水时，可考虑采用缆车式取水构筑物。

缆车式取水构筑物位置宜选择在河岸地质条件较好，岸坡稳定，岸坡倾角为 10°～28°，取水河道漂浮物少、无冰凌、无船只碰撞可能的地段。河岸太陡，则所需的牵引设备过大，移车较困难；河岸平缓，则吸水管架太长，容易发生事故。应避免在回水区或在岸坡凸出地段的附近布置缆车道，以防淤积。

缆车式取水构筑物要设在河流顺直，主流近岸，岸边水深不小于 1.2m 的地方。缆车轨道的坡面宜与原岸坡相接近，水下部分应避免挖槽。

受牵引设备限制，每部泵车的取水流量不大于 10 万 m^3/d。

2. 缆车式取水构筑物设计

（1）泵车设置　泵车的个数，根据供水规模及供水安全程度等因素综合考虑确定。取水量小时，可设置一部泵车。当取水量大、供水安全性要求较高时，泵车不应少于两部，每部泵车上的水泵不应少于两台，一用一备或两用一备。有起吊设备时，泵车净高可采用 4.0～4.5m；无起吊设备时，泵车净高采用 3.0～3.5m。每台泵有独立的吸水管，水泵吸水高度不少于 4m。宜选用 $Q\text{-}H$ 曲线较陡的水泵，以减少移车的次数，并使河流水位变化时，供水量变化不致太大。

泵车的长宽比接近正方形，泵车在竖向可布置成阶梯形。泵车上水泵机组应布置紧凑，方便检修，尤其要注意泵车的稳定和振动问题。为减少振动，设备应尽量对称布置，使机组重心与泵车轴线重合，或降低机组、桁架重心，以保持缆车平衡，减小车架振动，增加其稳定性。小型水泵机组宜采用平行布置，将机组直接布置在泵车桁架上，如图 3-46a 所示；大中型机组宜采用垂直布置，将机组放在短腹杆处，使机组重心落在两道桁架之间，如图 3-46b 所示。

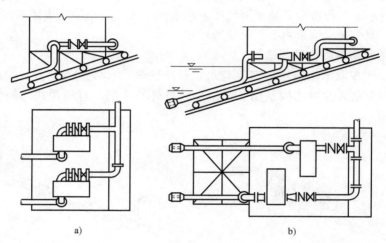

图 3-46　泵车水泵布置

a）平行布置的泵车　b）垂直布置的泵车

（2）坡道设置　坡道形式有斜坡和斜桥两种形式。当岸边地质条件较好，坡度合适时，可采用斜坡式坡道。反之，可采用斜桥式坡道。

缆车轨道的坡面宜与原岸坡相接近，一般为 10°～28°。一般整个坡道采用一个坡度，坡道顶面应高出地面 0.5m 左右，以免淤积泥沙。在坡道基础上敷设钢轨，当吸水管直径小于 300mm 时，轨距采用 1.5～2.5m；当吸水管直径 300～500mm 时，轨距采用 2.8～4.0m。

坡道上除设置轨道外，还设有输水管、安全挂钩座、电缆沟、接管平台及人行道等。当坡面有泥沙淤积时，应考虑冲淤设施，如在尾车上设置冲沙管及喷嘴等。

坡道面宽根据泵车宽度及附属设施的布置（如输水斜管、阶梯人行道、电缆沟等）确定。

缆车道上端控制标高可按下式计算：

$$H_{\text{上}} \geq H_{\max} + h_{\text{B}} + H + 1.5 \tag{3-23}$$

式中　$H_{\text{上}}$——缆车道上端标高（m）；

H_{max}——最高水位（m），一般按百年一遇频率确定，取水量小时，可适当降低；

h_B——浪高（m）；

H——吸水管喇叭口至泵车操作层的高度（m）。

保证吸水的安全高度一般取 1.5m，小型缆车可适当降低。

（3）管路布置　一般一部泵车设置一条输水管。输水管沿岸坡或斜桥敷设。岸坡式坡道可采用埋设方式；桥式坡道可采用架设方式。斜桥式泵车的吸水管，一般布置在泵车的两侧；斜坡式泵车吸水管，一般设在尾车上。水位变幅大时，输水斜管上每隔 15～20m 高程设一个止回阀。

水泵吸水管可根据坡道形式和坡度进行布置。每台水泵宜单独设置吸水管。采用桥式坡道时，吸水管可布置在车体的两侧；采用岸坡式坡道时，吸水管宜布置在车体迎水的正面。水泵出水管管径小于 300mm 时，可采用架空管出水；出水管为 500mm 以上时，宜采用双管出水。出水管并联后与联络管相连。水泵总出水管上设泄水阀。

缆车上的出水管与输水斜管间的联络管，应根据具体情况，采用橡胶软管或曲臂式连接管等。曲臂式连接管是应用最为广泛的一种管道，其密封性好，并且价格也较低廉。管径小于 400mm 时，可采用橡胶管。输水管上每隔一定距离设置岔管（正三通和斜三通），以便与联络管连接。在水位涨落速度大的河流上，岔管的高差一般不小于 2m；涨落速度较小时，宜采用 0.6～1.0m；大型泵站采用 2m。当采用曲臂式联络管时，岔管高差可以在 2～4m。

（4）牵引设备及安全装置　牵引设备由绞车（卷扬机）及连接泵车和绞车的钢丝绳组成。绞车一般设在洪水位以上岸边的绞车房里，牵引力在 50kN 以上时宜用电动绞车，操作安全方便。

根据计算简图（图 3-47），卷扬机的牵引力 F 为

$$F = \beta W(\sin\alpha + \mu\cos\alpha) \qquad (3\text{-}24)$$

式中　F——牵引力（N）；

β——储备系数，目前中南地区采用 1.2～2.0，西南地区采用 3～4；

W——泵车自重（N）；

μ——系数，0.1～0.15；

α——坡道倾角（°）。

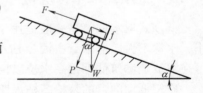

图 3-47　牵引力计算简图

缆车应设安全可靠的制动装置，以保证泵车运行安全。缆车在固定和移动时都需设防止下滑的保险装置，以确保安全运行。缆车固定时，大、中型可采用挂钩式保险装置，小型可采用螺栓夹板式保险装置。缆车移动时可用钢丝绳套挂钩及一些辅助安全设施。

3.3.3　井架式取水构筑物

井架式取水构筑物主要由井架、取水平台、抽水系统和牵引系统等组成，适用于河岸峭壁直立、江中水急浪险的山区江河。

抽水系统包括吸水管、抽水机组、出水管、连接管和岸边输水管等部件，如图 3-48 所示。井架取水的特点是：平台可随水位涨落而升降，抽水机组运行时，吸水管和出水管也一起升降。吸水管从井架一侧置于河内，出水管和岸边输水管接通，由岔管或分段式连接管来

实现。

岔管设在井架的一侧，当平台升降时，其位置和长短均固定不变。岔管有正三通和斜三通两种。斜三通通过一个弯头与出水管横向连接，正三通直接与出水管横向连接，或在正三通上加一段胶管再与出水管连接。分段式连接管由一列短管组成，直立在平台上，随着平台升降，并从连接管的顶部增减短管以便和岸边输水管相接。

岔管不占用平台位置，不增加平台负荷，操作部位随平台升降而改变。分段式连接管操作部位是固定的，除了会增加平台的负荷，还需要随平台的升降拆卸管段。

井架取水构筑物工程量少，施工周期短，常用作临时取水设施，也可作为永久性取水设施建设。

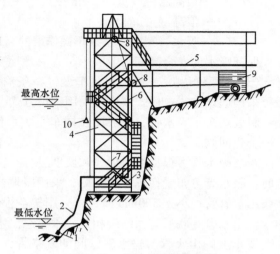

图 3-48　井架式取水构筑物
1—底阀　2—胶管　3—平台　4—井架
5—岸边输水管　6—连接管　7—钢绳　8—滑轮
9—绞车室　10—重物

3.4　山区浅水河流取水构筑物

山区浅水河流也称为山溪，取水构筑物分为低坝式和底栏栅式。低坝式取水构筑物又分为固定式和移动式，底栏栅式取水构筑物为固定式。

3.4.1　低坝式取水构筑物

低坝式取水构筑物一般适用于推移质不多的山区浅水河流。当山溪河流枯水期流量很小，水深不大，取水量占河流枯水量的百分比较大（30%～50%），且推移质泥沙不多时，可在河流上修筑低坝抬高水位以拦截足够的水量。

修筑低坝的目的是抬高枯水期水位，改善取水条件，提高取水率。低坝位置应选择在稳定河段上，其设置不应影响原河床的稳定性。取水口宜布置在坝前河床凹岸处。

1. 低坝式取水构筑物的型式

低坝式取水构筑物既有固定式低坝，也有活动式低坝。

（1）固定式低坝　固定式低坝取水是由拦河低坝、冲沙闸、进水闸或取水泵站等部分组成，其布置如图 3-49 所示。

拦河坝坝高应能满足取水要求。固定式挡河坝一般用混凝土或浆砌块石建造，坝高 1～2m，做成溢流坝型式。

要在靠近取水口处设置冲沙孔或冲沙闸，以确保取水构筑物附近不淤积。闸门开启度随洪水量而变，一般当开启较频繁时，采用电动及手动两用启闭机操纵闸门。根据河床地质条件，为确保坝基安全稳定，必要时在溢流坝、冲沙闸下游设消力墩、护坦、海漫等来消能，使坝下游处河床免受冲刷。消力墩、护坦一般用混凝土或浆砌块石铺筑。有辅助消能设置的低坝如图 3-50 所示。

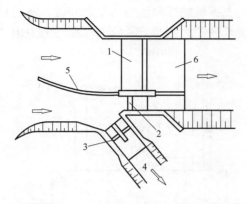

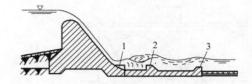

图 3-49　低坝式取水构筑平面布置
1—溢流坝　2—冲沙闸　3—进水闸
4—引水渠　5—导流堤　6—护坦

图 3-50　有辅助消能设置的低坝
1—消力齿　2—消力墩　3—消力槛

冲沙闸的位置及过水能力，按主槽稳定在取水口前，并能冲走淤积泥沙的要求确定。一般设在溢流坝的一侧，与进水闸或取水口连接，其主要作用是依靠坝上下游的水位差，将坝上游沉积的泥沙排至下游。可在坝上安装移动式卷扬机来提升活动闸板。进水闸的轴线与冲沙闸轴线的夹角为 30°～60°，以便在取水的同时进行排沙，使含沙较少的表层水从正面进入进水闸，而含沙较多的底层水则从侧面由冲砂闸泄至下游。冲沙闸的冲沙时间约 20 分钟，冲沙时需将取水闸关闭，同时将输水管线起端阀门关闭，以防止空气进入管道。

（2）活动式低坝取水　固定式低坝取水，在坝前容易淤积泥沙，而活动式低坝能够避免这个问题，因此经常被采用。活动式低坝在洪水期可以开启，从而减少上游淹没面积，并且便于冲走坝前沉积的泥沙，但其维护管理较固定坝复杂。

低水头活动坝种类较多，有活动闸门、合页活动坝、橡胶坝、水力自动翻板闸、浮体闸等多种型式。

1）合页活动坝。合页活动坝是将自卸汽车力学原理与水工结构型式相结合的新型活动坝，具备挡水和泄水双重功能，液压系统简便，维护管理费用低。坝面采用钢筋混凝土结构，基础上部的宽度只要求与活动坝高度相等，不在河中设置支撑墩等任何阻水物体，活动坝面放倒后，坝体只高出原坝顶 250mm，达到无坝一样的泄洪效果。行洪过水、冲沙、排漂浮物效果都好。丰水期河床上看不见任何物体，既不影响防洪，也不影响航运。

2）橡胶坝。橡胶坝主要由坝袋、锚固结构和控制系统组成。其受力骨架多采用纤维织物，并用合成橡胶作为隔水层和保护层，可节省大量建筑材料。

袋形橡胶坝如图 3-51 所示，它是用合成纤维织成的帆布，表面涂以橡胶隔水层，粘合成一个坝袋，锚固在坝基和边墙上，然后用介质充胀，形成坝体挡水。坝袋按充胀介质类型可分为充水式、充气式。当水和空气排除后，坝袋塌落便能泄水，相当于一个活动闸门。其优点是止水效果和抗振性能好，并且可以在工厂加工预制，质量轻，施工安装方便，可大大缩短工期；另外，还能节约材料，操作灵活，坝高可以调节，但坝袋的寿命短，坚固性差，不易检修。

3）水力自动翻板闸。水力自动翻板闸如图 3-52 所示，它既能挡水，也可引水和泄水。其原理是它根据水压力对支承绞点的力矩与闸门自重对支承绞点力矩的差异而启闭。当水压力对支承铰的力矩大于闸门自重对支承铰的力矩与支撑铰的摩擦阻力力矩之和时，闸门自动开启，当闸门自重对支承铰的力矩大于水压力对支承铰的力矩与支撑铰的摩擦阻力力矩之和时，闸门自动关闭。

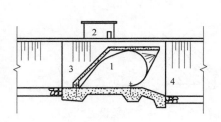

图 3-51　袋形橡胶坝断面
1—坝袋　2—充（排）气（水）泵房
3—闸墙　4—消力池

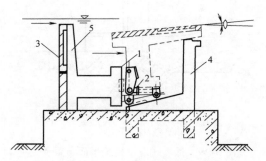

图 3-52　水力自动翻板闸低坝示意图
1—固定座　2—绞座　3—面板　4—支墩　5—支腿

　　闸门面板上设置梳齿，或在闸坡上设置通气孔，可防止闸门启闭过于频繁。具有自动启闭功能的水力自动翻板闸与一般钢平板闸门相比，无需机电设备及专人操纵泄流，且泄洪准确、及时，能节省人力、物力。它完全借助水位的升高，随着水压力的逐渐增大而逐渐自行开启闸门过流，且保持蓄水位不变；当闸门全部打开时，河床泄流状况与天然河床相差无几，当水位降低时，闸门逐渐关闭蓄水。当水位升高，动水压力对支点的力矩大于闸门自重与摩阻力对支点的力矩时，闸门自动开启到一定倾角，直到在该倾角下动水压力对支点的力矩等于闸门自重对支点的力矩，达到该流量下的新的平衡。流量不变时，开启角度也不变。而当上游流量减少到一定程度，闸门自重对支点的力矩大于动水压力与摩擦阻力对支点的力矩时，水力自控翻板闸门可自行回关到一定倾角，达到该流量下新的平衡。

　　水力自控翻板闸门平常几乎不需要维护，且建造工期短，造价低。

　　4）浮体闸。浮体闸和橡胶坝的作用相同，上升时可挡水，放落时可过水，但比橡胶坝的寿命长，适用于通航和放筏的山区浅水河流的取水。浮体闸门一般由闸室（可充放水的箱体）、闸坞、转动中枢、坝槛、推进装置、基础部分、控制系统等组成。它主要利用水的浮力和重力作用启闭，如图 3-53 所示。需要关闭时，闸门利用水的浮力和推进装置的推力，运动至既定关闭位置，闸室进水，闸门下沉至关闭。开启时，闸室内的水被抽干、利用水的浮力闸门升起，在推进装置的作用下，闸门复位于闸坞。

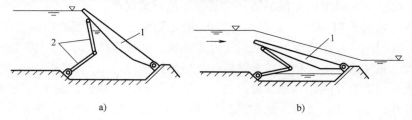

a)　　　　　　　　　　　　　　b)

图 3-53　浮体闸启闭示意图
a）上升　b）下降
1—主闸板　2—副闸板

浮体闸由于具有中空闸室，闸门的质量相对较轻。由于本身的结构特点，过水和泄洪不需其他辅助设施，但不能在动水中操作，应用范围受到一定限制，而且需要有一定的吃水深度闸门才能运转，启闭操作比较费时，工程的整体造价偏高。

2. 固定低坝式取水构筑物设计

低坝的坝高应满足取水深度的要求。坝的泄水宽度，应根据河道比降、洪水流量、河床地质以及河道平面形态等因素，综合分析确定。

1）采用进水闸时，流量按宽顶堰公式计算：

$$Q = mb\varepsilon \sqrt{2g}H_0^{3/2} \tag{3-25a}$$

$$\varepsilon = 1 - 0.2\left[\xi_k + (n-1)\xi_0\right]\frac{H_0}{b} \tag{3-25b}$$

$$H_0 = H + \frac{v_0^2}{2g} \tag{3-25c}$$

式中　Q——流量（m^3/s）；

　　　m——流量系数，采用 0.35；

　　　b——闸门宽度（m）；

　　　ε——侧面收缩系数；

　　　H_0——堰顶水头（m）；

　　　H——堰上水深（m）；

　　　v_0——进水闸前的流速（m/s）；

　　　n——进水闸孔数（个）；

　ξ_k，ξ_0——系数，圆形闸墩 $\xi_k = 0.7$，$\xi_0 = 0.45$。

2）冲沙闸只在高水位时开启，流量可按宽顶堰自由泄流计算。冲沙闸只在高水位时开启，需考虑下游尾水壅高的影响，流量可按宽顶堰自由泄流计算：

$$Q = mb\varepsilon \sqrt{2g}H_0^{3/2} \tag{3-26}$$

式中　m——流量系数，采用 0.36；

　　　b——冲沙闸净宽（m）。

其余符号含义同前。

3）根据河道实际情况，需要修建导流整治设施时，导流堤的泄流能力按下式计算：

$$Q = mB\varphi \sqrt{2g}H_0^{3/2} \tag{3-27}$$

式中　m——流量系数，采用 0.45；

　　　φ——侧堰系数，采用 0.94；

　　　B——导流堤溢流前沿宽度（m）；

　　　H_0——考虑行进流速的水头（m）；

$$H_0 = H + \frac{v_0^2}{2g}$$

　　　H——堰顶水头（m）；

　　　v_0——侧堰行进流速（m/s）。

其余符号含义同前。

3. 翻板闸门设计

翻板闸门的高度、宽度可根据经验公式确定：

$$Q = CBH^{1.47} \tag{3-28}$$

式中　Q——设计洪峰流量（m^3/s）；

　　　B——闸门宽度（m）；

　　　H——闸门高度（m）；

　　　C——系数，根据闸门全开时的倾角 θ 确定，见表3-7。

表3-7　系数 C 值

闸门全开时的倾角 θ（°）	C 值	闸门全开时的倾角 θ（°）	C 值
4	1.88	7	1.865
5	1.875	8	1.86
6	1.87		

计算时先确定合适的闸门高度，然后按式（3-27）计算出闸门的宽度。若计算出的宽度太大，可采用多扇闸门组成。

3.4.2　底栏栅式取水构筑物

底栏栅式取水是通过在溢流堰（低坝）内设置引水廊道，并利用其顶部栏栅的筛滤作用拦沙引水的一种方式。

1. 底栏栅式取水构筑物选址

底栏栅式取水构筑物适用于河床较窄、水深较浅、河底纵坡较大、大颗粒推移质特别多、取水量比例较大的山溪河流。当要求截取河道全部或大部分流量时，可采用底栏栅式取水构筑物。

底栏栅的位置应选择在河床稳定、纵坡大、水流集中和山洪影响较小的河段，具体情况如下所述：

1）宜设在河床较窄，河床底坡坡降较大（一般 $i \geq 0.02$，利于排沙），且河床稳定顺直、地基较好的河段上。

2）在河床太宽或水流分散、经常变动的河段，为减少导流工程量，宜设在枯水期的主流道上，且使水流与底栏栅保持正交，以保证均匀进水。

3）设置底栏栅处的上游河段，不宜有污水或其他污染物排入，河岸以陡高为好，两岸植被越完整越好。

2. 底栏栅取水构筑物构造

底栏栅取水构筑物由溢流堰、底栏栅、引水廊道、沉沙池、取水泵房等组成，其平面布置如图3-54所示。

为避免取到急流中的砂砾，用低坝抬高水位，在溢流堰上设有进水底栏栅及引水廊道。当河水流经堰顶时，一部分水从栏栅进入引水廊道，流至沉沙池除沙后再由水泵输出。其余河水经堰顶溢流，并将大颗粒推移质、漂浮物及冰凌带到下游。当取水量大、推移质多时，可在底栏栅一侧设置冲沙室和进水闸。

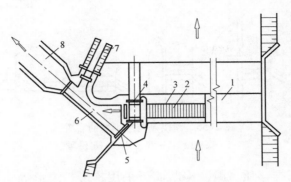

图 3-54　底栏栅式取水构筑物平面布置

1—溢流堰　2—引水廊道　3—底栏栅　4—冲沙室　5—侧面进水闸
6—第二冲沙室　7—排沙渠　8—沉沙池

（1）栏栅　截留河流中大颗粒推移质、草根、树枝、竹片或冰凌等，防止上述杂物进入引水廊道。

（2）引水廊道　引水廊道位于底栏栅下部，如图 3-55 所示，汇集流进底栏栅的全部水量，并引至沉沙池或岸边引水渠。

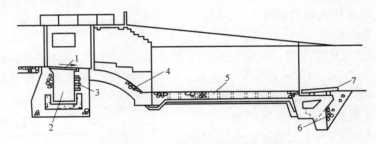

图 3-55　引水廊道及其下游防冲刷设施

1—栏栅　2—引水廊道　3—浆砌条石　4—陡坡　5—浆砌块石护坦　6—浆砌块石　7—消能裙板

（3）闸阀　廊道出口与渠道之间的闸阀为底栏栅进水调节闸阀，用以控制取水量，并方便栏栅及引水廊道的检修。除此之外，还应设置排沙闸或泄洪闸。排沙闸的位置及过水能力，应按将主槽稳定在取水口前，并能冲走淤积泥沙的要求确定。

（4）冲沙室　冲沙室也称为冲沙渠道，用来排除栏栅上游沉积的泥沙和排泄部分洪水，冲刷引水廊道中的大颗粒泥沙；冬季可排泄上游冰凌到下游。当栏栅和引水廊道检修以及冬季河水清澈时，可直接由冲沙室取水。一般小型取水工程或河流推移质少时，可不建冲沙室。

（5）溢洪堰　溢流堰在平水期和枯水期起抬高水位作用，而在洪水期起溢流作用。当枯水量与洪水量相差悬殊时，可于旁侧另加溢洪堰，其轴线可与栏栅堰相交，或放在底栏栅堰的延长线上。溢洪堰的布置如图 3-56 所示，堰顶一般比栏栅堰约高 0.2 ~ 0.5m。

（6）沉沙池　在含沙量较大的山溪河流中，为去除水中挟带的颗粒直径 $d \geqslant 0.25mm$ 的泥沙，底栏栅式取水构筑物应有沉沙设施。沉沙池设于岸边，与引水廊道衔接，一般只去除粒径大于 0.25mm 的泥沙。

（7）截沙沟　当取水量较大时，为减少进入引水廊道的推移质，可在栏栅前的堰顶上

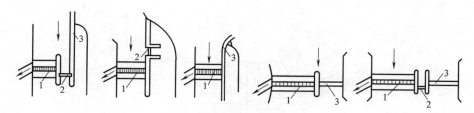

图 3-56　泄洪闸与溢洪堰的布置
1—底栏栅　2—泄洪闸　3—溢洪堰

设置截沙沟，拦截部分推移质。截沙沟断面可采用梯形、矩形等，与廊道轴线平行，如图 3-57 所示。

（8）廊道下游防冲刷设施　为保证廊道基础稳定，在廊道下游设置防冲刷设施。防冲刷设施如图 3-55 所示，一般由浆砌块石、混凝土或钢筋混凝土砌筑的隔墙、陡坡、护坦、裙板等组成。若廊道及其下游为基岩下垫面，则可不作防冲工程。当廊道处与其下游河床落差较大时，还要设消力槛。

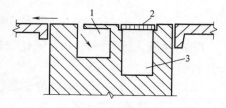

图 3-57　截沙沟布置
1—截沙沟　2—栏栅　3—引水廊道

3. 底栏栅式取水构筑物的设计

（1）底栏栅设计要点

1）当山溪河流河床狭窄时，栏栅可以沿全宽布置；当仅在靠河岸一段设置栏栅时，应使水流与栏栅保持正交，以保证栏栅均匀进水，河道直线长度至少为栏栅长度的 8～12 倍，如图 3-58 所示。为了减轻大块石对底栏栅表面的冲撞力，避免在底栏栅坝面上沉积泥沙，底栏栅表面应设计成 0.1～0.2 的坡度。一般理想的底栏栅长度应大体上等于或小于枯水期水面宽度。

2）栏栅宜采用活动分块组合形式，每块质量不超过 30～50kg，对两端进行固定。

当底栏栅靠河岸一侧设置时，应充分考虑到枯水期水流出现分岔细流及在底栏栅上布水

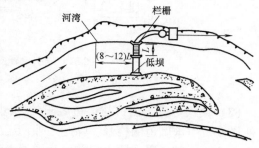

图 3-58　靠河岸一侧栏栅的设置

不均匀现象，此时应设置导流设施，或者将低坝做成阶梯形，上部阶梯用于洪水期溢洪，下部阶梯保证通过枯水期流量。

3）栅条纵横向都要有足够的强度和刚度。在有大块石的山溪河流上，可设上、下两层栏栅，上层一般布置成栅距较大的栏栅，可采用工字钢或铁轨，用以拦截大块石等推移质，下层为较密的栏栅。

栅条材料有圆钢、扁钢、铸铁、型钢等，断面形式有圆形、矩形、梯形、菱形、半窄轨形等，如图 3-59 所示。栅条断面以不易堵塞和卡石为宜，多采用梯形断面，矩形及圆形断面易卡塞石块，而且不易清除。

4）栅条间隙宽度根据河流泥沙粒径和数量、廊道排沙能力、取水水质要求和取水比大小、排沙困难程度等因素确定，一般不大于 8～10mm。

（2）其他注意事项

1）山洪破坏力较大的区域，应设法避开山洪主要冲击地段，并可根据具体情况在栏栅上游一定距离处设置导流堤，使山洪和大量推移质绕过取水构筑物，以确保取水构筑物的安全。

2）当山溪河流洪水期和枯水期水量相差悬殊时，不仅要充分考虑洪水期的冲刷和栅前的淤积，还必须注意枯水期水流分散和表面断流的情况。

3）在寒冷地区，应采取防冰冻措施：

① 在推移质少且冰冻厚度较小的地区，可于底栏栅后做活动挡水板以抬高水位，使栏栅栅条浸没于冰冻层以下约30cm。在洪水期可卸下活动挡板。

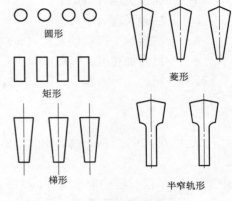

图 3-59　栅条断面形式

② 栅条外包传热系数小的材料，如硬橡胶。

③ 可用压力为 390kPa（4kgf/cm²）的蒸汽进行喷冲，或用厂内冷却水回流。

④ 只在夜间发生冰冻的地区，可增大沉沙池设计容量，作为取水调节容量。

⑤ 在底栏栅栅条处设置平台，方便堵塞时人工清除。

（3）栏栅进水量计算　进水量一般按廊道水流状态为无压流计算。

1）当河流全部流量进入廊道时（即底栏栅下游流量等于零），其流量为

$$Q = \alpha\mu PbL \sqrt{0.8gh_{lj}} \qquad (3\text{-}29)$$

式中　Q——流量（m³/s）；

　　　α——堵塞系数，见表3-8；

　　　μ——栏栅孔口的流量系数；对呈扁条状的格栅，当栅条表面坡降为 $i = 0.1 \sim 0.2$ 时，$\mu = \mu_0 - 0.15i$；菱形、梯形栏栅流量系数 μ 值见表3-8；

表 3-8　菱形、梯形栏栅堵塞系数 α 与流量系数 μ

河流特征	堵塞系数 α	流量系数 μ
粒径小于6mm 的沙占总含沙量的 25% 以上，沿程流域有茂密植物丛生，河中被树叶充塞，气候严寒，有冰絮	0.35	0.60
粒径小于6mm 的沙占总含沙量的 15% 以下，沿程流域生长的植物稀疏，河中无树叶充塞，气候严寒，有冰絮	0.50	0.65
粒径小于6mm 的沙占总含沙量的 10% 以下，沿程有植物生长，河中有树枝充塞，但无冰絮	0.75	0.70
泉水补给的河流	1.0	0.75

　　　μ_0——$i = 0$ 时的流量系数，当栅条高与间隙宽之比大于 4 时，$\mu_0 = 0.60 \sim 0.65$；当比值小于 4 时，$\mu_0 = 0.48 \sim 0.50$。

　　　P——栏栅孔隙系数，$P = \dfrac{S}{S+t}$；

　　　S——栅条间隙宽度（mm），根据河流泥沙粒径和数量、廊道排砂能力、取水水质要求等因素确定；

t——栅条宽度（mm）；

L——栏栅长度（m）；

b——栏栅水平投影的宽度（m）；

g——重力加速度，$9.81\mathrm{m/s^2}$；

h_{lj}——栅前临界水深（m）。

$$h_{lj} = \sqrt[3]{\frac{Q^2}{gL^2}}$$

代入式（3-29），经化简后得式（3-30）：

$$q = 2.65(\alpha\mu Pb)^{3/2} \tag{3-30}$$

式中 q——单位长度的取水量 $[\mathrm{m^3/(s\cdot m)}]$。

2）当河流中部分流量进入廊道时，其流量为

$$Q = 4.43\alpha\mu PbL\sqrt{h} \tag{3-31}$$

式中 L——栏栅长度（m）

h——栏栅上平均水深（m），$h = 0.8\dfrac{h_1 + h_2}{2}$；

h_1、h_2——栅前、栅后的临界水深（m）；

$$h_1 = 0.47\sqrt[3]{q_1^2}$$
$$h_2 = 0.47\sqrt[3]{q_2^2}$$

q_1、q_2——栏栅上游及下游边上的单位长度的过流量 $[\mathrm{m^3/(s\cdot m)}]$。

其余符号含义同上。

当栏栅可能被推移质或漂浮物堵塞时，按式（3-29）和式（3-31）计算出的进水量应减少 $10\% \sim 30\%$，视堵塞程度而定。

（4）栏栅宽度计算 按式（3-28）和式（3-30）计算后，用抛射距离对栏栅宽度 b 进行校核。计算简图如图3-60所示。

抛射距离 l_0 按式（3-32）计算

$$l_0 = \frac{0.625q_1^{2/3}}{P} \tag{3-32}$$

式中符号含义同前。

若 $b < l_0$，需增大 b 值或增加栏栅条数。

栏栅有效宽度用下式计算：

$$b_x = b + c - (\tan\alpha - \tan\beta)2h_{lj}\cos^2\beta \tag{3-33}$$

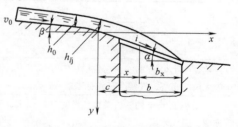

图3-60 栏栅有效宽度计算简图

（5）溢流堰

1）堰顶长度。栏栅堰顶长度应按进水量要求设计，同时以安全过洪要求校核。如不能满足过洪要求时，可适当加长。当枯、洪流量相差悬殊时，可在栏栅旁侧另加溢洪堰，溢洪堰的轴线可与栏栅堰相交，或放在底栏栅堰的延长线上。

2）堰顶高程。堰顶高程一般应高出河床 $0.5\mathrm{m}$，洪水溢流堰堰顶一般比栏栅堰顶高出 $0.2 \sim 0.5\mathrm{m}$。如必须抬高水位时，应筑高达 $1.2 \sim 2.5\mathrm{m}$ 的壅水坝。如山溪河道坡降大，推移质多，在河坡变缓处的栏栅上游的堰顶标高，一般高出河床 $1.0 \sim 1.5\mathrm{m}$，如图3-61所示。

（6）廊道设计

1）廊道横断面形式。廊道横断面形式有矩形、多边形、三角形及圆弧形四种，如图 3-62 所示。矩形易于施工，但水力条件差；圆弧形适用于水中含沙量较大的情况，因为水流进入圆弧形断面的廊道后能形成较强的螺旋流运动，可增加廊道的输沙能力，使廊道不易淤积。

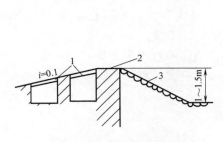

图 3-61　栏栅堰顶示意图
1—栏栅　2—堰顶　3—河床

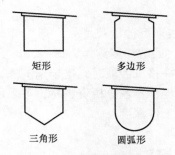

图 3-62　廊道横断面形式

2）廊道底纵坡。可采用折线式，从起端至末端由 0.4 逐渐减少至 0.1。当采用一个坡度时，可采用 0.1 ~ 0.3。

3）廊道计算。廊道设计一般按无压流计算，将廊道分为若干区段，按等速流近似计算公式计算。

$$H = \frac{Q}{Bv} \tag{3-34a}$$

式中　H——计算断面的水深（m）；水面超高一般为 0.2 ~ 0.3m；

　　　Q——计算断面的流量（m^3/s）；

　　　B——廊道宽度（m）；

　　　v——廊道内的流速（m/s），始端 $v \geqslant 1.2m/s$，末端 $v = 2 \sim 3m/s$，需根据进入廊道的砂砾情况验算确定。

$$i = \frac{v^2}{C^2 R} \tag{3-34b}$$

$$R = \frac{w}{x} \tag{3-34c}$$

$$C = \frac{1}{n} R^y \tag{3-34d}$$

式中　　i——水力坡降；

　　　　R——水力半径（m）；

　　　　w——水流有效断面积（m^2）；

　　　　x——湿周（m）；

　　　　C——流速系数；

　　　　n——廊道粗糙系数，混凝土廊道采用 $n = 0.025 \sim 0.0275$，浆砌块石廊道采用 $n = 0.035 \sim 0.040$；

　　　　y——指数，$y = 2.5 \sqrt{n} - 0.13 - 0.75 \sqrt{R}(\sqrt{n} - 0.10)$。

（7）沉沙池　一般采用直线形沉沙池。在地形条件允许的前提下，可采用排沙效果较好的曲线形沉沙池。当取水量不大，如小于100m³/h时，也可采用圆锥形旋流除沙器除沙。

排沙口在排入河道处，应考虑河道多年的淤积情况。为了延长沉沙池使用年限，排沙渠尾与河道要有 3~4m 以上的落差。同时，可利用导流堤等缩窄河床，增大河水流速，以防淤积。

1）直线形沉沙池尺寸。一般为矩形断面，分为两格，每格长度为 15~20m，宽度为1.5~2.5m，始端深度约为 2.0~2.5m，底坡为 0.1~0.2。

当采用一格沉沙池时，需定期清洗，其冲洗流速不宜小于 2.0~2.5m/s。

当缺乏泥沙颗粒分析资料时，可采用下列经验公式计算：

沉沙池工作深度：

$$H_p = H - h_a \tag{3-35}$$

沉沙池每格宽度：

$$B = \frac{Q}{H_p v} \tag{3-36}$$

沉沙池长度：

$$L = K H_p \frac{v}{u} \tag{3-37}$$

式中　H_p——沉沙池工作深度，取 3~5m；

B——沉沙池宽度（m）；

L——沉沙池长度（m）；

H——沉沙池平均深度（m）；

h_a——需清洗时，池内平均积泥厚度，可取 $0.25H$；

Q——设计流量（m³/s）；

v——池内平均流速（m/s），见表3-9；

K——安全系数，采用 1.0~1.2；

u——泥沙在水中均匀下沉的速度（m/s），见表3-10。

表 3-9　沉沙池中水的平均流速

泥沙颗粒粒径/mm	平均流速/（m/s）	相应池深/m	泥沙颗粒粒径/mm	平均流速/（m/s）	相应池深/m
0.25	0.20	—	0.70	0.45~0.50	3~5
0.40	0.35~0.40	3~5	1.00	0.50~0.55	3~5

表 3-10　泥沙在水中均匀下沉的速度

泥沙颗粒直径/mm	沉速/（10⁻²m/s）	泥沙颗粒直径/mm	沉速/（10⁻²m/s）
2.0~1.0	15.29~9.44	0.25~0.10	2.70~0.692
1.0~0.5	9.44~5.40	0.10~0.05	0.692~0.0173
0.5~0.25	5.40~2.70		

2）沉沙池沉降保证率。根据沉淀试验求得的泥沙沉降效率，应大于设计所要求的 P 值。泥沙颗粒粒径等于或大于 0.70mm 时，设计 P 值按图 3-63 确定。当 u/v 值介于两条曲线之间时，可用内插法。

3）沉沙池的冲洗。沉沙池顺利冲洗泥沙的条件为

$$H_k < Z + \frac{q}{v} \qquad (3\text{-}38)$$

式中　H_k——沉沙池末端深度（m）；

　　　Z——池内水位与排出口水位差（m）；

　　　q——池内单宽冲洗流量 $[m^3/(s \cdot m)]$；

其余符号含义同前。

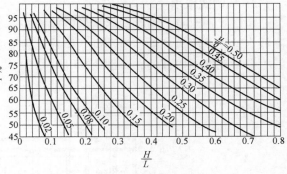

图 3-63　沉沙池沉降的保证率曲线

3.5　库湖与近海取水构筑物

3.5.1　库湖取水构筑物

以下为湖泊、水库常用的取水构筑物类型，具体选用何种类型，应根据不同的水文特征和地形、地貌、气象、地质、施工等条件进行技术经济比较后确定。

1. 隧洞式取水

隧洞式取水构筑物一般适用于取水量大且水深 10m 以上的大型水库和湖泊取水，同时工程地质条件较好，岩体比较完整，山坡坡度适宜，易于开挖平洞和竖井的情况。其结构比较简单，不受风浪和冰冻的影响，但竖井之前的隧洞段检修不便，竖井开挖也较困难。

隧洞式取水如图 3-64 所示。一般是在选定的取水隧洞的下游一端，先行挖掘修建引水隧洞，并在隧洞进口附近的岩体中开挖竖井，然后将闸门安置在竖井中。竖井井壁一般要进行衬砌，顶部布置启闭机及操纵室，渐变段之后接隧洞洞身。

2. 引水明渠取水

水库水深较浅时，常采用引水明渠取水。一般是在水库一侧取水处建取水涵闸，通过明渠将水引入取水泵站集水井。明渠岸边无坝侧向取水是一种常见的取水形式。渠道与库岸的夹角越小，水流经过取水口时的水头损失也越小，越有利于减少推移质底沙进入取水泵站。

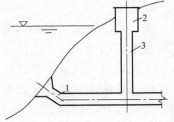

图 3-64　引水隧洞示意图

1—引水隧洞　2—闸门室　3—竖井

渠道内水流设计速度要小于不冲刷流速而大于不淤流速。渠道中长草会增大水头损失，降低过水能力。在易长草季节，维持渠道中的水深大于 1.5m，同时流速大于 0.6m/s，可抑制水草的生长。北方在严寒季节，水流中的冰凌会堵塞进水口的格栅，用暂时降低出流量，使渠道流速小于 0.45～0.6m/s，以迅速形成冰盖的方法可防止冰凌的生成。为了保护冰盖，渠内流速应限制在 1.25m/s 以下，并防止水位变动过大。

对渠道应加设护面，减小粗糙度、防渗、防冲、防草、维护边坡稳定。

3. 桥墩式取水

桥墩式取水是把整个取水构筑物建造在库湖之中，适用于岸坡平缓、深水线离岸较远、高低水位相差不大、含沙量不高、岸边无建造泵房条件的湖泊，也可用于条件类似、河面宽阔不会影响航运的江河，如图 3-65 所示。

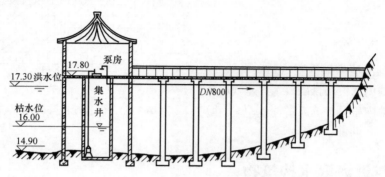

图 3-65　桥墩式取水构筑物

桥墩式取水构筑物一般由取水头部、进水管、集水井和取水泵房组成。集水井可与泵房分建或合建。当取水量小时，可以不建集水井而由水泵直接吸水。取水头部外壁进水口上装有格栅，集水井内装有滤网以防止原水中的大块漂浮物进入水泵，阻塞通道或损坏叶轮。

当在深水湖泊和水库中取水时，可同时设置几排不同水深的取水窗口，以便随季节变化从不同的水深处取到优质原水。

小型取水构筑物的集水井可建在湖心中，泵房盖在集水井之上，泵房外观及其与岸边的通道可以结合水景设计。

该种型式的取水构筑物基础埋深较大，且需要设置较长的引桥和岸边连接，施工复杂，造价较高。

4. 分层取水

由于夏季近岸生长的藻类数量常比湖心多，浅水区比深水区多，而且暴雨过后会有大量泥沙进入湖泊和水库，越接近湖底，泥沙含量越大，可通过在不同深度设置进水孔，根据水质的不同取得不同深度处较好水质的水。

位于湖泊或水库边的取水构筑物最底层进水孔下缘距水体底部的高度，应根据水体底部泥沙沉积和变迁情况等因素确定，一般不宜小于 1.0m，当水深较浅、水质较清，且取水量不大时，其高度可减至 0.5m。

取水构筑物有与坝体合建和分建两种型式的固定式取水塔。这两种取水构筑物型式多适用于取水塔与水库同时施工时。与坝体合建式取水塔更有利于防止在取水口处产生泥沙淤积。图 3-66 所示为与坝体分建式水库取水塔，塔体为圆形竖井结构，设四层取水口，间距为 5m。

图 3-67 所示为与坝体合建的库坝式取水构筑物，适用于水库水深较大的情况。在取水范围内不同高度设置多个孔口，每个孔口分别由闸门控制开关。此种取水方式安全可靠，且不受风浪的侵袭。

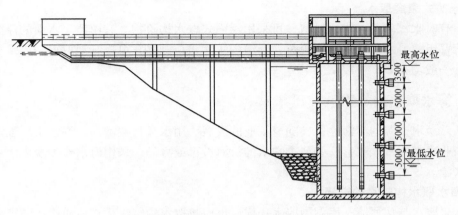

图 3-66　水库分层取水示意图

5. 浅水库湖取水

对于水位较低的浅水湖泊和水库，在枯水期采用水泵吸水管直接取水较为困难。可以采用自流管或虹吸管把湖水引入湖岸上深挖的吸水间内，然后由水泵直接从吸水间内抽吸提升。泵房和吸水间既可合建，也可分建，与江河固定式取水方式相似。图 3-68 所示是自流管合建式取水构筑物，图 3-69 所示为虹吸管分建式泵房。

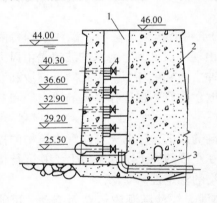

图 3-67　库坝式取水构筑物
1—吸水间　2—坝体　3—吸水管

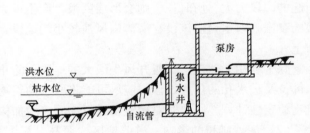

图 3-68　自流管合建式取水构筑物

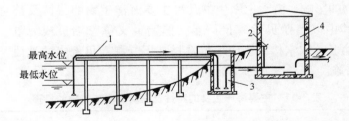

图 3-69　虹吸管分建式取水构筑物
1—虹吸管　2—抽真空管　3—集水井　4—泵房

6. 浮筒式表层取水

水库有时水深较浅，水质较清，可采用浮筒式取水构筑物。它由浮于水面的浮筒和铰接式连接管臂组成，水从水面流入管臂，浮筒随水库水位升降，可连续地取得表层水，但取水量不大，一般均在 2m³/s 以下。

3.5.2 海水取水构筑物

在缺乏淡水资源的沿海地区，随着工业的发展，用水量日益增加，许多工厂逐渐利用海水作为工业冷却用水。也有一些严重缺水的沿海城市或海岛，采用海水作为淡水水源的补充或给水水源。

1. 海水取水构筑物的选择

从近海取水与从河流、库湖中取水一样，也应将取水构筑物建在地质构造稳定、不易受到冲刷的地段，最好是基岩石上，不宜设在断层、滑坡、冲积层、风化严重和岩溶发育地段；在地震区不宜设在陡峭的岸边或山脚下，也不宜设在宽广的海漫滩上，以免进水管过长。取水口位置应保证有足够的水深。在北方地区的海边布置取水口时，还应重视海域冰凌特有的水文特征。由于海洋的特性，更需要考虑潮汐和波浪、泥沙、生物等因素对取水构筑物的影响。

此外，海水取水工程的建设还要考虑到赤潮、风暴潮、海冰、暴雪、冰雹、冻土等自然灾害对取水设施可能造成的影响。

（1）潮汐和波浪的影响 潮汐和波浪运动对取水构筑物有很大的影响。潮汐平均每隔 12 小时 25 分钟出现一次高潮，在高潮之后 6 小时 12 分出现一次低潮。海水的波浪是由风力引起的。风力大，历时长，则会形成巨浪，产生很大的冲击力和破坏力。为了防止潮汐和波浪的袭击，取水口应该设在海湾内风浪较小的地段，将取水构筑物建造在坚硬的原土层和基岩上。

除了利用天然地形，避开风急浪大的地段，防止海潮的袭击，还需充分注意构筑物的挡水部位及进水孔的位置设计。应尽可能将取水构筑物建在坚硬的原土层和基岩上，并进行构筑物稳定性计算，必要时对构筑物进行加固，增加构筑物的稳定性。

（2）泥沙淤积的影响 海滨地区，尤其是淤泥质海滩，漂沙随潮汐运动而流动，可能造成取水口和输水管的严重淤积。因此，取水口应避开漂沙的地段，最好设在岩石海岸、海湾或防波堤内。取水明渠引水往往会在渠内淤积泥沙，应配置清泥设备。

（3）海洋生物的影响 海水中滋生的几种主要海洋生物的特性及其对取水构筑物的危害，见表 3-11。其中以黑贻贝危害最严重。黑贻贝又称紫贻贝或海红，最适宜在 1.5 ~ 2.0m/s 的流速下生长。取水构筑物应尽量选择在不受黑贻贝侵害的地段，如不可避免，则应考虑采取防害措施。

表 3-11 主要海洋生物的特性及其对取水构筑物的危害

名　称	生 活 特 性	危 害 方 式
黑贻贝	贝类，繁殖快，附着力极强，喜泥质海岸	可随水泵进入管道，会堵塞管道
凿石蛤	贝类，生活在低潮线附近的石灰岩中	对岸边与海水接触的石质建筑危害严重，进入吸水管的情况较少

（续）

名　　称	生　活　特　性	危　害　方　式
白纹藤壶	贝类，成群聚集，固着能力强，可结成片、块、固着在取水设施或构筑物上	大量生长会堵塞管道和滤网等，需经常清理
僧帽牡蛎	贝类，群聚固着在岩石或其他附着物上	对海水内的取水设施影响较大，一般不易抽入取水系统
蛤蜊	贝类，喜泥质海岸，退潮时钻入泥内	可被水泵吸入系统，但黏附力差，危害性比海红轻
泥蚶	贝类，喜生活在浅海软泥滩中，退潮时潜入泥层	可被水泵吸入系统，但黏附力差，危害性比海红轻
船蛆	贝类，生活在温带和亚热带海区的木材中	对木质设施（如逆止闸板门）危害甚大
苔藓虫	固着生活的群体动物，喜欢在较清洁、富含藻类、溶解氧充足的水体中生存	大量繁殖时，会堵塞管道，减少过水断面，对管道威胁较大
石灰虫	软体寄生生物，主要生存在浅海距水面10m左右的水域，繁殖力强，附着力强	石灰质遗管成块成批地固着在取水设施上，虫体死亡后的遗管不易自然脱落

海水中生物的大量繁殖，可造成取水头部、格网和管道堵塞，且不易清除，对取水安全威胁很大。如果进入吸水管或随水泵进入水处理系统，会减少过水断面、堵塞管道、增加水处理单元处理负荷。

为了提高取水的安全性，一般至少设两条取水管道，并在水厂运行期间，定期对格栅、滤网、大口径管道进行清洗。

为了减轻或避免海洋生物对输水管道和后续水处理设施的危害，可采用过滤法将海洋生物截留在水处理系统之外，或者采用化学法将海洋生物杀灭。

防治和清除海洋生物的方法有加氯法、加碱法、加热法、机械刮除、密封窒息、含毒涂料、电极保护等。一般常采用加氯法，这种方法效果好，但加氯量不能太大，以免腐蚀设备及管道。一般水中余氯量保持在0.5mg/L左右，即可抑制海洋生物的繁殖。

（4）水质的影响　海水含盐量较高，约在3.5%左右。海水中盐的成分主要是氯化钠，其次是氯化镁和少量的硫酸镁、硫酸钙等。海水盐度因海域所处地理位置不同而有所差异，主要受气候与大陆的影响。在外海或大洋，影响盐度的因素主要有降水、蒸发等；在近岸地区，盐度则主要受河川径流的影响。有河流注入的海区，海水盐度一般都比较低。

海水具有很强的腐蚀性，而且硬度很高。海水中的盐分，是造成对金属材料严重腐蚀的主要原因。海水对金属的腐蚀随海水中的含盐浓度的增加而增加，而当含盐量增加到一定程度时，海水中的溶解氧浓度减少，反而可以起到抑制腐蚀的作用。如果海水受到城市污水的污染，会加剧海水对金属材料的腐蚀。此外，当管道中水流速度过大，或因管道断面突然变化而引起的湍流，也会加剧海水对金属管道的腐蚀作用，这种情况以产生点蚀为主。

处在不同埋设环境条件下的金属管材，其腐蚀程度也不相同。如埋设在正常环境中的钢管，使用年限可达20年左右，而埋设在涨潮和落潮之间的海岸地带的钢管，使用寿命则较短，使用5~6年就遭到破坏。

海水对碳钢的腐蚀率较高，对铸铁的腐蚀率较小。应尽可能采用耐腐蚀的金属材料。不锈钢、合金钢、铜合金抗腐能力最强，铸铁次之，一般钢材最差。因此，取水管道宜采用铸铁管和非金属管，并应采取以下措施：

① 水泵叶轮、闸门或阀门丝杆和密封圈等应采用耐腐蚀材料，如铸铜（青铜）、镍铜、钛合金钢等制作。

② 海水管道内外壁涂防腐涂料，如酚醛清漆、富锌漆、环氧沥青漆等，或采用阴极保护。

③ 为了防止海水对混凝土的腐蚀，宜用强度等级较高的耐腐蚀水泥或在普通混凝土表面涂防腐涂料。

④ 降低海水与金属材料之间的相对速度。如尽量采用低转速的水泵，限制管内水流速度。表 3-12 所示为部分管道的设计控制流速范围。

表 3-12　设计控制流速

材　　质	管内海水流速/(m/s)	材　　质	管内海水流速/(m/s)
海军铜	1.25～1.50	10%镍铜	2.00～2.50
铝黄铜	1.75～2.00	30%镍铜	2.50～3.00

2. 海水取水构筑物的主要型式

（1）海滩井取水　海滩井取水是在海岸线上建设取水井，从井里取出经海床渗滤过的海水作为原水，适用于渗水性好、沉积物厚度不低于 15m 的沙质海岸。通过这种方式取得的原水由于经过了天然海滩的过滤，海水中的颗粒物被海滩截留，浊度低，水质好。

海滩井取水的不足之处主要在于占地面积较大、所取原水中可能含有铁锰以及溶解氧较低等问题。此外，利用海滩井取水还要考虑到取水系统是否会污染地下水或被地下水污染，海水对海岸的腐蚀作用是否会对取水构筑物的寿命造成影响，取水井的建设对海岸的自然生态环境的影响等。

（2）深海取水　深海取水是通过修建管道，将外海的深层海水引导到岸边，再通过建在岸边的泵房提升至水厂。这种取水方式适用于海床比较陡峭的海岸，最好选在离海岸 50m 内、海水深度能够达到 35m 以上的位置。如果在离海岸 500m 外才能达到 35m 深海水的地区，采用这种取水方式投资很高，除非是由于工艺特殊要求需要取到浅海取不到的低温优质海水，否则不宜采用这种取水方式。由于投资巨大，这种取水方式一般不适用于较大规模的取水工程。

一般情况下，在海面以下 1～6m 取水会含有沙、小鱼、水草、海藻、水母及其他微生物，水质较差，而当取水位在海面以下 35m 时，这些物质的含量会大大减少，水质较好，可以大幅减少预处理的费用。

（3）浅海取水　浅海取水是最常见的海水淡化取水方式，虽然水质较差，但由于投资少、适应范围广，而被广泛采用。一般常见的浅海取水形式有：岸边式、海岛式、海床式、引水渠式、斗槽式、潮汐式等。

1）岸边式取水。岸边式取水多用于海岸陡、海水含泥沙量少、淤积不严重、高低潮位差值不大、低潮位时近岸水深度大于 1.0m，且取水量较少的情况。这种取水构筑物与河流的岸边式取水构筑物构造相同，水泵直接从海边取水，其构造简单，工程投资较低，运行管理方便，缺点是易受海潮影响，也会受到海洋生物的侵害，泵房还会受到海浪的冲击。由于是直接取水，一般泵房下卧深度大，吸水管内海洋生物堵塞时清理工作相当困难。为了克服取水可靠性差的缺点，一般每台水泵单独设置一条吸水管，至少设计两条引水管线，并在引水管上设置闸阀。为了避免海浪的冲击，可将泵房设在距海岸 10～20m 的位置。

2）海岛式取水。海岛式取水是将泵房建在离岸较远的海中，如图 3-70 所示。适用于海滩平缓，低潮位离海岸很远，且周围低潮位时水深不小于 1.5～2.0m 的情况。要求建设海岛取水构筑物处海底为石质或沙质，且有天然或港湾的人工防波堤保护，受潮水袭击可能性小。可修建长堤或栈桥将取水构筑物与海岸联系起来。这种取水方式的供水系统比较简单，管理比较方便，而且取水量大，在海滩地形不利的情况下可保证供水。缺点是施工有一定难度，取水构筑物如果受到潮汐突变威胁，供水安全性较差。

3）海床式取水。海床式取水适用于取水量较大、海岸较为平坦、深水区离海岸较远或者潮差大、低潮位离海岸远以及海湾条件恶劣，如风大、浪高、流急的地区。这种取水方式将取水管道埋入海底，而泵房与集水井建于海岸，可使泵房免受海浪的冲击，取水比较安全，且能够取到水质变化幅度小的低温海水。缺点是自流管容易积聚海洋生物或泥沙，清除比较困难，施工技术要求较高，造价昂贵。海床式取水构筑物如图 3-71 所示。

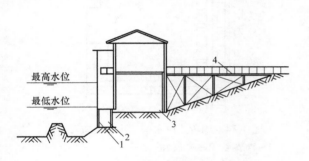

图 3-70　海岛式取水泵房
1—格栅　2—集水井　3—泵房　4—栈桥

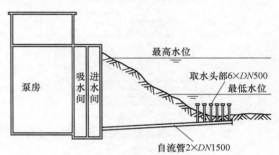

图 3-71　海床式取水构筑物

4）引水渠式取水。引水渠式取水如图 3-72 所示，适用于海岸陡峭，引水口处海水较深，高低潮位差值较小，淤积不严重的石质海岸或港口、码头地区。这种取水方式一般自深水区开挖引水渠至泵房取水，在进水端设防浪堤，并在引水渠两侧修筑堤坝，以阻挡进渠风浪，从而避免对泵房产生过大的冲击。其特点是取水量不受限制，引水渠有一定的沉淀澄清作用，引水渠内设置的格栅、滤网等能截留较大的水生物。

设计时，引水渠入口必须低于工程所要求的保证率潮位以下至少 0.5m，取水量需按照引水渠一定的淤积速度和清理周期选择恰当的安全系数进行计算。

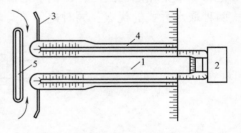

图 3-72　引水渠式取水构筑物平面布置
1—引水渠　2—泵房　3—导流墙
4—堤坝　5—防浪堤

自流明渠高程低，施工困难且工程量大，易受海潮变化的影响，在一些条件较差的地方，淤积往往十分严重，渠内沉沙量大，宜配备清淤机械清理。明渠在岸上部分宜加盖板。提升泵可采用立式水泵。

5）斗槽式取水。斗槽式取水构筑物如图 3-73 所示。斗槽可以使海水中的泥沙沉淀，并使泵房免受波浪的影响。该方法不适合风大、浪高、流急的海湾。

6）潮汐式取水。潮汐式取水构筑物适用于海岸较平坦、深水区较远、岸边可建造调节水池的地区，如图 3-74 所示。在潮汐调节水池上安装自动逆止闸板门，高潮时闸板门开启，海水流入水池蓄水，低潮时闸板门关闭，取用池水。这种取水方式利用了潮涨潮落的规律，供水安全可靠，泵房可远离海岸，不受海潮威胁，而且调节池本身具有一定的沉淀作用，取得的水质较好，尤其适用于潮位涨落差很大，可利用天然的洼地、海滩修建调节池的地区。如果部分冷却水需要循环使用时，调节池还可兼作冷却池。这种取水方式的主要不足是退潮停止进水的时间较长，池容大，占地多，投资高，池中沉淀的泥沙较难清除，管理不便。另外，逆止闸板处会有海洋生物滋生，导致闸门关闭不严，造成渗漏，设计时需考虑使用清除海洋生物的机械。

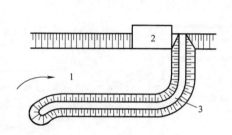

图 3-73　斗槽式取水构筑物平面布置
1—斗槽　2—泵房　3—导流堤

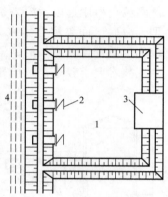

图 3-74　潮汐式取水构筑物平面布置
1—调节池　2—逆止闸板　3—泵房　4—海岸

7）综合方式取水。当条件适宜时，也可以采用引水渠和潮汐调节水池综合取水方式，如图 3-75 所示。高潮位时调节水池的逆止闸门自动开启蓄水，调节水池由引水渠通往取水泵房的闸门关闭，海水直接由引水渠通往取水泵房；低潮位时关闭引水渠进水闸门，开启调节池与引水渠相通的闸门，由调节池供水。这种取水方式可扬长避短，兼具引水渠式和潮汐式两种取水方式的优点，同时避免了两者的缺点，但投资较大，运行管理麻烦。

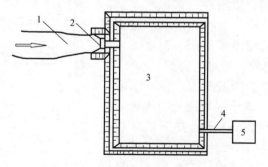

图 3-75　明渠与调节蓄水池综合取水
1—海湾深槽　2—闸门　3—调节池　4—取水管　5—泵房

调节池池容、明渠进口高程以及调节池进水闸门高程，应根据当地的潮汐规律、海岸形状、泥沙淤积情况、清淤设备与清淤周期、取水量大小等因素，经全面技术经济比较后确定。

思 考 题

1. 选择地表水取水构筑物位置时，应考虑哪些因素？
2. 岸边式取水构筑物有哪些基本型式？
3. 河床式取水构筑物有哪些基本型式？
4. 斗槽式取水构筑物有哪些基本型式？
5. 移动式取水构筑物有哪些基本型式？
6. 取水头部有哪些基本形式？各适用于什么情况？
7. 山区浅水河流有哪些特点？怎样取水？
8. 从水库与湖泊取水需要注意什么事项？取水构筑物有哪些基本型式？
9. 从海中取水需要注意什么事项？取水构筑物有哪些基本型式？

第4章

取水泵房

本章知识点：介绍地下水与地表水取水泵房组成及构造，泵房平面布置与高程布置要求及设计计算方法，水泵类型选择与计算及配套电动机选择要求，泵房辅助设施的作用与设计要求。

本章重点：地表水与地下取水泵房型式及选择要点，泵房高程设计与计算。

4.1 地下水取水泵房

4.1.1 水泵的基本类型

以地下水为水源时，取水设备可采用深井泵、潜水泵、卧式离心泵等。

常用的深井泵有 JC 型和 JD 型。图 4-1 所示为 JD 型深井泵的构造图。其组成包括三个部分：泵的工作部件、包括泵座和传动轴在内的扬水管部分、带电动机的传动装置部分。泵座及电动机在井口以上，放置于泵房（井室）中，如图 4-2 所示。

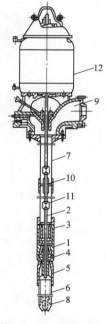

图 4-1　JD 型深井泵

1—叶轮　2—传动轴　3—上导流壳　4—中导流壳
5—下导流壳　6—吸水管　7—扬水管　8—滤水网
9—泵底座弯管　10—轴承　11—联轴器　12—电动机

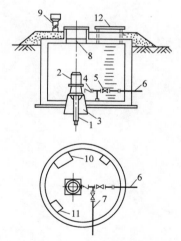

图 4-2　地下式深井泵房

1—井管　2—水泵机组　3—水泵基础　4—单向阀　5—阀门
6—压水管　7—排水管　8—安装孔　9—通风孔　10—控制柜
11—排水坑　12—人孔

潜水泵主要由电动机、水泵和扬水管三部分组成。电动机与水泵在一起,完全浸没在水中工作。潜水泵的电动机与水泵合为一体,不用长的传动轴,质量轻,维护费用小,在取水量小的管井中常被采用。电动机与水泵均潜入水中,控制设备可以安装在井室内,井室实际就是阀门井,如图4-3所示。

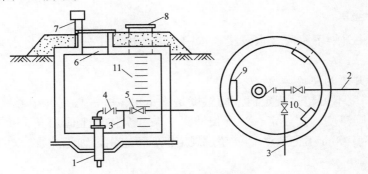

图4-3 地下式潜水泵房

1—井管 2—压水管 3—排水管 4—单向阀 5—阀门
6—安装孔 7—通风管 8—人孔 9—控制柜 10—排水坑 11—攀梯

卧式离心泵由于吸水高度有限,较少用于地下水取水,只有在地下动水位较高时使用。卧式水泵房其构造按一般泵站要求设计。

4.1.2 深井泵房

深井泵房通常由泵房与变电所组成。深井泵房的形式有地面式、地下式和半地下式。

地面式泵房造价低,建成投产迅速;通风条件好,室温一般比地下式的低5~6℃;操作管理与检修方便;室内排水容易;水泵电动机运行噪声扩散快;但出水管弯头配件多,不便于工艺布置,水头损失较大,如图4-4所示。

半地下式泵房比地面式造价高;出水管可以不用弯头配件,便于工艺布置;水力条件好,可以稍节省电耗及运行费用,人防条件好;但通风条件差,夏季室温高;室内有楼梯,有效面积缩小;操作管理、检修不便;室内地坪低,不利排水;水泵电动机运转时,声音不易扩散,噪声大;地下部分土建施工难,如图4-5所示。

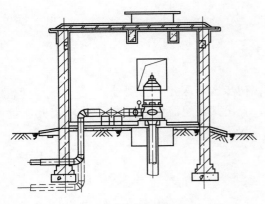

图4-4 地面式深井泵房

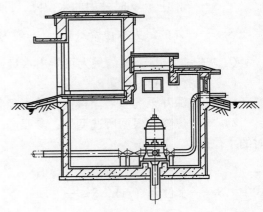

图4-5 半地下式深井泵房

地下式泵房施工困难，防水处理复杂，造价最高，且室内排水困难，操作管理、检修不便，但是人防及抗震条件好，因不受阳光照射，夏季室温较低。

深井泵房的平面布置应紧凑，尽量选用效能高、尺寸较小、占地少的设备。应注意泵房屋顶检修孔的设置和泵房的通风、排水等问题。

1. 一般深井泵房

当用深井泵提升地下水时，水泵浸入水中，电动机设于井上，一台水泵即为一个独立泵站。

（1）选择深井泵的注意事项

1）井的倾斜度不可超过规定值。倾斜度是指每单位井深偏离井中心线的距离。据此，可以换算出井的倾斜度。按规定，对于长轴深井泵，泵体以上倾斜角，每100m不得超过1°；泵体以下，每100m不得超过2°，超过规定值，不宜用长轴深井泵。对于潜水泵，倾斜角度不得超过2°。

2）井中含沙量不得大于规定范围。含沙量是指每立方米体积的井水中所含泥沙量。含沙量过大，会使泵的流量、扬程和效率降低，消耗功率增大，且泵的过流部分易于磨损。此值国家尚无统一规定，部分泵厂规定，含沙量不得大于0.01%~0.02%。

（2）选择深井泵所需资料

1）测出井的实际深度 H_s、静水位 H_i、水深 H 和井孔直径，如图4-6所示。

2）根据抽水试验，求出该井的最大可能出水量 Q_{max} 和相应的最大水位降 S_{max}，求出单位流量时的水位降 S_q，即 $S_q = \dfrac{S_{max}}{Q_{max}}$。

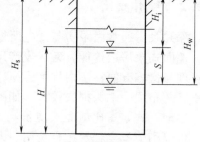

如果缺乏准确的抽水试验资料，Q_{max} 可以按照下式估算：

$$Q_{max} = \frac{(2H - S_{max})S_{max}}{(2H - S)S}Q \tag{4-1}$$

式中　H——井中水深（m）；

图4-6　井的各种深度

Q——水位稳定时，井的出水量（m³/h）；

S——相应于 Q 时井中的水位降，即静水位到稳定水位间的距离（m）；

S_{max}——井的最大水位降（m），一般为 $\dfrac{H}{2}$；

Q_{max}——相应于 S_{max} 的最大可能出水量（m³/h）。

（3）选择深井泵步骤

1）初选深井泵的型号。根据井孔直径和井深，初步选定深井泵的型号。

2）求水位降。根据所选型号，参照产品样本，查出其额定流量 Q_e，按下式求出此流量时的水位降：

$$S = S_q Q_e \tag{4-2}$$

式中　S——水位降（m），$S \leqslant \dfrac{H}{2}$。

3）求动水位深度

$$H_w = H_i + S \tag{4-3}$$

式中　H_w——相应的动水位深度（m）；

　　　H_i——静水位（m）。

4）计算深井泵在井中输水管的总长度

$$L = H_w + (1 \sim 2) \tag{4-4}$$

式中　L——输水管总长度（m）。

计算出的 L 值不应大于该型号泵在产品样本中所给出的输水管放入井口最大长度。

5）求总损失。输水管的总损失为

$$\Delta H_Z = 0.1hL \tag{4-5}$$

式中　ΔH_Z——输水管的总水头损失（m）；

　　　h——每10m长输水管的摩擦损失，从图4-7中查出。

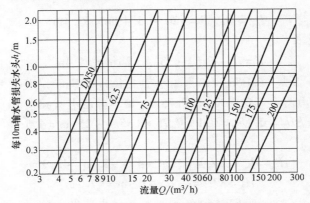

图4-7　深井泵输水管输水摩擦损失曲线

6）求所需扬程

$$H_x = H_w + \Delta H_Z \tag{4-6}$$

式中　H_x——深井泵扬水至井口地面所需的扬程（m）。

如果是将水抽至离地某高度时，则上式中 H_x 还要加上高出地面一段的输水管路水头损失和井口与离地某高度的净高差。

7）确定叶轮级数和水泵扬程。根据求出的 H_x，查产品样本，确定该泵叶轮的级数，使水泵的额定扬程不小于 H_x，即 $H_e = KH_x$。式中 K 为储备系数，约为 $1.1 \sim 1.2$。

（4）设计计算举例

【例4-1】　已知某井的深度 H_s 为50m，静水位 H_i 为20m，井孔直径为150mm，井的出水量为30m³/h，相应的稳定水位降为6m，要求将水提升到离地面 H' 为5m的水塔内，地面上输水管长25m。试选择合适的深井泵。

【解】

1）最大可能出水量 Q_{max}。

井中水深：

$$H = H_s - H_i = (50 - 20)\text{m} = 30\text{m}$$

井的最大水位降：

$$S_{max} = \frac{H}{2} = 15\,\mathrm{m}$$

$$Q_{max} = \frac{(2H - S_{max})S_{max}}{(2H - S)S}Q = \frac{(2 \times 30 - 15) \times 15}{(2 \times 30 - 6) \times 6} \times 30\,\mathrm{m^3/h} = 62.5\,\mathrm{m^3/h}$$

单位流量的水位降为

$$S_q = \frac{S_{max}}{Q_{max}} = 15 \div 62.5 = 0.24$$

2）井中水位降落值。已知井孔直径为 150mm，初选一台 6JD56 型深井泵，其流量为 56m³/h。井中水位可能降落值为：

$$S = S_q Q = 0.24 \times 56\,\mathrm{m} = 13.4\,\mathrm{m} < \frac{H}{2} = 15\,\mathrm{m}，满足要求。$$

3）动水位深度

$$H_w = H_i + S = (20 + 13.4)\,\mathrm{m} = 33.4\,\mathrm{m}$$

4）井中输水管总长

$$L = H_w + 2\,\mathrm{m} = (33.4 + 2)\,\mathrm{m} = 35.4\,\mathrm{m}$$

5）输水管总水头损失。6JD56 型水泵输水管直径为 115mm，当输送流量为 56m³/h 时，每 10m 管长水头损失由图 4-7 查得为 $h = 0.75\,\mathrm{m}$，输水管总水头损失为

$$\Delta H_z = 0.1hL = 0.1 \times 0.75 \times (35.4 + 25)\,\mathrm{m} = 4.5\,\mathrm{m}$$

6）所需扬程

$$H_x = H_w + \Delta H_z = (33.4 + 4.5 + 5)\,\mathrm{m} = 42.9\,\mathrm{m}$$

$$H_e = KH_x = 1.1 \times 42.9\,\mathrm{m} = 47.2\,\mathrm{m}$$

查产品样本，选用 8 级，即 6JD56×8 型深井泵，其扬程为 64m，流量为 56m³/h，转速为 2900r/min，轴功率为 14.38kW。

（5）深井泵站设计要求　采用深井泵的泵房，应以深井泵叶轮的淹没要求作为校核条件。一般深井泵在最低水位时要求淹没 2~3 个叶轮并且大于 1.0m，深井泵吸水管距井底的距离 H_R 为（1~1.25）D 且大于 0.5m。水泵吸水管的高程如图 4-8 所示。

为了保证集水井内不淤沙，水泵的间距不超过 4m。在此范围内可以不考虑单设排沙设备。

2. 大型深井泵站

当地下水源岩性很好、储量充沛、涌水量大、埋藏较深时，或在山区河流取集地面水时，可以采用一井多泵的方法，即在一个大口径钢筋混凝土井筒内，设置若干台深井泵或潜水泵取水。我国西南地区一些水厂或工厂自备水源大多采用这种方式取水，如图 4-9 所示。

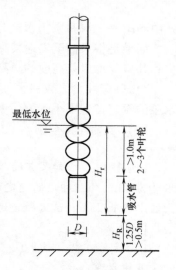

图 4-8　水泵吸水管高程

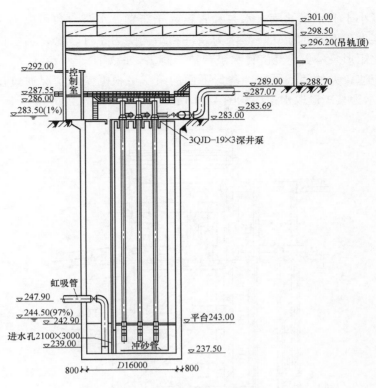

图 4-9　某取集地面水深井泵站

4.2　地表水取水泵房

　　地表水取水泵房和二级泵房有许多相同之处，设计时可以互相参照，但由于功能上有差别，所以取水泵房的形状、平面和高程布置的要点有所不同。

4.2.1　水泵的基本类型

　　地表水取水泵房中的取水泵常采用叶片式水泵。叶片式水泵有离心泵、轴流泵和混流泵三种类型。

　　离心泵是地表水取水工程中广泛采用的一种水泵，离心泵主要有卧式及立式，单吸及双吸，单级及多级等。

　　轴流泵适用于低扬程、大流量的取水工程，一般与立式电动机配套，电动机安装在泵房上部电机层内，操作条件好。混流泵适用于低扬程、大流量的取水工程，扬程较轴流泵高，性能较好。

　　选泵的基本原则是：①水泵必须满足取水工况的最大流量和扬程，并在高效区运行；②水源水位变幅大的泵站，宜选用特性曲线陡峭型的水泵；③尽量减少水泵台数，选择效率较高的大泵；尽可能选用同型号水泵，互为备用；④考虑近远期结合，因一级泵站施工费用高，更要考虑远期发展的需要。

4.2.2　取水泵房的平面布置

1. 取水泵房平面布置形式

　　取水泵房平面布置形式有：矩形、圆形、椭圆形、半圆形、菱形及其他组合形式。矩形泵房适用于深度小于 10m 的泵房，水泵和管道易于布置，水泵台数可以为 4 台以上。圆形泵房适用于深度大于 10m 的泵房，其水力条件和结构受力条件较好，当水位变化幅度大和泵房较深时，比矩形泵房更为经济；水泵台数不宜多，最好少于 4 台（立式泵除外）。椭圆形泵房适用于流速较大的河心泵房。菱形平面的泵房可根据实际情况通过技术经济比较确定。图 4-10 所示为某矩形取水泵房，图 4-11 所示为某圆形取水泵房。

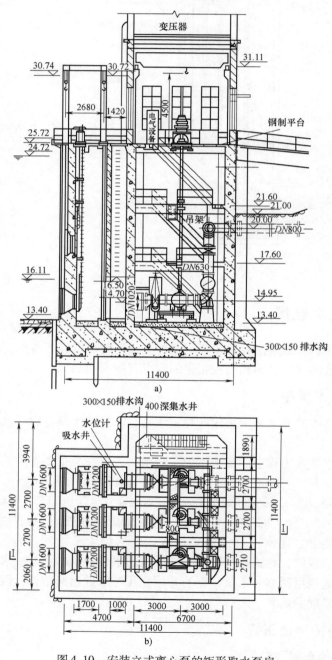

图 4-10　安装立式离心泵的矩形取水泵房

a）Ⅰ—Ⅰ剖面图　b）平面图

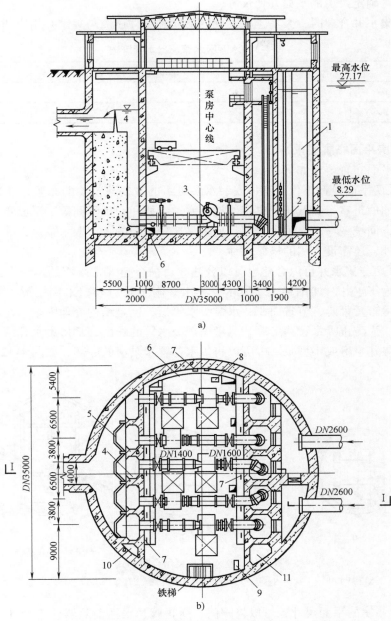

图 4-11 圆形取水泵房

a）Ⅰ—Ⅰ剖面图 b）平面图

1—进水间 2—阀门 3—卧式离心泵 4—出水竖井 5—溢流堰式 6—风道
7—风管 8—排水泵 9—排水管 10—电缆通道 11—电梯间

泵房平面尺寸取决于水泵机组尺寸和吸、压水管路及其附件和配件的布置。水泵机组尺寸可从产品样本获得，吸、压水管管径可根据设计流量和流速（见表4-1）确定。附件的设置由检修和运行调度决定，配件的设置由管道连接和走向决定。管道附件和配件的尺寸可从产品样本获得。将上述尺寸沿长度、宽度或直径方向相加，再加上必要的间距和人员通行或检修尺寸，即可确定泵房的平面几何尺寸。

当泵房与集水井合建时，泵房工艺平面的形状和尺寸还应与集水井相协调。

表 4-1　水泵吸水管、出水管流速

管径/mm	$d<250$	$250 \leqslant d<1000$	$1000 \leqslant d<1600$	$d \geqslant 1600$
吸水管内流速/(m/s)	1～1.2	1.2～1.6	1.5～2.0	1.5～2.0
出水管内流速/(m/s)	1.5～2.0	2.0～2.5	2.0～2.5	2.0～3.0

2. 取水泵房平面布置要求

取水泵房平面布置要求如下：

1）取水泵房平面设计不仅要考虑安装水泵机组的主要建筑物的布置，还应考虑附属建筑物的布置，如值班室、高低压配电室、控制室、维修间、生活间等。平面布置应从方便操作及维护管理方面统一考虑。远离城市且检修又比较复杂的大型取水泵房，除水泵机组旁边应有修理场地外，还需设专门的检修场地。

2）取水泵房与集水井可以合建也可以分建。目前合建式常采用的两种形式为：圆形泵房内小半圆作为集水井，如图 4-12a 所示；集水井附于泵房外壁采用矩形，如图 4-12b 所示。合建式泵房布置紧凑、节省面积、水泵吸水管短，但是结构处理困难。在泥沙含量高的河流中取水时，为防止吸水管路堵塞，尽量缩短吸水管的长度，常将集水井深入中间，取得较好的效果。湿井泵房或小型泵房中可以将集水井置于泵房的底部，如图 4-12c 所示。

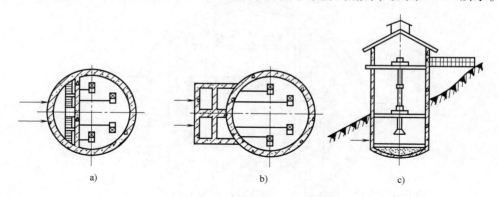

图 4-12　集水井和泵房合建形式
a）集水井设于泵房内　b）集水井设于泵房外侧　c）集水井设于泵房下部

3）为减小泵房的平面尺寸，可以将阀门、逆止阀、水锤消除器、流量计等放置在室外的阀门井内。泵房内可以设置不同高度的平台，放置真空泵、配电盘等辅助设备，以充分利用空间。

4）水泵台数在满足需要的前提下，不宜过多。水泵台数越多，占地面积越大。一般包括备用泵在内，3～6 台为宜。取水泵房布置水泵机组、管路和附属设备时，既要满足操作、检修及发展的要求，又要尽量减小泵房面积。卧式水泵机组呈正反转双行排列，或机组相互垂直排列；一台水泵的吸、压水管加套管穿越另一台水泵基础；水泵压水管上的止回阀和转换阀布置在泵房外的阀门井内。

5）取水泵房的布置以近期为主，考虑远期发展并留有一定的余地，可以适当增大水泵的机组和墙壁的净距，留出小泵换大泵或另行增加水泵所需位置。

矩形泵房的水泵机组布置可以参照二级泵房（详见《给水排水设计手册》）。圆形泵房内的水泵布置，如图4-13所示。采用立式泵时，多数为单排布置或沿圆周布置，泵房一侧为集水井。也可以采用分建式。

设计时，尽量缩短水泵传动轴长度，水泵层的楼盖上应设吊装孔，并应有通向中间轴承的平台和爬梯。

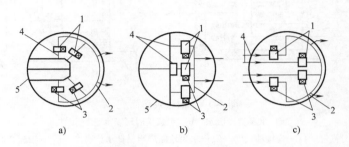

图 4-13 圆形泵房内水泵布置

a）沿圆周布置 b）单排布置 c）双排布置

1—水泵 2—压水管 3—电动机 4—吸水管 5—集水井

4.2.3 取水泵房的高程布置

取水泵房高程一般根据河床深度、枯水位、最高水位以及 ±0.00 层以上设备运输起吊要求等因素确定。水文特征是决定泵房高程的重要因素，取水最高设计水位主要根据百年一遇的设计最高水位确定；泵房位于江河边时，取水泵房地面层标高为设计最高水位加浪高再加上 0.5m；泵房位于渠道边时，取水泵房地面层标高为设计最高水位加 0.5m；当泵房位于湖泊、水库或海边时，取水泵房地面层标高为设计最高水位加浪高再加 0.5m，并应有防止波浪爬高的措施。在少数情况下，为了方便泵房内设备的运输、检修，也可以适当抬高 ±0.00 层的高程。

进水间最低动水位等于河流最枯水位减去取水头部到进水间的水头损失；吸水间最低动水位等于进水间最低动水位减去进水间到吸水间的水头损失；吸水间底部高程等于吸水间最低动水位减去格网高度和 0.3 ~ 0.5m 的安全高度。

卧式离心泵的安装高度计算方法和二级泵房相同。但因水泵抽吸浑水，容易磨损泵壳、叶轮和管道，输水阻力变化较大，确定吸水高度时应留一定的富余水头。

轴流泵的吸水间（进水流道）和水泵层的高度必须按照水泵样本要求进行布置和确定。中小型轴流泵常采用吸水喇叭口在吸水间内吸水，水泵层地面高程 = 吸水管口高程 + h_2，电机层地面距离水泵层地面的高度等于 L_1 加连接轴长度 L_2（不小于 1.5m）。大型轴流泵常采用肘形或钟形进水，水泵层的地面高程 = 设计最低水位高程 − H_R − h_3，以上尺寸均在水泵样本中作出规定，可查，如图4-14所示。

立式离心泵安装高度的计算和卧式离心泵相同。一般叶轮在最低水位以下的深度至少 0.5 ~ 1.0m，水泵层、电机层的高程计算和轴流泵相同。

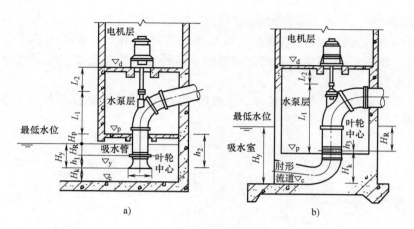

图 4-14　轴流泵房高度
a）水泵直接吸水　b）水泵从肘形吸水管吸水

L_1—水泵部分高度　L_2—连接轴长度　H_p—水泵地面层至最低水位高度　H_R—轴流泵的安装高度

h_1—水泵叶片中心至吸水管口距离　H_k—水泵管口至井底距离　h_2—水泵吸水管口至水泵层地面的距离

H_y—水泵吸水管的淹没深度　h_3—水泵叶轮中心到水泵层基础面的距离

$\triangledown_d$—电机层地面高程　$\triangledown_p$—水泵层地面高程　$\triangledown_y$—水泵吸水管管口的高程　$\triangledown_c$—吸水井井底标高

4.2.4　水泵吸水管和出水管布置

一般每台水泵宜设置单独的吸水管。当合用吸水管时，应尽量做到自灌进水，同时吸水管的根数不少于两条；当一条吸水管发生事故时，其余吸水管按设计水量的75%考虑。为避免吸水管中积气，形成空气囊，应采用正确的安装方法。吸水管应有向水泵上升的坡度（$i \geqslant 0.01$）。水泵吸水管在吸水间中的布置原则为水头损失小，不产生旋涡，可防止井内泥沙沉积。

根据吸、压水管道的布置和附件、配件的设置，计算确定其管径和沿程、局部水头损失。

4.2.5　水泵机组的选择

取水泵房的设计和运行，一般按一天24h均匀工作。因此在设计中要根据最高日用水量来选择效率高的水泵机组。水源水位的变化也是设计中应考虑的重要因素，必须了解水源的水文情况，考虑高低水位的变化。对于水源水位变化幅度大的河流，水泵的高效点应选择在水位出现频率最高的位置。通常取水泵房的出水量稳定，选泵时应尽量考虑用大泵，水泵台数可以少些，泵房面积也可以相应减少，同时减少水泵并联数，避免水泵在较低效率区工作。备用泵一般为一台，只有一些要求不能间断供水的用户，才设两台，其中一台备用泵处于检修状态。当水源水为高浊度水时，应按设计流量的30%~50%设置备用泵。

取水泵房的水泵，在计算水泵扬程时应留有一定的富裕水头。若采用深井泵的湿井泵房，在计算水泵的管路损失时，应包括扬水管和泵座的水头损失在内。当缺乏资料时，泵座水头损失为0.1~0.15m，每百米扬水管水头损失按7~9m计算。

取水泵房节能的关键是水泵机组的合理选择，扬程和流量是决定水泵选择的重要因素。

水泵的提升水量按最高日平均时考虑。水泵所需扬程为

$$H = (H_0 - H_1) + h_管 + h_泵 + h_{自由水头} \qquad (4-7)$$

式中　H_0——出口水面高程（m）；

　　　H_1——泵吸水进口处的低水位高程（m）；

　　　$h_管$——输水管总水头损失（m）；

　　　$h_泵$——取水泵房内总水头损失（m）；

　　$h_{自由水头}$——出水口自由水头（m）。

4.2.6　电动机选型

电动机应按照水泵要求的轴功率、转速、供电电压、电动机起动方式，以及水泵、电动机工作环境、运行方式等选择。应尽量选用功率因数及效率较高、起动方式简单的电动机。

水位变幅较大的取水泵房，水泵扬程变化较大，洪水位时扬程减小，流量增大，容易引起电动机超负荷运行而发热，因此须根据水泵型号和工作条件，选用配套电动机。电动机所需功率为

$$P = K \frac{QH}{102\eta} \qquad (4-8)$$

式中　P——电动机功率（kW）；

　　　Q——水泵流量（L/s）；

　　　H——水泵扬程（m）；

　　　η——水泵效率（%）；

　　　K——超负荷系数，一般 55kW 以上为 1.05～1.10，55kW 以下时为 1.1～1.2。

当高压供电电源为 6kV 时，不小于 200kW 的电动机选用 6kV 电压，小于 200kW 的电动机选用 380V 电压；当高压供电电源为 3kV 时，不小于 100kW 的电动机选用 3kV 电压，小于 100kW 的电动机选用 380V 电压。在同一泵房内，尽量选用同一电压等级的电动机。

为防止洪水影响，取水泵房变配电间应布置在泵房地面层上或高于地面层的岸上。辅助间一般不单独设置，可利用空余的空间。

4.2.7　泵房附属设备

为便于泵房内设备的安装、检修，需要设置起重设备，其额定起质量应根据最重吊运的部件和吊具的总质量确定。起重机的提升高度应满足机组安装和检修的要求。

中小型泵房和深度不大的大型泵房，一般用单轨起重机、桥式起重机等一级起吊。深度大于 20～30m 的大中型泵房，因起吊高度大，宜在泵房顶层设电动葫芦或电动卷扬机作为一级起吊，再在泵房低层设桥式起重机作为二级起吊。需注意两者位置的衔接，以免偏吊。

4.2.8　通风与采暖

泵房考虑要有良好的通风。根据泵房内机组的大小、性质，泵房面积、层高、埋深及地区的气温条件，选择适当的通风方式。主泵房和辅机房宜采用自然通风，当自然通风不能满

足要求时，可考虑机械通风。

泵房内值班、控制室等人员经常逗留的地方温度为 16~18℃，水泵间取 5~10℃。当温度不能满足要求时，应有采暖通风设备。

4.2.9 泵房的抗浮、防渗

取水泵房必须考虑抗浮，可以依靠泵房本身质量，或在泵房顶部或侧面增加压重物、泵房底部打入锚桩与基岩锚固、扩大泵房底板等。做好防渗工作，以免在外壁水压作用下渗水。

4.2.10 泵房设计与计算举例

【例4-2】　某厂新建水源工程，设计水量为 400000m³/d。采用河床式取水泵房，用两条直径为 1400mm 的自流管从江中取水，自流管全长 200m。水源洪水位标高为 37.00mm（$P=1\%$），枯水位标高为 23.53mm（$P=97\%$）。净水厂絮凝池前配水井的水面标高为 57.83m，泵站到净水厂配水井的输水干管全长 1150m。取水泵房枢纽布置如图 4-15 所示。试进行泵房工艺设计。

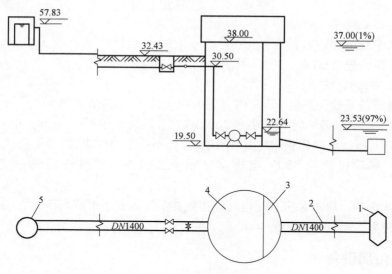

图 4-15 取水泵房枢纽布置
1—箱式取水头部 2—取水自流管 3—吸水间 4—机器间 5—配水井

【解】　（1）确定设计流量和估算设计扬程

1）设计流量 Q。取水厂自用水系数为 1.05，$Q=1.05\times\dfrac{400000}{24}$ m³/h $=17500$ m³/h $=4.861$ m³/s。

2）设计扬程 H。当一条自流管检修时，另一条自流管通过 75% 最大设计流量，此时为最不利情况。在最不利情况下，从取水头部到吸水间之间的水头损失取为 8.9kPa，吸水间中最高水面标高为（$37.00-8.9/10$）m $=36.11$ m，最低水位标高为（$23.53-8.9/10$）m $=$

22. 64m。水泵所需静扬程 H_{sT} 为：

在洪水位时，$H_{sT} = 10 \times (57.83 - 36.11) kPa = 217.2 kPa (21.72m)$

在枯水位时，$H_{sT} = 10 \times (57.83 - 22.64) kPa = 351.9 kPa (35.19m)$

输水管采用两条 $DN1400$ 的钢管并联，当一条输水管检修时，另一条输水管应通过 75% 的最大设计流量，即 $Q = 0.75 \times 17500 m^3/h = 13125 m^3/h = 3.646 m^3/s$。

查水力计算表得，管内水流速 $v_5 = 2.37 m/s$，$1000i_s = 39 kPa$，局部水头损失取沿程水头损失 10%，输水干管总水头损失为

$$1.1 \times 39 \times 1150/1000 kPa = 49.34 kPa$$

泵站内管路的水头损失粗估为 2m（20kPa），安全水头取 2m（20kPa）。水泵的设计扬程为：

设计枯水位时，$H_{max} = (351.9 + 49.34 + 20 + 20) kPa = 441.24 kPa (44.124m)$

设计洪水位时，$H_{min} = (217.2 + 49.34 + 20 + 20) kPa = 306.54 kPa (30.654m)$

（2）确定水泵和电动机

1）初选水泵和电动机。经技术经济比较，选四台 32SA—10 型水泵（$Q = 1.00 \sim 1.71 m^3/s$，$H = 524.3 \sim 416.5 kPa$，$N = 752 kW$，$H_s = 47.04 kPa$），三用一备。选用 YKS630—10 型异步电动机（1000kW，10kV，IP44 水冷式）。

2）确定机组基础尺寸。查水泵与电动机样本，计算出 32SA—10 型水泵机组基础平面尺寸为 5200mm × 2000mm，机组总重量为 169050N。

基础深度 H 可以按下式计算：

$$H = 3.0W/(LB\gamma)$$

式中　W——机组总重量（N）；

L——基础长度，$L = 5.2m$；

B——基础宽度，$B = 2.0m$；

γ——基础所用材料的重度，对于混凝土基础，$\gamma = 23520 N/m^3$。

$$H = 3.0 \times 169050/(5.2 \times 2.0 \times 23520) m = 2.07m$$

基础实际深度连同泵房底板在内，应为 3.25m。

（3）吸水管路与压水管路计算　每台水泵有单独的吸水管和压水管。

1）吸水管。

吸水管内流量　　$Q_1 = 17500/3 m^3/h = 5833 m^3/h = 1.62 m^3/s$

采用 $DN1200$ 的钢管，查水力计算表得，流速 $v_2 = 1.45 m/s$，$1000i_x = 17.7 kPa$。

2）压水管。采用 $DN1000$ 的钢管，查水力计算表得，流速 $v_4 = 2.06 m/s$，$1000i_y = 45.6 kPa$。

（4）机组与管道布置　将四台机组双行交错排列，两台为正常转向，两台为反常转向。吸水管与压水管采用直进直出方式布置，压水管引出泵房后并联成两条管线。水泵压水管上设液控蝶阀（HDZs41X-10）和手动蝶阀（D₂241X-10）。吸水管上设手动闸阀（Z545T-6）。闸阀切换井设在泵房外面。两条 $DN1400$ 蝶阀（GD371Xp-1）连接起来，每条输水管上各设切换用的蝶阀（GD371Xp-1）一个。

（5）吸水管路和压水管路中水头损失计算　取一条最不利线路，从吸水口到切换井中闸阀为计算线路，如图 4-16 所示。

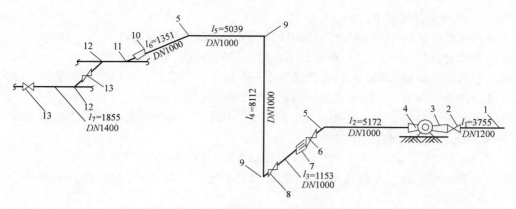

图 4-16　吸、压水管路水头损失计算线路图

吸水管中水头损失 $\sum h_1$ 为：

$$h_{1沿} = l_1 i_x = 17.7 \times 3.755/1000\,kPa = 0.066\,kPa(0.0066\,m)$$

$$h_{1局} = \gamma_h \left[\frac{(\xi_1 + \xi_2)v_2^2}{2g} + \frac{\xi_3 v_1^2}{2g} \right]$$

$$= 10 \times \left[\frac{(0.75 + 0.15) \times 1.45^2}{2 \times 9.8} + \frac{0.2 \times 3.22^2}{2 \times 9.8} \right] kPa$$

$$= 1.98\,kPa(0.198\,m)$$

式中　ξ_1——吸水管进口局部阻力系数，$\xi_1 = 0.75$；

ξ_2——$DN1200$ 闸阀局部阻力系数，按开启度 $\dfrac{a}{d} = 1/8$ 考虑，$\xi_2 = 0.15$；

ξ_3——$DN1200 \times 800$ 偏心渐缩管，$\xi_3 = 0.2$，$v_1 = 3.22\,m/s$。

$$\sum h_1 = h_{1沿} + h_{1局} = (0.066 + 1.98)\,kPa = 2.05\,kPa$$

压水管路中水头损失 $\sum h_2$ 为：

$$h_{2沿} = (l_2 + l_3 + l_4 + l_5 + l_6)i_y + l_7 i_s$$

$$= [(5.172 + 1.153 + 8.112 + 5.039 + 1.351) \times 45.6/1000 + 1.855 \times 39.0/1000]\,kPa$$

$$= 1.03\,kPa(0.103\,m)$$

$$h_{2局} = \gamma_h \left[\frac{\xi_4 v_3^2}{2g} + \frac{(2\xi_5 + \xi_6 + \xi_7 + \xi_8 + 2\xi_9 + \xi_{10})v_4^2}{2g} + \frac{(\xi_{11} + 2\xi_{12} + 2\xi_{13})v_5^2}{2g} \right]$$

$$= 10 \times [0.33 \times 5.73^2/(2 \times 9.8) + (2 \times 0.54 + 0.15 + 0.21 + 0.15 + 2 \times 1.08 +$$

$$0.47) \times 2.06^2/(2 \times 9.8) + (0.5 + 2 \times 1.5 + 2 \times 0.15) \times 2.37^2/(2 \times 9.8)]\,kPa$$

$$= 25.03\,kPa(2.503\,m)$$

式中　ξ_4——$DN\,600 \times 1000$ 渐放管，$\xi_4 = 0.33$；

ξ_5——$DN1000$ 钢制 45° 弯头，$\xi_5 = 0.54$；

ξ_6——$DN1000$ 液控蝶阀，$\xi_6 = 0.15$；

ξ_7——$DN1000$ 伸缩接头，$\xi_7 = 0.21$；

ξ_8——$DN1000$ 手动蝶阀，$\xi_8 = 0.15$；

ξ_9——$DN1000$ 钢制 90° 弯头，$\xi_9 = 1.08$；

ξ_{10}——$DN1000 \times 1400$ 渐放管，$\xi_{10} = 0.47$；

ξ_{11}——DN1400 钢制斜三通，$\xi_{11} = 0.5$；

ξ_{12}——DN1400 钢制正三通，$\xi_{12} = 1.5$；

ξ_{13}——DN1400 蝶阀，$\xi_{13} = 0.15$。

$v_3 = 5.73\text{m/s}；v_4 = 2.06\text{m/s}；v_5 = 2.37\text{m/s}$。

$$\sum h_2 = h_{2沿} + h_{2局} = (1.03 + 25.03)\text{kPa} = 26.06\text{kPa}(2.606\text{m})$$

从水泵吸水口到切换井间的全部水头损失为

$$\sum h = \sum h_1 + \sum h_2 = (2.05 + 26.06)\text{kPa} = 28.11\text{kPa}(2.811\text{m})$$

水泵实际所需扬程为：

设计枯水位时，$H_{max} = (351.90 + 49.34 + 28.11 + 20)\text{kPa} = 449.4\text{kPa}(44.94\text{m})$

设计洪水位时，$H_{min} = (217.20 + 49.34 + 28.11 + 20)\text{kPa} = 314.7\text{kPa}(31.47\text{m})$

水泵实际所需扬程小于初选水泵扬程，因此，初选水泵符合要求。

(6) 确定水泵安装高度和计算泵房筒体高度　将水泵房机器间的底板放在与吸水间底板同一标高上，水泵为自灌式工作。

吸水间最低动水位标高为 22.64m。为保证吸水管的正常吸水，取吸水管的中心标高为 20.80m（吸水管上缘的淹没深度为 $22.64\text{m} - 20.80\text{m} - \dfrac{D}{2} = 1.24\text{m}$）。取吸水管下缘距吸水间底板 0.7m，则吸水间底板标高为 $20.80\text{m} - \left(\dfrac{D}{2} + 0.7\text{m}\right) = 19.50\text{m}$。

考虑浪高 1.0m，操作平台标高为 $(37.00 + 1.0)\text{m} = 38.00\text{m}$。

所以，泵房总高度为：$H = (38.00 - 19.50)\text{m} = 18.50\text{m}$。

(7) 选择附属设备

1) 起重设备。最大起质量为 YKS630-10 型电动机的质量，即 8950kg，最大起吊高度为 $(18.50 + 2.00)\text{m} = 20.5\text{m}$（其中 2.00m 是考虑操作平台上汽车的高度）。选用一台 CD1-10 电动葫芦，起质量为 10t，起吊高度 24m。

2) 排水设备。由于泵房较深，故采用电动水泵排水。沿泵房内壁设排水沟，将水汇集到集水坑内，然后用泵抽回到吸水间。

取水泵房排水量一般按 $20 \sim 40\text{m}^3/\text{h}$ 考虑，排水泵的静扬程按 17.5m 计，水头损失大约 5m，总扬程为 $(17.5 + 5)\text{m} = 22.5\text{m}$ 左右。

可以选用两台 IS65-50-160A 型（$Q = 15 \sim 28\text{m}^3/\text{h}$，$H = 27 \sim 22\text{m}$，$N = 3\text{kW}$，$n = 2900\text{r/min}$）离心泵，一台工作，一台备用，配套电动机为 Y100L-2。

3) 引水设备。水泵自灌式工作，不需引水设备。

4) 通风设备。采用自然通风与机械通风相结合。通风设备计算从略。

(8) 确定泵房建筑高度　泵房筒体高度为 18.50m。操作平台以上的建筑高度，根据起重设备及起吊高度和采光、通风的要求，吊车梁底板到操作平台楼板的距离为 8.80m，从平台楼板到房屋底板净高 11.30m。

(9) 确定泵房平面尺寸　根据水泵机组、吸水与压水管道的布置条件以及排水泵机组和通风机等附属设备的设置情况，从《给水排水设计手册》中查出有关设备和管道配件的尺寸，通过计算求得泵房内径为 22m。

思 考 题

1. 叙述取水泵房选泵和二级泵房选泵的异同点。
2. 岸边式取水泵房的地面高程如何确定？
3. 取水泵房平面布置与高程布置有哪些要求？
4. 如何进行取水泵房的工艺设计？

第 5 章

输 水 管 渠

本章知识点：介绍输水方案优化条件，输水管渠定线原则，输水设计流量计算及输水管渠经济管径计算方法，输水管线可靠性保障要求，各类管材特点及适用条件。

本章重点：输水管渠定线，经济管径计算，输水管线可靠性计算。

5.1 输水管渠布置与敷设

在给水系统中，输水管渠一般指从水源到城市水厂（原水输水管渠）或从城市水厂到较远用户的管渠（净水输水管渠）。本章主要讨论原水输水管渠的设计计算。

5.1.1 确定输水方案

原水可采用管道或渠道输送。根据输送水量、水质、输水距离、输水地形和城乡建设规划，考虑采用的输水管渠形式、输水方式、输水安全度（见表 5-1）、附属构筑物和附件的设置。在地形图上初定几种可能的定线方案，经方案比较后，选定输水方案。

表 5-1 输水管渠适用条件

分类依据	种 类	适用条件及特点
管渠形式	明渠或河道	适用输送大流量原水，损耗大，易污染，造价低
	暗渠或隧洞	适用输送大流量原水，损耗小，不易污染，造价高
	管道	适用输送小流量原水，无损耗，不易污染，常用
输水方式	压力	适用输水起点低于输水终点或平坦地势，常用
	重力	适用输水起点高于输水终点
	压力—重力	适用输水地形起伏变化
输水安全	单管	适用于多水源，单水源时，安全性差
	单管加水池	适用于工程建设初期，具有一定安全性
	双管加连接管	适用于单水源，事故检修便于切换，安全性高

当输水距离超过 10km 时为长距离输水工程，定线方案需深入进行实地勘察和线路方案比选优化。当采用明渠输送原水时，必须有可靠的能防止水质污染和水量流失的安全措施。

5.1.2 输水管渠布置

输水管渠系统的输水方式可采用重力式、加压式或两种并用方式，应通过技术经济比较后选定。实际工程中使用较多的是压力输水管渠。

选择输水管渠的走向与具体位置，应遵循下列原则：

输水管定线时，必须与城市建设相结合选择经济合理的线路。尽量缩短管线长度，少穿越障碍物和地质不稳定的地段，避免沿途重大拆迁、少占农田或不占农田。在可能的情况下，尽量采用重力输水或分段重力输水。

输水管渠应尽量避免穿越河谷、山脊、沼泽、重要铁路和泄洪地区，避开地震断裂带、沉降、滑坡、塌方以及易发生泥石流的地方。避免穿过毒物污染及腐蚀性地区，必须穿越时应采取防护措施。当需要穿越河流时，一般宜设置两条，按一条停止运行另一条仍能通过设计流量来进行设计。

输水管线的选择应考虑近远期相结合和分期实施的可能。

输水干管一般宜设两条，中间要设连通管；若采用一条，必须采取措施保证满足城市用水安全的要求。

输水管道的布置应减少管道与其他管道的交叉。当竖向位置发生矛盾时应使压力管线让重力管线，可弯曲管线让不易弯曲管线，分支管线让干管线，小管径管线让大管径管线，废水、污水管线在给水管下部通过。

5.2 输水管渠计算

5.2.1 输水管渠设计流量

从水源至城镇水厂或工业企业自备水厂的输水管渠的设计水流量应按最高日平均时流量计算，并计入管渠的漏损水量和自用水量，计算公式参见第 1 章式（1-5）与式（1-6）。

当有安全贮水池时，可建设一条输水管渠。贮水池容积可按下式计算：

$$W = (Q_1 - Q_2)T \tag{5-1}$$

式中　W——安全水池容积（m^3）；

　　　Q_1——事故时用水量（m^3/h）；

　　　Q_2——事故时其他水源最大供水量（m^3/h）；

　　　T——事故连续时间（h），根据管渠长度、管材、地形、气候、交通和维修力量等因素确定。

5.2.2 输水管经济管径

经济管径是在投资偿还期内，管网投资年折算费用与年运行费用之和最小的管径。

（1）压力输水管经济管径　压力输水管年费用折算值为最小的经济管径，可按下式求得：

$$D = (fQ^{n+1})^{\frac{1}{\alpha+m}} \tag{5-2}$$

式中　D——经济管径（m）；

　　　f——经济因数，包含管道造价和电费等经济指标的综合参数；

　　　Q——设计流量（L/s）；

　　　n——流量指数，金属管道取 1.852，混凝土管或采用水泥砂浆内衬的金属管道，取 2；

α——单位长度管线造价公式中的指数，因管材和施工条件而异；

m——单位长度管线造价公式中的指数，按巴甫洛夫斯基简化公式计算水头损失时，若粗糙系数为 0.012，则 $m = 5.33$。

【例 5-1】　某压力输水管设计流量为 160L/s，有关经济指标为：$f = 0.269 \times 10^{-9}$，$\alpha = 1.7$，$m = 5.33$，流量指数为 $n = 2$，计算经济管径。

【解】

$$D = (fQ^{n+1})^{\frac{1}{\alpha+m}} = (0.269 \times 10^{-9} \times 160^{2+1})^{\frac{1}{1.7+5.33}} \text{m} \approx 0.380 \text{m}$$

管径选用 400mm。

由于影响经济管径的许多经济指标会随时变化，无法从理论上计算出准确的经济管径，实际工程中可采用平均经济流速确定管径，得出近似经济管径。按下式计算：

$$D = \sqrt{\frac{4Q}{\pi v}} \tag{5-3}$$

式中　D——管径（m）；

　　　Q——流量（m^3/d）；

　　　v——经济流速（m/s），参照表 5-2。

表 5-2　平均经济流速

管径/mm	平均经济流速/（m/s）
100 ~ 400	0.6 ~ 0.9
≥400	0.9 ~ 1.4

（2）重力输水管经济管径　重力输水管不需要供水动力费，经济管径仅由充分利用位置水头使管道建造费用为最低的条件确定，经济管径为

$$D = \left(\frac{k_0}{H} Q^{\frac{2\alpha}{\alpha+m}} l \right)^{\frac{1}{m}} Q^{\frac{2}{\alpha+m}} \tag{5-4}$$

式中　k_0——管道摩阻系数；

　　　H——可利用的克服输水管阻力的水头（m）；

　　　l——管长（m）。

其余符号含义同前。

【例 5-2】　某重力输水管设计流量为 400L/s，长度 10km，可资利用的水头为 50m，有关经济指标为：$k_0 = 1.48 \times 10^{-9}$，$\alpha = 1.8$，$m = 5.33$，流量指数为 $n = 2$，计算经济管径。

【解】

$$D = \left(\frac{1.48 \times 10^{-9}}{50} \times 400^{\frac{2 \times 1.8}{1.8+5.33}} \times 10000 \right)^{\frac{1}{5.33}} \times 400^{\frac{2}{1.8+5.33}} \text{m} \approx 0.564 \text{m}$$

管径选用 600mm。

5.2.3 输水管渠水头损失

输水管渠总水头损失为沿程水头损失与局部水头损失之和。

输水管的沿程水头损失为

$$H = il = \alpha l Q^2 = s Q^2 \tag{5-5a}$$

式中 H——沿程水头损失（m）；

i——管道（渠）水力坡降；

l——管道长度（m）

Q——流量（m^3/s）；

α——管道比阻，$\alpha = \dfrac{64}{\pi^2 C^2 D^5}$；

s——管道（渠）摩阻（s^2/m^5）；

$$s = \alpha l = \frac{64}{\pi^2 C^2 D^5} l \tag{5-5b}$$

其中，$C = \dfrac{1}{n} R^{\frac{1}{6}}$，$R = \dfrac{D}{4}$，$n$ 为管道粗糙系数，D 为以 m 为单位的管道内径。

对于钢筋混凝土管或采用水泥砂浆内衬的金属管道，其粗糙度系数 n 可取 $0.013 \sim 0.014$，利用巴甫洛夫斯基公式计算的比阻 α 值见表 5-3。

表 5-3　利用巴甫洛夫斯基公式计算得出的管道比阻 α 值（流量以 m^3/s 计）

管径/mm	比阻 α		管径/mm	比阻 α	
	$n = 0.013$	$n = 0.014$		$n = 0.013$	$n = 0.014$
100	375.16937	435.10768	500	0.07021	0.08142
150	43.15926	50.05453	600	0.02655	0.03079
200	9.30538	10.79204	700	0.01167	0.01353
250	2.83061	3.28284	800	0.00572	0.00664
300	1.07049	1.24151	900	0.00305	0.00354
400	0.23080	0.26768	1000	0.00174	0.00202

对于金属材质的输水管道，可采用海曾-威廉公式计算水头损失。

$$h = \alpha l Q^{1.852} \tag{5-6a}$$

$$\alpha = \frac{10.67}{C_h^{1.852} D^{4.87}} \tag{5-6b}$$

式中 C_h——海曾-威廉系数，见表 5-4。

其余符号含义同前。

表 5-4　海曾-威廉系数 C_h

管　　材	C_h	管　　材	C_h
新铸铁管、涂沥青或水泥的铸铁管	130	使用 20 年的铸铁管	$90 \sim 100$
使用 5 年的铸铁管、焊接钢管	120	使用 30 年的铸铁管	$75 \sim 90$
使用 10 年的铸铁管、焊接钢管	110		

对于塑料材质的输水管道，可以采用魏斯巴赫-达西公式计算水头损失：

$$h = \lambda \frac{l}{d_{\mathrm{j}}} \cdot \frac{v^2}{2g} \tag{5-7}$$

式中　λ——沿程摩阻系数，《室外硬聚氯乙烯给水管道工程设计规程》（CECS17）规定按

勃拉修斯公式 $\lambda = \dfrac{0.304}{Re^{0.239}}$ 计算。《埋地聚乙烯给水管道工程技术规程》规定宜按

柯列布鲁克-怀特公式 $\dfrac{1}{\sqrt{\lambda}} = -2\lg\left(\dfrac{2.51}{Re\sqrt{\lambda}} + \dfrac{\Delta}{3.72D}\right)$ 计算（Re 为雷诺数，Δ 为管

道当量粗糙度，一般取 0.010 ~ 0.015）。

内衬与内涂塑钢管也可参照式（5-7）计算。

长距离输水管道局部水头损失一般占沿程水头损失的 5% ~ 10%。拐弯较多的输水管渠，其局部水头损失按照实际配件的局部水头损失之和计算。

5.2.4　输水管渠设计

输水管渠分为压力输水管渠和无压输水管渠。输水管应保证不间断供水，一般设置为平行的两条。为了提高供水可靠性，常在两条平行的输水管线之间加连通管。这样可将输水管分成多段，当某段管线损坏时，无需整条管线全部停止运行，只需用阀门关停损坏的一段。

输水干管和连通管的管径及连通管根数，应按输水干管任何一段发生故障时仍能通过事故用水量计算确定，城镇的事故水量为设计水量的 70%。

1. 重力供水时压力输水管

当水源位于高处，与水厂内处理构筑物水位有足够的高差时，可利用高差向水厂重力输水。

设水源水位标高为 Z_1，输水管输水到水处理构筑物，其水位标高为 Z_0，这时的水位差 $H = Z_1 - Z_0$，称为位置水头，该水头主要用以克服输水管的水头损失。如果采用不同管径的输水管串联，则各段输水管水头损失之和等于位置水头。

【例 5-3】　有一座水库，最低水位标高为 170m，距水库 20km 的水厂配水井水位标高为 128m，水厂规模为 3 万 $\mathrm{m^3/d}$，自用水占 8%。初步设计采用 DN500 和 DN300 钢管串联重力流输水至水厂。DN500 钢管比阻 $\alpha_1 = 0.0701$，DN300 钢管比阻 $\alpha_2 = 1.0706$，局部水头损失占沿程水头损失的 10% 计，则两种直径的钢管长度各为多少？

【解】

输水流量 $Q = \dfrac{1.08 \times 30000}{24 \times 3600}\mathrm{m^3/s} = 0.375\mathrm{m^3/s}$

假定 DN500 钢管长为 l，则有：

$$\left[\alpha_1 l (0.375)^{1.852} + \alpha_2 (20000 - l)(0.375)^{1.852}\right] \times 1.10 = 170 - 128 = 42$$

$$0.0701 l (0.375)^{1.852} + 1.0706(20000 - l)(0.375)^{1.852} = 38.18$$

求解上述方程，得 $l = 18970\mathrm{m}$，即 DN500 钢管长 18970m，DN300 钢管长（20000 - 18970）m = 1030m。

如果输水管输水量为 Q，相同材质、相同管径、平行的输水管线为 N 条，则每条管线的流量为 Q/N。假设平行管线的管材、直径和长度都相同，则该并联管路输水系统的水头损失为

$$h = s\left(\frac{Q}{N}\right)^n = \frac{s}{N^n}Q^n \qquad (5-8)$$

式中　n——管道水头损失计算流量指数，塑料管、混凝土管及采用水泥砂浆内衬的金属管道 $n = 2$，输配水管道配水管网，取 $n = 1.852$。

当一条管渠损坏时，该系统使用其余 $N - 1$ 条管线的水头损失为

$$h_a = s\left(\frac{Q_a}{N-1}\right)^n = \frac{s}{(N-1)^n}Q_a^n \qquad (5-9)$$

式中　Q_a——管道损坏时需保证的流量或允许的事故流量。

因为重力输水系统的位置水头一定，正常时和事故时的水头损失都应等于位置水头，即 $h = h_a = Z - Z_0$，由式（5-4）和式（5-5a）得事故时流量为

$$Q_a = \left(\frac{N-1}{N}\right)Q = \alpha Q \qquad (5-10)$$

式中　α——流量比例系数。

当平行管线数 $N = 2$ 时，则 $\alpha = (2-1)/2 = 0.5$，这样事故流量只有正常供水量的一半。如果只有一条输水管，则 $Q_a = 0$，即事故时流量为零，不能保证不间断供水。

【例5-4】 设两条平行敷设的重力流输水管线，其管材、直径和长度相等，用2根连通管将输水管线等分成3段，每一段单根管线的摩阻均为 s，重力输水管位置水头为定值。图5-1a表示设有连通管的两条平行管线正常工作时的情况，图5-1b表示一段损坏时的水流情况，求输水管事故时的流量与正常工作时的流量比例。

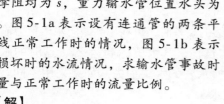

a)

b)

图5-1　重力输水管道

【解】

每根输水管等分成3段，正常工作时的水头损失为

$$h = 3s\left(\frac{Q}{2}\right)^n = 3\left(\frac{1}{2}\right)^n sQ^n$$

当其中一根水管的一段损坏时，另一根水管在该段输水流量为 Q_a，其余两段每一根水管输水流量为 $Q_a/2$，则水头损失为

$$h_a = 2s\left(\frac{Q_a}{2}\right)^n + s(Q_a)^n = \left[2 \times \left(\frac{1}{2}\right)^n + 1\right]sQ_a^n$$

连通管长度忽略不计，重力流供水时正常供水和事故时供水的水头损失都应等于位置水头，则由上式得到事故时与正常工作时的流量比例为

$$\alpha = \frac{Q_a}{Q} = \left[\frac{3 \times \left(\frac{1}{2}\right)^n}{2 \times \left(\frac{1}{2}\right)^n + 1}\right]^{\frac{1}{n}}$$

对于金属输水管道，按海曾-威廉公式计算，取流量指数 $n = 1.852$，则事故时与正常工作时的流量比例为

$$\alpha = \frac{Q_a}{Q} = \left[\frac{3 \times \left(\frac{1}{2}\right)^{1.852}}{2 \times \left(\frac{1}{2}\right)^{1.852} + 1} \right]^{\frac{1}{1.852}} \approx 0.713$$

对于混凝土管或采用水泥砂浆内衬的金属管道，流速系数 C 按照巴甫洛夫斯基公式计算，取流量指数 $n = 2$，则事故时与正常工作时的流量比例为

$$\alpha = \frac{Q_a}{Q} = \left[\frac{3 \times \left(\frac{1}{2}\right)^{2}}{2 \times \left(\frac{1}{2}\right)^{2} + 1} \right]^{\frac{1}{2}} = \left(\frac{1}{2}\right)^{\frac{1}{2}} \approx 0.707$$

城市的事故用水量规定为设计水量的 70%，即 $\alpha = 0.70$。所以为保证输水管损坏时的事故流量，应敷设两条平行管线，并用两条连通管将平行管线至少等分成 3 段。

【例 5-5】　某重力输水系统采用一条 12km 长的钢筋混凝土管线将原水输送至给水厂配水井，其中 7km 管线管径为 $DN1000$，5km 管线管径为 $DN900$，输水能力为 10 万 m^3/d。根据需要对工程进行扩建，扩建工程增设一条 14km 长、管径 $DN1000$ 的钢筋混凝土输水管线。若原水水位和配水井水位不变，则扩建工程完成后，输水系统的输水能力可达到多少？

【解】　扩建后的输水系统如图 5-2 所示。

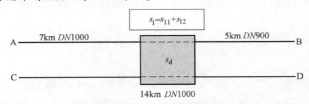

图 5-2　扩建后的输水系统

扩建前 $Q_1 = 10 \times 10^4 \text{m}^3/\text{d} = 1.16 \text{m}^3/\text{s}$

取钢筋混凝土内壁粗糙系数 n 为 0.012。

由式（5-5b）得出扩建前输水系统 A-B 段的摩阻为

$$s_1 = s_{11} + s_{12} = (10.39 + 13.01)\text{s}^2/\text{m}^5 = 23.4 \text{s}^2/\text{m}^5$$

扩建后管线 C-D 的摩阻为

$$s_2 = 20.77 \text{s}^2/\text{m}^5$$

扩建后输水系统的总摩阻以当量摩阻表示：

$$\frac{1}{\sqrt{s_d}} = \frac{1}{\sqrt{s_1}} + \frac{1}{\sqrt{s_2}}$$

$$s_d = \frac{s_1 s_2}{(\sqrt{s_1} + \sqrt{s_2})^2} = \frac{23.4 \times 20.77}{(\sqrt{23.4} + \sqrt{20.77})^2} \text{s}^2/\text{m}^5 = 5.51 \text{s}^2/\text{m}^5$$

扩建后输水系统的可利用水头不变，即

$$H_1 = H_2 = s_1 Q_1^2 = s_d Q_2^2$$

因此

$$Q_2 = \sqrt{\frac{s_1 Q_1^2}{s_d}} = \sqrt{\frac{23.4 \times 1.16^2}{5.51}} \text{m}^3/\text{s} \approx 3.39 \text{m}^3/\text{s} = 20.6 \times 10^4 \text{m}^3/\text{d}$$

2. 水泵供水时压力输水管

水泵供水时的实际流量，应由水泵特性曲线方程 $H_p = f(Q)$ 和输水管特性曲线方程 $H_0 + \sum (h) = f(Q)$ 求出。假定输水管特性曲线中流量指数 $n = 2$，则水泵特性曲线 $H_p = f(Q)$ 和输水管特性曲线的联合工作情况如图5-3所示。

Ⅰ为输水管正常工作时的 $Q - (H_0 + \sum h)$ 特性曲线；Ⅱ为出现事故，输水管任一段损坏时的特性曲线；Ⅲ为水泵特性曲线；由于管道阻力，使管道特性曲线与水泵特性曲线的交点从正常工作时的 b 点移动到 a 点。与 a 点相对应的横坐标即表示事故时流量 Q_a。水泵供水时，为了保证管线损坏时的事故流量，输水管的分段数计算方法如下：

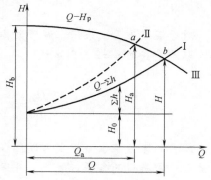

图5-3 水泵与输水管道特性曲线

设输水管接入水塔，当输水管损坏之初只影响进入水塔的水量，直到水塔放空无水时，才影响管网用水量。假定输水管 $Q - (H_0 + \sum h)$ 特性方程表示为

$$H = H_0 + (s_p + s_d)Q^2 \tag{5-11}$$

设两条不同直径的输水管用连通管分成 N 段，则有任一段损坏时，$Q - (H_0 + \sum h)$ 特性方程为

$$H_a = H_0 + \left(s_p + s_d - \frac{s_d}{N} + \frac{s_1}{N}\right)Q_a^2 \tag{5-12}$$

式中 H_0——水泵静扬程，等于水塔水面和泵站吸水井水面的高差；

      N——输水管分段数，输水管之间只有一条连通管时，分段数为2，依此类推；

      Q——正常时流量；

      Q_a——事故时流量；

      s_p——泵站内部管线的摩阻；

      s_d——两条输水管的当量摩阻，$s_d = \dfrac{s_1 s_2}{(\sqrt{s_1} + \sqrt{s_2})^2}$，其中 s_1 为较小管径输水管的摩阻 (s^2/m^5)，s_2 为较大管径输水管的摩阻 (s^2/m^5)。

连通管的长度与输水管相比很短，其阻力可忽略不计。

水泵 Q-H_p 特性方程为

$$H_p = H_b - sQ^2 \tag{5-13}$$

输水管任一段损坏时的水泵特性方程为

$$H_a = H_b - sQ_a^2 \tag{5-14}$$

式中 s——水泵摩阻。

联立求解式（5-11）和式（5-13），即 $H = H_p$，得正常工作时水泵的输水流量表达式：

$$Q = \sqrt{\frac{H_b - H_0}{s + s_p + s_d}} \tag{5-15}$$

从上式可以看出，因 H_0、s、s_p 一定，故 H_b 减少或输水管当量摩阻 s_d 增大，均可使水泵流量减少。

联立求解式 (5-11) 和式 (5-13) 得事故时的水泵输水量表达式：

$$Q_a = \sqrt{\frac{H_b - H_0}{s + s_p + s_d + \frac{1}{N}(s_1 - s_d)}} \tag{5-16}$$

由式 (5-12) 和式 (5-13) 得事故时和正常时的流量比例为

$$\frac{Q_a}{Q} = \alpha = \sqrt{\frac{s + s_p + s_d}{s + s_p + s_d + \frac{1}{N}(s_1 - s_d)}} \tag{5-17}$$

为保证70%的事故流量，即 $\alpha = 0.7$ 时，所需分段数为

$$N = \frac{(s_1 - s_d)\alpha^2}{(s + s_p + s_d)(1 - \alpha^2)} = \frac{0.96(s_1 - s_2)}{s + s_p + s_d} \tag{5-18}$$

式中 s——水泵摩阻 ($\mathrm{s^2/m^5}$)。

其余符号含义同前。

【例5-6】 某城市从水源泵站到水厂敷设两条内衬水泥砂浆的铸铁输水管，每条输水管长度为15000m，管径分别为 $D_1 = 400\mathrm{mm}$，摩阻 $s_1 = 3462\mathrm{s^2/m^5}$，$D_2 = 500\mathrm{mm}$，摩阻 $s_2 = 1053\mathrm{s^2/m^5}$，如图 5-4 所示。水泵静扬程45m，水泵特性曲线方程：$H_p = 141.3 - 700Q^2$。泵站内管线的摩阻 $s_p = 150\mathrm{s^2/m^5}$。假定 $DN400$ 输水管线的一段损坏，求事故流量为70%设计水量时的分段数。

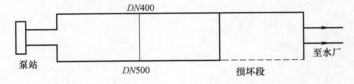

图 5-4 输水管分段数计算

【解】

两条输水管的当量摩阻为

$$s_d = \frac{s_1 s_2}{(\sqrt{s_1} + \sqrt{s_2})^2} = \frac{3462 \times 1053}{(\sqrt{3462} + \sqrt{1053})^2}\mathrm{s^2/m^5} = 437.4427\mathrm{s^2/m^5}$$

事故流量为70%设计水量时所需要的分段数为

$$N = \frac{(s_1 - s_d)\alpha^2}{(s + s_p + s_d)(1 - \alpha^2)} = \frac{(3462 - 437.4427) \times 0.7^2}{(700 + 150 + 437.4427) \times (1 - 0.7^2)} = 2.26$$

即 $N = 3$，拟分成3段。当一段损坏事故时流量等于：

$$Q_a = \sqrt{\frac{H_b - H_0}{s + s_p + s_d + \frac{1}{N}(s_1 - s_d)}} = \sqrt{\frac{141.3 - 45}{700 + 150 + 437.4427 + \frac{1}{3}(3462 - 437.4427)}}\mathrm{m^3/s}$$

$$\approx 0.2048\mathrm{m^3/s}$$

正常工作时流量为

$$Q = \sqrt{\frac{H_b - H_0}{s + s_p + s_d}} = \sqrt{\frac{141.3 - 45}{700 + 150 + 437.4427}}\,\mathrm{m^3/s} \approx 0.2735\,\mathrm{m^3/s}$$

输水管分成 3 段后，一段损坏事故时流量和正常工作时的流量比为 $\alpha = \dfrac{0.2048}{0.2735} \approx 0.75$

5.3 管材、附件及附属构筑物

5.3.1 管材

输水管道材质的选择，应根据管径、内压、外部荷载，管道敷设区的地形、地质、管材的供应，按照施工方便、运行安全、经济合理的原则确定。管材选择见表 5-5。

表 5-5 输水管管材的选用

管 道	接 口		连接配件方式	优缺点及适用条件
	形式	性质		
预应力钢筋混凝土管、预应力钢筒混凝土管	承插口	胶圈柔性接口	(1) 采用特制的转换口配件来连接标准的配件 (2) 采用特制的钢配件连接 (3) 采用钢筋混凝土配件连接	(1) 承插式胶圈柔性接口对各种地基的适应能力强 (2) 防腐能力强，不需要做内外防腐处理 (3) 施工安装方便 (4) 钢筋混凝土矩形管伸缩缝应采用止水构造 (5) 尚无标准配件，不宜用于配件及支管过多的管线
铸铁管	承插口 法兰口	刚性接口 半柔性及 柔性接口	可直接连接标准铸铁配件	(1) 应用最早，最为普遍 (2) 防腐能力比钢管强，但内外仍需一般防腐处理 (3) 较钢管质脆、强度差 (4) 有标准配件，适用于配件及支管过多的管线 (5) 管道接口施工麻烦、劳动强度大
球墨铸铁管	承插口 法兰口	柔性接口及 半柔性接口 刚性接口	可直接连接标准铸铁配件	较一般铸铁管强度高，韧性好，管壁薄，安装方便
钢管	较灵活，可焊接、法兰、螺纹连接及承插口	一般为刚性	(1) 直接连接标准铸铁配件 (2) 用钢配件连接 (3) 小口径也可与白铁配件连接	(1) 管材强度、工作压力较高，管壁薄 (2) 敷设方便、适应性强，可埋设穿越各种障碍 (3) 耐腐蚀性差，内外都需做较强的防腐处理 (4) 造价较高

（续）

管 道	接 口		连接配件方式	优缺点及适用条件
	形式	性质		
石棉水泥管	平口、套管	可有刚性、半柔性及柔性	用铸铁管配件连接	（1）能防腐，内外不需做防腐处理 （2）有不同性质接口，适应不同地基 （3）管节短，接口多 （4）管道口径较小 （5）管道强度较低
塑料管	焊接、螺纹、法兰、粘接	刚性接口	（1）采用镀锌焊接管（白铁）配件 （2）采用特制圆锥形管螺纹塑料配件	（1）耐腐蚀 （2）管内光滑不易结垢，水头损失小 （3）质量轻，安装方便，价格较低 （4）管材强度低，热胀冷缩大 （5）大口径输水管应用较少
玻璃钢夹砂管	双 O 形密封圈承插连接、单 O 形密封圈承插连接、对接及承插粘接、法兰连接	柔性接口刚性接口	承插式、对接式、法兰式、"O"形圈式弯管、丁字管、异径管、平焊法兰等	（1）质量轻，强度高，管节长 （2）耐腐蚀 （3）内壁光滑，摩阻小，不易结垢 （4）密封性好

输水的管道、管材及金属管道内防腐材料，承接管接口处填充料应符合《生活饮用水输配水设备及防护材料的安全性评价标准》（GB/T 17219—1998）的规定。

5.3.2　管网附件布置

输水管（渠）道的起点、终点、分支处以及穿越河道、铁路、公路段，应根据工程的具体情况和有关部门的规定设置阀门。输水管道尚应按事故检修的需要设置阀门。输水管阀门布置见表 5-6。

表 5-6　输水管阀门间距

输水管长度/km	间距/km
<3	1.0 ~ 1.5
3 ~ 10	2.0 ~ 2.5
10 ~ 20	3.0 ~ 4.0

连通管和阀门的布置一般可参照图 5-5 进行。

输水管（渠）道隆起点上应设通气设施。管线竖向布置平缓时，宜间隔 1000m 左右设一处通气设施。

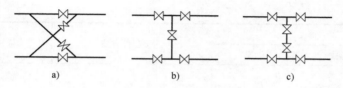

图 5-5　阀门及连通管布置

a）4 阀布置　b）5 阀布置　c）6 阀布置

输水管道的隆起点、倒虹管和管桥处、平直段的必要位置上需设置排气阀。输水管渠的低凹处应设置泄水管和泄水阀。

泄（排）水阀的直径，根据放空管道中泄（排）水所需要的时间计算确定。

输水管需要进人检修处，宜在必要的位置设置人孔，并可结合通气设施一起考虑。

重力输水管渠应根据具体情况设置检查井和排气设施，当地面坡度较陡或非满流重力输水时，应根据具体情况适当设置跌水井、减压井或其他控制水位的措施。

压力水管必要时设置消除水锤的措施。

5.3.3　支墩的设置

承插式管道在转弯处、分叉处、管道尽端，以及管径截面变化处支墩的设置，应根据管径、转弯角度、管道设计内水压力和接口摩擦力，以及管道埋设处的地基和周围土质的物理力学指标等因素计算确定。当管径小于 300mm 或转弯角度小于 10°，且水压不超过 980kPa 时，接口本身足以承受拉力，可不设支墩。

思 考 题

1. 输水管渠定线应遵循哪些原则？

2. 影响输水管道经济管径的因素有哪些？

3. 如何选择输水管道的材料？

4. 对输水管渠可采取哪些措施保障安全供水？

5. 如何保证任何一段输水管发生事故时仍能通过事故水量？连通管的数量对输水安全性是否有影响？应如何设置连通管？

第6章
水源保护与利用

本章知识点：介绍我国水资源概况，可供水量与需水量分析与计算，水源保护与用水量调配，再生水利用趋势。

本章重点：饮用水水源地保护区划分与规划，给水水源卫生防护原则与措施。

6.1 水资源概述

水资源是发展国民经济不可缺少的重要自然资源，其储存形式和运动过程受到自然地理因素和人类活动的影响，能否合理开发与利用水资源，实现水资源的可持续利用，直接关系到人类的生存质量。

6.1.1 水资源概况

据统计，地球的总储水量约为 $1.386 \times 10^9 \text{km}^3$，其中海洋水为 $1.338 \times 10^9 \text{km}^3$，约占全球总水量的 96.5%。在余下的水量中地表水占 1.78%，地下水占 1.69%。人类主要利用的淡水约 $3.5 \times 10^7 \text{km}^3$，在全球总储水量中只占 2.53%。它们少部分分布在湖泊、河流、土壤和地表以下浅层地下水中，大部分则以冰川、永久积雪和冰盖与多年冻土的形式储存。其中冰川与冰盖储水量约 $2.4 \times 10^7 \text{km}^3$，约占世界淡水总量的 69%，大都储存在南极和格陵兰地区。

我国是一个严重缺水的国家，淡水资源总量占全球水资源的 6%，仅次于巴西、俄罗斯和加拿大，居世界第四位，但人均占有量很低，是世界人均径流量的 24.7%，是全球 13 个人均水资源最贫乏的国家之一。扣除难以利用的洪水径流和散布在偏远地区的地下水资源后，我国实际可利用的淡水资源量则更少，并且其分布极不均衡。

根据水利部中国水资源公报，2013 年全国水资源总量为 27957.9 亿 m^3，其中地表水资源量 26839.5 亿 m^3，折合年径流深 283.4mm；从境外流入我国境内的水量 214.9 亿 m^3，而从我国流出的水量 5282.2 亿 m^3，流入界河的水量 2299.1 亿 m^3；全国入海水量 15606.4 亿 m^3。全国矿化度小于等于 2g/L 地区的地下水资源量 8081.1 亿 m^3，其中，平原区地下水资源量 1782.1 亿 m^3，山丘区地下水资源量 6610.7 亿 m^3。平原区与山丘区之间的地下水资源重复计算量 311.7 亿 m^3。北方 6 区平原地下水总补给量为 1539.7 亿 m^3，是北方地区的重要给水水源。北方平原区的降水入渗补给量、地表水体入渗补给量、山前侧渗补给量和井灌回归补给量分别占 51.8%、35.4%、7.8% 和 5.0%。

降水、径流和蒸发是决定区域水资源状态的三要素，三者之间的数量变化关系制约着区域水资源总量的多寡和可供利用的水量。我国水资源的空间分布极不均匀，总体表现为东多西少，南北相差悬殊。北方水资源匮乏，南方水资源相对丰富。长江及其以南地区的流域面积占全国总面积的 36.5%，却拥有占全国 80.9% 的水资源总量；西北地区及额尔齐斯河流域面积占全国总面积的 63.5%，而拥有的水资源量占全国的 4.6%。我国径流地带区划及降水、径流分区见表 6-1。

表 6-1 我国径流地带区划及降水、径流分区

降水分区	年降水深/mm	年径流深/mm	径流分区	大致范围
多雨	>1600	>900	丰水	海南、广东、福建、台湾大部、香港、澳门、湖南山地、广西南部、云南西南部、西藏东南部、浙江
湿润	800～1600	200～900	多水	广西、云南、贵州、四川、长江中下游地区
半湿润	400～800	50～200	过渡	黄、淮海大平原，山西、陕西、东北大部、四川西北部、西藏东部
半干旱	200～400	10～50	少水	东北西部、内蒙古、甘肃、宁夏、新疆西部和北部、西藏北部
干旱	<200	<10	缺水（干涸）	内蒙古、宁夏、甘肃的沙漠，柴达木盆地、塔里木和准噶尔盆地

从全球角度来看水的自然循环过程，其总水量是平衡的。水循环过程以垂直方向的水量交换为主。我国水量平衡各要素的重要界线是 1200mm 年等降水量。年降水量大于 1200mm 的地区，径流量大于蒸散发量；反之，蒸散发量大于径流量。中国除东南部分地区外，绝大多数地区都是蒸散发量大于径流量。越向西北差异越大。水量平衡要素的相互关系还表明，在径流量大于蒸发量的地区，径流与降水的相关性很高，蒸散发对水量平衡影响甚小；在径流量小于蒸发量的地区，蒸散发量则依降水而变化。这些规律可作为建立年径流模型的依据。另外，我国平原区的水量平衡均为径流量小于蒸散发量。当水资源开发利用合理、保护到位时，径流量的变化相对较小，有利于水资源的可持续利用和生态环境的良性循环。

我国的水资源分区是在一个时期相对固定并带有强制性的分区模式，分为三级。进行分区的原则和标准是：流域与行政区域有机结合，保持行政区域与流域分区的统分性、组合性与完整性，适应水资源评价、规划、开发利用和管理工作的需要。在高级分区中以水资源中地表水的区域形成（流域、水系）为主，在低级分区中，考虑了水资源供需系统及行政区域。

根据水利部《中国水资源公报 2013》，2013 年我国各水资源一级区水资源量见表 6-2。一级区保持了大江大河的完整性，分别为松花江区、辽河区、海河区、黄河区、淮河区、长江区、东南诸河区、珠江区、西南诸河区、西北诸河区等 10 个区。

表 6-2 2013 年各水资源一级区水资源量　　　　　　单位：亿 m³

水资源一级区	降水总量	地表水资源量	地下水资源量	地下水与地表水资源不重复量	水资源总量
全国	62674.4	26839.5	8081.1	1118.4	27957.9
北方6区	21944.9	5538.2	2693.3	969.8	6508.0
南方4区	40729.5	21301.3	5387.8	148.6	21449.9
松花江区	6300.4	2459.1	618.7	266.2	2725.2
辽河区	1807.6	539.4	222.0	93.4	632.7

（续）

水资源一级区	降水总量	地表水资源量	地下水资源量	地下水与地表水资源不重复量	水资源总量
海河区	1750.9	176.2	259.8	180.1	356.3
黄河区	3828.6	578.3	381.2	104.7	683.0
淮河区	2339.8	451.6	345.6	219.7	671.2
长江区	18354.0	8674.6	2336.2	122.6	8797.1
其中：太湖流域	402.4	139.9	41.5	20.6	160.5
东南诸河区	3355.0	1902.1	498.8	9.9	1912.0
珠江区	10080.7	5287.0	1257.1	16.1	5303.2
西南诸河区	8939.7	5437.6	1295.7	0.0	5437.6
西北诸河区	5917.7	1333.7	866.1	105.7	1439.4

6.1.2　水资源可利用总量

水资源可利用总量是以流域为单元，在保护生态环境和水资源可持续利用的前提下，在可预见的未来，通过经济合理、技术可行的措施，在当地水资源总量中可供河道外开发利用的最大水量（按不重复水量计）。

1. 水资源可利用总量估算

水资源可利用总量包括地表水可利用量和地下水可利用量（浅层地下水可开采量），为扣除重复水量的地表水资源可利用量与地下水资源可开采量。

水资源可利用总量（$W_{可利用总量}$）可采取下列两种方法进行估算。

1）地表水资源可利用量（$W_{地表水可利用量}$）与浅层地下水资源可开采量（$W_{地下水可开采量}$）相加再扣除两者之间重复计算量（$W_{重复量}$）。两者之间的重复计算量主要是平原区浅层地下水的渠系渗漏（$W_{渠渗}$）和田间入渗补给量（$W_{田渗}$）的开采利用部分。估算公式如下：

$$W_{可利用总量} = W_{地表水可利用量} + W_{地下水可开采量} - W_{重复量} \tag{6-1a}$$

$$W_{重复量} = \rho(W_{渠渗} + W_{田渗}) \tag{6-1b}$$

式中　ρ——可开采系数，是地下水资源可开采量与地下水资源量的比值。

地下水资源量为地下水中参与水循环且可以更新的动态水量（不含井灌回归补给量）。

2）地表水资源可利用量加上降水入渗补给量与河川基流量之差的可开采部分。估算公式如下：

$$W_{可利用总量} = W_{地表水可利用量} + \rho(P_r - R_g) \tag{6-2}$$

式中　P_r——降水入渗补给量；

　　　R_g——河川基流量。

河川基流量是河流河道中处于地下水位以下的水量，因为地下水位多年基本不变，无论是河流的丰水期还是枯水期都能保证这部分水量，所以称作基流。这部分水量也是水资源调查中地表水量与地下水量重复计算的部分。

2. 水资源可利用率

水资源可利用率为多年平均水资源可利用总量与多年平均水资源总量的比值，与区域的水资源条件、紧缺状况、承载能力以及水资源开发利用的调控能力等因素有关。不同区域水资源可利用率可参考表6-3。

表6-3 不同区域水资源可利用率（%）

区　　域	水资源紧缺 调控能力强	水资源较紧缺 调控能力较强	水资源不紧缺 调控能力差
北方	50 ~ 60	40 左右	20 ~ 30
南方	40 左右	20 ~ 30	15 ~ 20
西北内陆河	50 ~ 55	40 左右	15 ~ 20

6.1.3 地表水资源可利用量

地表水资源可利用量是指在可预见的时期内，在统筹考虑河道内生态环境和其他用水的基础上，通过经济合理、技术可行的措施，在流域（或水系）地表水资源量中，通过蓄、引、提等地表水工程可能控制利用的河道一次性最大水量（不包括回归水的重复利用）。

1. 地表水资源可利用量计算

地表水资源可利用量以流域或独立水系为计算单元，以保证成果的独立性、完整性。

在地表水资源总量中，扣除维系河流生态环境功能的河道内基本生态环境需水量和由于技术与经济原因尚难以被利用的部分汛期洪水量，剩余的水量即为地表水可利用量。计算方法如下：

$$W_{地表水可利用量} = W_{地表水资源量} - W_{河道内基本生态环境需水量} - W_{洪水弃水} \tag{6-3}$$

维持河道基本功能的河道内生态环境需水量主要指维持河床基本形态、保障河道输水能力、防止河道断流的水量，保持水体一定的自净能力的水量，河道冲沙输沙水量，以及维持河湖水生生物生存的水量等。

可在对河道内基本生态功能分析的基础上，取多年平均年径流量的百分数作为河道内基本生态环境需水量（北方地区一般取多年平均年径流量的15% ~ 20%，南方地区一般取30% ~ 40%，淮河等过渡区取20% ~ 30%）。

最小月平均流量法以河流最小月平均实测径流量的多年平均值作为河道内基本生态环境需水量。其计算公式为

$$W_{\mathrm{b}} = \frac{T}{n} \sum_{i=1}^{n} Q_{i\mathrm{min}} \tag{6-4}$$

式中 　W_{b}——河道内基本生态环境需水量（亿 m^3）；

$\qquad Q_{i\mathrm{min}}$——第 i 年实测最小月平均流量（m^3/s）；

$\qquad T$——换算系数，$T = 0.31536$；

$\qquad n$——统计年数。

汛期河道内的生态环境需水量为根据汛期河道的基本生态功能确定的各月保留在河道内的最小流量。若取年径流量的百分数作为年河道内生态环境需水量，则应分出汛期相应的河道内生态环境需水量。北方地区汛期一般为2 ~ 3个月，汛期各月生态环境需水量一般取年径流量的3%左右；南方地区汛期一般为4 ~ 6个月，汛期各月生态环境需水量一般取年径流量的4% ~ 5%。

调蓄和河道外取用的水量为考虑未来工程规模和需求可能调蓄和取用（包括调出供外

区利用）的最大水量。一般采用汛期逐月的来水系列，根据汛期的用水需求和工程的调蓄能力进行逐月调算，得出汛期下泄洪水量系列，再统计计算下泄洪水量的多年平均值。

汛期的天然径流量中扣除保留在河道内的生态环境需水量，剩余水量经调蓄和河道外取用，余下的水量为汛期难以控制利用的下泄洪水量。

2. 地表水可利用率

地表水可利用率为多年平均地表水可利用量与多年平均地表水资源量的比值。流域及独立水系的地表水可利用量与地表水可利用率，应进行上下游和流域水系间的协调平衡。

不同地区、不同类型的河流，河道内生态环境用水量、汛期难以利用下泄的洪水量及地表水资源可利用量占地表水资源的比例可参考表6-4。

表6-4 不同类型河流地表水资源可利用率

类　型		河道内基本生态用水量比例（%）	汛期难以利用水量比例（%）	地表水资源可利用量比例（%）
大江大河	北方	10～15	25～40	45～60
	南方	20～30	50～60	20～30
独流入海河流	北方	10～15	40～45	35～50
	南方	20～30	45～50	25～30
内陆河	西北干旱区	40～50		50～60
	青藏高原区	>80		<20
中小河流（支流）	北方	10～15	40～60	30～50
	南方	65～75		25～35

6.1.4　地下水资源可利用量

地下水资源可利用量指在一定期限内，能提供给人类使用的，且能逐年得到恢复的地下淡水资源量。

1. 地下水可开采量

（1）概念　地下水资源可利用量即地下水可开采量，又称地下水允许开采量，指通过技术经济合理的取水构筑物，在整个开采期内出水量不会减少，动水位不超过设计要求，水质和水温变化在允许范围内，不影响已建水源地正常开采，不发生危害性环境地质现象等前提下，单位时间内从含水系统或取水地段中能够取得的水量。简而言之，就是在可预见的时期内，通过经济合理、技术可行的措施，在基本不引起生态环境恶化的条件下，允许以凿井形式从地下含水层中获取的最大水量。可开采量的大小不仅取决于地下水的补给量和储存量的大小，同时还受技术经济条件的限制。当水源地布局不同、开采技术不同、允许成本不同、对环境影响约束不同时，可开采量亦不同。

可开采量与开采量是不同的概念。开采量是指目前正在开采的水量或预计开采量，它只反映了取水工程的产水能力。开采量不应大于可开采量；否则，会引起不良后果。

《供水水文地质勘察规范》（GB 50027—2001）中将地下水资源划分为补给量、储存量和允许开采量。

（2）可开采量的组成　地下水在开采以前，雨季补给量大于消耗量，含水层内储存量增加，水位抬高，流速增大；雨季过后，消耗量大于补给量，储存量减少，水位下降，流速减小。从一个水文周期来看，总补给量与总消耗量是接近相等的，即 $Q_补 \approx Q_排$。

在人工开采地下水时，天然排泄量减少，补给量增加，即为补给增量。在开采状态下，可以用下面水均衡方程表示：

$$\left(Q_补 + \Delta Q_补\right) - \left(Q_排 - \Delta Q_排\right) - Q_采 = \left| \mu F \frac{\Delta h}{\Delta t} \right| \tag{6-5a}$$

式中　$Q_补$——开采前的天然补给量（$\mathrm{m^3/a}$）；

　　$\Delta Q_补$——开采时的补给增量（$\mathrm{m^3/a}$）；

　　$Q_排$——开采前的天然排泄量（$\mathrm{m^3/a}$）；

　　$\Delta Q_排$——开采时天然排泄量减少值（$\mathrm{m^3/a}$）；

　　$Q_采$——人工开采量（$\mathrm{m^3/a}$）；

　　μ——潜水含水层的给水度；

　　F——含水层的面积（$\mathrm{m^2}$）；

　　Δh——在 Δt 时间段内开采影响范围内的平均水位降（m）；

　　Δt——均衡期，最短应选一个水文年（a）。

开采过程中，Δh 为负值；由于天然补给量与天然排泄量近似相等，即 $Q_补 \approx Q_排$，并且开采量在数值上已接近或等于允许开采量，由式（6-5a）可得

$$Q_{可采} = \Delta Q_补 + \Delta Q_排 + \mu F \frac{\Delta h}{\Delta t} \tag{6-5b}$$

因此，允许开采量实质上是由三部分组成的，即

1）增加的补给量（$\Delta Q_补$），可称为开采夺取量。

2）减少的天然排泄量（$\Delta Q_排$），可称为开采截取量。

3）可动用的储存量（$\mu F \cdot \Delta h / \Delta t$）。

2. 地下水储存量与地下水补给量

地下水储存量指地下水在补给与排泄过程中，某一时间段内在含水层（或含水系统）中储存的重力水体积。地下水的补给和排泄保持相对稳定时，储存量是常量；当补给量减少，会消耗储存量；当补给量增加，储存量也相应增加。

在潜水含水层中，储存量的变化主要反映为水体积的改变，称为容积储存量，可用下式计算：

$$W = \mu F h \tag{6-6}$$

式中　W——地下水的容积储存量（$\mathrm{m^3}$）；

　　h——潜水含水层的厚度（m）。

其余符号含义同前。

在承压含水层中，压力水头的变化主要反映弹性水的释放，称为弹性储存量，可按下式计算：

$$W = F \mu^* h \tag{6-7}$$

式中　W——地下水的弹性储存量（$\mathrm{m^3}$）；

　　μ^*——储存系数（释水系数）；

h——承压水含水层自顶板算起的压力水头高度（m）。

其余符号含义同前。

深层承压水量不计入地下水可开采量。

地下水补给量指天然或开采条件下，单位时间进入含水层中的水量，一般包括地下径流补给量、大气降水入渗补给量、地表水入渗补给量、越流补给量和人工补给量等。

3. 地下水排泄量

地下水的排泄主要是指地下水从含水层中以不同方式排泄于地表或另一个含水层中的过程。其途径有泉水溢出、直接向地表水泄流、蒸散发、人工开采及向不同含水层之间的排泄等。

4. 地下水可开采量分级

根据不同目的和具体水文地质条件选择适当的计算评价方法，可以得到不同精度的开采量，便于开发利用。《供水水文地质勘探规范》（GB 50027—2001）中，将可开采量分为A、B、C、D四级，各级的精度按水文地质条件的研究程度、动态观测时间的长短、计算所引用的原始数据和参数的精度、计算方法和公式的合理性和补给的保证程度等五个方面进行分析和评价。

（1）D级——普查阶段 推断的可能富水地段的地下水可开采量应满足D级精度要求，为设计前期的城镇规划、建设项目的总体设计或厂址选择提供依据。水源地水文地质图比例尺可为1:5万~1:10万。

普查阶段D级可开采量的精度应符合以下规定：初步查明含水层（带）的空间分布及水文地质特征；初步圈定可能富水的地段；根据单孔抽水试验确定所需的水文地质参数；概略评价地下水资源，估算地下水可开采量。

（2）C级——详查阶段 控制的地下水可开采量应满足C级精度的要求，为水源地初步设计提供依据。水源地水文地质图比例尺可为1:2.5万~1:5万。

详查阶段C级可开采量的精度应符合以下规定：基本查明含水层（带）的空间分布及水文地质特征；初步掌握地下水的补给、径流、排泄条件及其动态变化规律；根据带观测孔的单孔抽水试验或枯水期的地下水动态资料，确定有代表性的水文地质参数；结合开采方案初步计算可开采量，提出合理的开采值；初步论证补给量，提出拟建水源地的可靠性评价。

（3）B级——勘察阶段 探明的地下水可开采量应满足B级精度的要求，为水源地技术设计和施工图设计提供依据。水源地水文地质图比例尺可为1:1万或更大。

勘查阶段B级可开采量的精度应符合以下规定：查明拟建水源地区的水文地质条件以及与供水有关的环境水文地质问题，提出开采地下水必需的有关含水层资料和数据；根据一个水文年以上的地下水动态资料和群孔抽水试验或开采性抽水试验，验证水文地质参数，掌握含水层的补给条件及供水能力；结合具体的开采方案建立和完善数值模型，计算和评价补给量，确定可开采量；预测开采条件下的地下水水位、水量、水质可能发生的变化；提出不使地下水水量减少和水质变差的保护措施。

直接利用泉水天然流量作为地下水可开采量时，应具有20年以上泉流量系列观测资料。

（4）A级——开采阶段 验证的地下水可开采量应满足A级精度的要求，为合理开采和保护地下水资源，为水源地的改、扩建设计提供依据。水源地水文地质图比例尺可为1:1

万～1:2.5 万。

开采阶段 A 级可开采量的精度应符合以下规定：具有为解决开采水源地所进行的专门研究和试验成果；根据开采的动态资料进一步完善地下水数值模型，并逐步建立地下水管理模型；掌握 3 年以上水源地连续的开采动态资料，并对地下水可开采量进行系统的多年的均衡计算和评价；提出水源地改造、扩建及保护地下水资源的具体措施。

5. 地下水可开采量计算方法

地下水可开采量的计算和确定，应保证：取水方案在技术上可行，经济上合理；在整个开采期内动水位不超过设计值，出水量不会减少；水质、水温的变化不超过允许范围；不发生危害性的环境地质现象，也不影响已建水源地的正常生产。

当需水量不大，且地下水有充足补给时，可只计算取水构筑物的总出水量作为可开采量。可开采量的计算方法非常多，以下介绍常见几种地下水类型区的计算方法。

（1）平原区浅层地下水可开采量的计算　平原区浅层地下水可开采量评价可采用实际开采量调查法、可开采系数法、多年调节计算法、比拟法和数值法等方法。

1）实际开采量调查法。实际开采量调查法适用于地下水开发利用程度较高、地下水实际开采量统计资料较准确、完整且潜水蒸发量不大的地区。如果在评价时段内年初、年末的地下水水位基本持平，则可将该时段年平均地下水实际开采量近似确定为该评价区多年平均地下水可开采量。

利用暗河作为供水水源时，可根据枯水期暗河出口处的实测流量评价可开采量。

2）可开采系数法。可开采系数法适用于含水层水文地质条件研究程度较高的评价区，前提是对地下水含水层的岩性组成、厚度、渗透性能及单井涌水量、单井影响半径等开采条件掌握得比较清楚。

可开采量可按下式计算：

$$Q_{可采} = \rho Q_{总补} \tag{6-8}$$

式中　$Q_{可采}$——评价区多年平均地下水可开采量（万 m^3/a）；

ρ——可开采量系数，为某地区地下水可开采量与同一地区的地下水资源量（地下水总补给量）的比值；

$Q_{总补}$——评价区多年平均地下水总补给量（万 m^3/a）。

对浅层地下水有一定开发利用水平的地区，多年平均浅层地下水实际开采量、水位动态特征、现状条件下总补给量三者之间紧密相关，互为平衡因素。可根据各地区岩性、单井单位降深出水量资料及后续进行的抽水试验分析补充资料，确定开采系数 ρ。

由于在浅层地下水总补给量中，有一部分不可避免地要消耗于自然的水平排泄和潜水蒸发，故开采系数一般小于 1。ρ 值越接近 1，说明含水层的开采条件越好；ρ 值越小，说明含水层的开采条件越差。对于开采条件良好［单井单位降深出水量 $>20m^3/(h \cdot m)$］的地区，应选用较大的可开采系数，参考取值范围为 0.8～1.0；对于开采条件一般［单井单位降深出水量在 $5～10m^3/(h \cdot m)$］的地区，宜选用中等的可开采系数，参考取值范围为 0.6～0.8；对于开采条件较差（单井单位降深出水量 $<2.5m^3/(h \cdot m)$）的地区，宜选用较小的可开采系数，参考取值范围为不大于 0.6。

3）多年调节计算法。多年调节计算法适用于已知岩性、地下水埋深及相关水文地质参数的地区，且该地区具有较详细的水利规划和农业灌溉制度以及连续多年降水过程等资料。

地下水的调节计算，是将历史资料系列作为一个循环重复出现的周期看待，并在多年总补给量与多年总排泄量相平衡的原则基础上进行的。所谓调节计算，是根据一定的开采水平、用水要求和地下水的补给量，分析地下水的补给与消耗的平衡关系。通过调节计算，既可以探求在连续枯水年份地下水可能降到的最低水位，又可以探求在连续丰水年份地下水最高水位的持续时间，还可以探求在丰、枯交替年份在以丰补歉的模式下开发利用地下水的保证程度，从而确定调节计算期（可近似代表多年）适宜的开采模式、允许地下水水位降深及多年平均可开采量。

多年调节计算法有长系列和代表周期两种。前者选取长系列（如 20 年以上）作为调节计算期，以年为调节时段，并以调节计算期间的多年平均总补给量与多年平均总排泄水量之差作为多年平均地下水可开采量；后者选取包括丰、平、枯在内的 8～10 年的一个代表性降水周期作为调节计算期，以补给时段和排泄时段为调节时段，并以调节计算期间的多年平均总补给量与难以夺取的多年平均总潜水蒸发量之差作为多年平均地下水可开采量。

4）比拟法。对于缺乏资料的地区，可根据水文及水文地质条件类似的地区多年的实际开采资料，采用比拟法估算其可开采量。

目前常用开采模数法，公式为

$$Q_0 = M_0 F \tag{6-9a}$$

式中　Q_0——评价区可开采量（万 m^3/a）；

　　　F——评价区的面积（m^2）；

　　　M_0——开采模数［万 $m^3/(m^2 \cdot a)$］，根据实际开采量或排水量求出：

$$M_0 = \frac{Q_{已开采}}{F_{已开采}} \tag{6-9b}$$

式中　$Q_{已开采}$——已开采地区的开采量或排水量（万 m^3/a）；

　　　$F_{已开采}$——已开采地区降落漏斗所占面积（m^2）。

（2）部分山丘区多年平均地下水可开采量计算　利用泉作为供水水源时，可根据以下方法进行计算。

1）泉水多年平均流量不小于 $1.0m^3/s$ 的岩溶山区。多年泉水实测流量均值不小于 $1.0m^3/s$ 的岩溶山区，可采用下列方法计算地下水可开采量：

① 对于多年以凿井方式开采岩溶水量较小（可忽略不计）的岩溶山区，可以多年平均泉水实测流量与本次规划确定的该泉水被纳入地下水可利用量之差，作为该岩溶山区的多年平均地下水可开采量。

② 对于以凿井方式开发利用地下水程度较高，近期泉水实测流量逐年减少的岩溶山区，可以多年地下水水位动态相对稳定时段所对应的年均实际开采量，作为该岩溶山区的多年平均地下水可开采量。时段长度不少于 2 个平水年或不少于包括丰水年、平水年和枯水年在内的 5 个水文年。

其中，因修复生态需要，必须恢复泉水流量的岩溶山区，应在确定恢复泉水流量目标的基础上，确定该岩溶山区多年平均地下水可开采量。

③ 对于以凿井方式开采岩溶水程度不太高的岩溶山区，可以多年平均泉水实测流量与实际开采量之和，再扣除该泉水被纳入地表水可利用量，作为该岩溶山区多年平均地下水可开采量。

2）一般山丘区及泉水多年平均流量小于 $1.0m^3/s$ 的岩溶山区。

① 以凿井方式开发利用地下水程度较高的地区，可根据多年地下水实际开采量，并结合相应时段地下水水位动态分析，确定多年平均地下水可开采量，即以多年地下水水位动态过程线中地下水水位相对稳定时段所对应的多年平均实际开采量，作为该一般山丘区或岩溶山区的多年平均地下水可开采量。时段长度不少于 2 个平水年或不少于包括丰水年、平水年、枯水年在内的 5 个水文年。

② 以凿井方式开发利用地下水的程度较低，但具有以凿井方式开发利用地下水前景，且具有较完整水文地质资料的地区，可采用水文地质比拟法，估算一般山丘区或岩溶山区的多年平均地下水可开采量。

6.1.5 水资源量间的重复计算

各计算分区地下水资源量与地表水资源量间的重复计算量采用下式计算：

$$Q_重 = Q_山 + Q_{水生} + \frac{P_{r水旱}}{Q_{水旱}}E_{水旱} - Q_{基补} \tag{6-10}$$

式中 $Q_重$——计算分区多年平均地下水资源量与地表水资源量间的重复计算量（万 m^3/a）；

$\quad\quad Q_山$——计算分区中山丘区多年平均地下水资源量（即河川基流量）（万 m^3/a）；

$\quad\quad Q_{水生}$——计算分区中平原区水稻田水稻生长期多年平均地下水补给量（万 m^3/a）；

$\quad\quad Q_{水旱}$——计算分区中平原区水稻田旱作期及旱地多年平均地下水资源量（即降水入渗补给量与灌溉入渗补给量之和）（万 m^3/a）；

$\quad\quad P_{r水旱}$——计算分区中平原区水稻田旱作期及旱地多年平均降水入渗补给量（万 m^3/a）；

$\quad\quad E_{水旱}$——计算分区中平原区水稻田旱作期及旱地多年平均潜水蒸发量（万 m^3/a）；

$\quad\quad Q_{基补}$——计算分区中平原区水稻田旱作期及旱地由本水资源一级区河川基流量形成的多年平均灌溉入渗补给量（万 m^3/a）。

在一般山丘区和岩溶山区地下水可开采量中，凡已纳入地表水资源量的部分，均属于与地表水可利用量间的重复计算量。可近似地以多年平均地下水可开采量与近期条件下多年平均地下水实际开采量之差，作为多年平均地下水可开采量与多年平均地表水可利用量间的重复计算量。

6.1.6 可供水量预测

1. 供水保证率

供水保证率是指在多年供水过程中，供水量能够得到充分满足的年数出现的概率，常用下式表示：

$$P = \frac{m}{n+1} \times 100\% \tag{6-11}$$

式中 P——供水保证率（%）；

$\quad\quad m$——保证正常供水的年数（年）；

$\quad\quad n$——供水总年数（年）。

以地表水为水源的供水工程主要采用典型年法或时历年法计算。以地下水为水源的供水工程则需考虑地下水的存储量、可开采量及地下水位与存储量的变化关系，再确定开采深度、开采量和供水保证率。

在供水规划中，按照供水对象的不同规定不同的供水保证率。如居民生活供水保证率在95%以上，工业用水为90%~95%，农业用水保证率一般为75%，北方水资源紧缺地区的农业用水保证率可降为50%。

（1）时历年法　时历年法需对长系列水文年份（不少于15年）逐年进行水资源供需平衡计算，以需水量完全满足的年份占计算总年数的百分数作为供水保证率。

（2）典型年法　典型年法是对相当于某一频率的水文年份进行水资源供需平衡分析计算，并以该频率作为此供水量下的供水保证率。

2. 可供水量

可供水量指不同水平年、不同保证率或不同频率条件下，通过工程设施可提供的符合一定标准的水量。可供水量的计算项目如图6-1所示。

（1）地表水可供水量　地表水可供水量中包含蓄水工程供水量、引水工程供水量、提水工程供水量以及外流域调入的水量。蓄水工程指水库和塘坝；引水工程指从河道、湖泊等地表水体自流引水的工程；提水工程指利用扬水泵站从河道、湖泊等地表水体提水的工程；调水工程指水资源一级区或独立流域之间的跨流域调水工程。

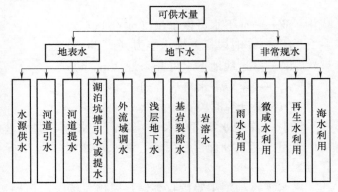

图6-1　可供水量计算项目汇总图示

在向外流域调出水量的地区（跨流域调水的供水区）不统计调出的水量，相应其地表水可供水量中不包括这部分调出的水量。由于深层承压水资源的更替时间漫长，这部分水量不计入可供水量。

将大中型水库计算得出的可供水量分解到相应的计算分区，初步确定其供水范围、供水目标、供水用户及其优先度、控制条件等，供水资源配置时进行方案比选。

复蓄系数一般指水库或者塘坝等每年放水量与水库或者塘坝有效库容的比值；对于河道，指每年河道供水量与河道调蓄库容之比。河道的复蓄系数很大，正常年份一般取3.0。复蓄系数可通过对不同地区各类工程进行分类，采用典型调查方法，参照邻近及类似地区的成果分析确定。

引提水工程根据取水口的径流量、引提水工程的能力以及用户需水要求计算可供水量。引水工程的引水能力与进水口水位及引水渠道的过水能力有关；提水工程的提水能力则与设备能力、开机时间等有关。引提水工程的可供水量用下式计算：

$$W = \sum_{i=1}^{n} \min(Q_i, H_i, X_i) \tag{6-12}$$

式中　W——引提水工程的可供水量（m^3/h）；

　　　　Q_i——i时段取水口的可引流量（m^3/h）；

　　　　H_i——工程的引提能力（m^3/h）；

X_i——用户需水量（m^3/h）；

i——计算时段数。

（2）地下水可供水量 地下水源可供水量指水井工程的开采量。城市地下水源供水量包括以地下水为水源的自来水厂的开采量和工矿企业自备井的开采量。

在采用浅层地下水资源可开采量确定地下水可供水量时，应考虑相应水平年由于地表水开发利用方式和节水措施的变化所引起的地下水补给条件的变化，相应调整水资源分区的地下水资源可开采量，并以调整后的地下水资源可开采量作为地下水可供水量估算的控制条件；还宜根据地下水布井区的地下水资源可开采量作为估算的依据。

地下水可供水量与当地地下水资源可开采量、机井提水能力、开采范围和用户的需水量等有关。地下水可供水量用下式计算：

$$W = \sum_{i=1}^{n} \min(H_i, W_i, X_i) \tag{6-13}$$

式中 W——地下水可供水量（m^3/h）；

H_i——i 时段机井提水能力（m^3/h）；

W_i——当地地下水可开采量（m^3/h）；

X_i——用户需水量（m^3/h）；

i——计算时段数。

（3）非常规水源可供水量 非常规水源可供水量包括雨水集蓄工程可供水量、微咸水可供水量、污水处理再利用量、海水利用量（包括折算成淡水的海水直接利用量和海水淡化量）等。

雨水集蓄利用主要指收集储存屋顶、场院、道路等场所的降雨或径流的微型蓄水工程，包括水窖、水池、水柜、水塘等。可通过调查、分析现有集雨工程的供水量以及对当地河川径流的影响，提出各地区不同水平年集雨工程的可供水量。

微咸水（矿化度 2 ~3g/L）一般可补充农业灌溉用水，某些地区矿化度超过 3g/L 的咸水也可与淡水混合利用。可通过对微咸水的分布及其可利用地域范围和需求的调查分析，综合评价微咸水的开发利用潜力，提出各地区不同水平年微咸水的可利用量。

城市污水经集中处理后，在满足一定水质要求的情况下，可用于农田灌溉及改善生态环境。对缺水较严重城市，污水处理再利用对象可扩及水质要求不高的工业冷却用水，以及改善生态环境和市政用水，如城市绿化、冲洗道路、河湖补水等。

海水利用包括海水淡化和海水直接利用两种方式。对沿海城市海水利用现状情况进行调查。海水淡化和海水直接利用要分别统计，其中海水直接利用量要折算成淡水替代量。

6.2 水源保护与合理调配

6.2.1 饮用水水源保护区的划分

划定的水源保护区范围，应能够防止水源地附近人类活动对水源的直接污染；应足以使所选定的主要污染物在向取水点（或开采井、井群）输移（或运移）过程中，衰减到所期望的浓度水平；在正常情况下可保证取水水质达到规定要求；一旦出现污染水源的突发情况，有采取紧急补救措施的时间和缓冲地带。

《中华人民共和国水污染防治法实施细则》规定，跨省、自治区、直辖市的生活饮用水地表水源保护区，由有关省、自治区、直辖市人民政府协商划定，其他生活饮用水地表水源保护区的划定，由有关市、县人民政府协商提出划定方案，并报省、自治区、直辖市人民政府批准。

饮用水水源保护区分为地表水饮用水源保护区和地下水饮用水源保护区。地表水饮用水源保护区包括一定面积的水域和陆域。地下水饮用水源保护区指地下水饮用水源地的地表区域。饮用水水源保护区根据当地的地理位置、水文、气象、地质特征、水动力特性、水域污染类型、污染特征、污染源分布、排水区分布、水源地规模、水量需求等因素进行划分，一般划分为一级保护区和二级保护区，必要时可增设准保护区。

地表水饮用水源一级保护区的水质基本项目限值不得低于《地表水环境质量标准》（GB 3838—2002）中的Ⅱ类标准，且补充项目和特定项目应满足该标准规定的限值要求；地表水饮用水源二级保护区的水质基本项目限值不得低于《地表水环境质量标准》（GB 3838—2002）中的Ⅲ类标准，并保证流入一级保护区的水质满足一级保护区水质标准的要求；地表水饮用水源准保护区的水质标准应保证流入二级保护区的水质满足二级保护区水质标准的要求。地下水饮用水源保护区（包括一级、二级和准保护区）水质各项指标不得低于《地下水质量标准》（GB/T 14848—1993）中的Ⅲ类标准。

1. 河流型水源保护区

一般河流型水源地，采用二维水质模型计算得到一级保护区范围。一级保护区水域长度范围内的水质应满足《地表水环境质量标准》（GB 3838—2002）中Ⅱ类标准的要求。潮汐河段水源地，运用非稳态水动力-水质模型模拟，计算可能影响水源地水质的最大范围，作为一级保护区水域范围。

在技术条件有限的情况下，可采用类比经验方法确定一级保护区水域范围。一般河流水源地一级保护区水域长度为取水口上游不小于 1000m，下游不小于 100m 范围内的河道水域。潮汐河段水源地，一级保护区上、下游两侧范围相当，范围可适当扩大。一级保护区水域宽度为 5 年一遇洪水所能淹没的区域。对于通航河道，以河道中泓线为界，保留一定宽度的航道外，规定的航道边界线到取水口范围即为一级保护区范围；对于非通航河道，整个河道范围即为一级保护区范围。

一级保护区陆域沿岸长度不小于相应的一级保护区水域长度；陆域沿岸纵深与河岸的水平距离不小于 50m；同时，一级保护区陆域沿岸纵深不得小于饮用水水源卫生防护规定的范围。

二级保护区水域范围应采用二维水质模型计算得到。在技术条件有限情况下，可采用类比经验方法确定二级保护区水域范围。一般河流水源地二级保护区长度从一级保护区的上游边界向上游（包括汇入的上游支流）延伸不得小于 2000m，下游边界外侧距一级保护区边界不得小于 200m。二级保护区水域宽度：一级保护区水域向外 10 年一遇洪水所能淹没的区域，有防洪堤的河段二级保护区的水域宽度为防洪堤内的水域。二级保护区陆域沿岸长度不小于二级保护区水域河长。二级保护区沿岸纵深范围不小于 1000m，具体可依据自然地理、环境特征和环境管理需要确定。对于流域面积小于 100km² 的小型流域，二级保护区可以是整个集水范围。

根据流域范围、污染源分布及对饮用水水源水质影响程度，需要设置准保护区时，可参照二级保护区的划分方法确定准保护区的范围。

2. 湖泊型水源保护区

依据湖泊、水库型饮用水水源地所在湖泊、水库规模的大小，将湖泊、水库型饮用水水源地进行分类，分类结果见表 6-5。

表 6-5　湖库型饮用水水源地分类

水源地类型		容积 V/亿 m^3	水源地类型		面积 S/km^2
水库	小型	$V < 0.1$	湖泊	小型	$S < 100$
	中型	$0.1 \leq V < 1$		大中型	$S \geq 100$
	大型	$V \geq 1$			

注：V 为水库总库容；S 为湖泊水面面积。

小型水库和单一供水功能的湖泊、水库应将正常水位线以下的全部水域面积划为一级保护区。大中型湖泊、水库采用模型分析计算方法确定一级保护区范围。一级保护区范围不得小于卫生部门规定的饮用水源卫生防护范围。

在技术条件有限的情况下，采用类比经验方法确定一级保护区水域范围。小型湖泊、中型水库一级保护区水域范围为取水口半径 300m 范围内的区域；大型水库、大中型湖泊一级保护区水域范围为取水口半径 500m 范围内的区域。

湖泊、水库沿岸一级保护区陆域范围，需要通过分析比较确定。小型湖泊、中小型水库的一级保护区陆域范围为取水口侧正常水位线以外 200m 范围内的陆域，或一定高程线以下的陆域，但不超过流域分水岭范围。大中型湖泊、大型水库的一级保护区陆域范围为取水口侧正常水位线以外 200m 范围内的陆域。一级保护区陆域沿岸纵深范围不得小于饮用水水源卫生防护范围。

二级保护区范围，通过模型分析计算方法确定。

在技术条件有限的情况下，可采用类比经验方法确定二级保护区水域范围。小型湖泊、中小型水库一级保护区边界外的水域面积设定为二级保护区；大型水库和大中型湖泊以一级保护区外径向距离不小于 2000m 区域为二级保护区水域面积，但不超过水面范围。

二级保护区陆域范围，可依据流域内主要环境问题，结合地形条件分析确定。当面污染源为主要污染源时，二级保护区陆域沿岸纵深范围，主要依据自然地理、环境特征和环境管理的需要，通过分析地形、植被、土地利用、森林开发、地面径流的集水汇流特性、集水域范围等确定。二级保护区陆域边界不超过相应的流域分水岭范围。当水源地水质受保护区附近点污染源影响严重时，应将污染源集中分布的区域划入二级保护区的管理范围，以利于对这些污染源的有效控制。

依据地形条件分析，小型水库可将上游整个流域（一级保护区陆域外区域）设定为二级保护区。小型湖泊和平原型中型水库的二级保护区范围是正常水位线以上（一级保护区以外），水平距离 2000m 区域，山区型中型水库二级保护区的范围为水库周边山脊线以内（一级保护区以外）及入库河流上溯 3000m 的汇水区域。大型水库、大中型湖泊可以划定一级保护区外不小于 3000m 的区域为二级保护区范围。

按照湖库流域范围、污染源分布及对饮用水水源水质的影响程度，二级保护区以外的汇水区域可以设定为准保护区。

3. 地下水水源保护区

地下水饮用水源保护区的划分，应在收集相关的水文地质勘查、长期动态观测、水源地开采现状、规划及周边污染源等资料的基础上，用综合方法来确定。

（1）孔隙水水源保护区的划分　孔隙水的保护区是以地下水取水井为中心，以溶质质点迁移 100d 的距离为半径所圈定的范围为一级保护区；一级保护区以外，以溶质质点迁移 1000d 的距离为半径所圈定的范围为二级保护区；补给区和径流区为准保护区。

1）孔隙水潜水型水源保护区。中小型水源地一、二级保护区半径可用式（6-14）计算，但实际应用值不得小于表 6-6 中对应范围的上限值。

$$R = \alpha KIT/n \tag{6-14}$$

式中　R——保护区半径（m）；

α——安全系数，一般取 150%；

K——含水层渗透系数（m/d）；

I——水力坡度（为漏斗范围内的平均水力坡度）；

T——污染物水平迁移时间，一级保护区 T 取 100d，二级保护区 T 取 1000d；

n——有效孔隙度。

表 6-6　孔隙水潜水型水源地保护区范围经验值

介 质 类 型	一级保护区半径 R/m	二级保护区半径 R/m
细砂	30～50	300～500
中砂	50～100	500～1000
粗砂	100～200	1000～2000
砾石	200～500	2000～5000
卵石	500～1000	5000～10000

对于大型水源地，可采用数值模型进行模拟计算，并将模拟计算污染物的捕获区范围划为保护区范围。

2）孔隙水承压水型水源保护区。划定上部潜水的一级保护区作为承压水型水源地的一级保护区，划定方法同孔隙水潜水中小型水源地。孔隙水承压水不设二级保护区。必要时将水源补给区划为准保护区。

（2）裂隙水饮用水水源保护区的划分

1）风化裂隙潜水型水源保护区。

① 中小型水源地保护区。一级保护区为以开采井为中心，按式（6-14）计算的距离为半径的圆形区域。一级保护区 T 取 100d。二级保护区为以开采井为中心，按式（6-14）计算的距离为半径的圆形区域。二级保护区 T 取 1000d。必要时将水源补给区和径流区划为准保护区。

② 大型水源地保护区。利用数值模型，确定污染物相应时间的捕获区范围作为保护区。以地下水开采井为中心，以溶质质点迁移 100d 的距离为半径所圈定的范围作为水源地一级保护区范围；一级保护区以外，以溶质质点迁移 1000d 的距离为半径所圈定的范围为二级保护区；必要时将水源补给区和径流区划为准保护区。

2）风化裂隙承压水型水源保护区。划定上部潜水的一级保护区作为风化裂隙承压型水源地的一级保护区，划定方法需要根据上部潜水的含水介质类型，并参考对应介质类型的中小型水源地的划分方法。不设二级保护区。必要时将水源补给区划为准保护区。

3）成岩裂隙潜水型水源保护区。同风化裂隙潜水型水源保护区。

4）成岩裂隙承压水型水源保护区。一级保护区的划分方法同风化裂隙承压水型水源地的一级保护区。不设二级保护区。必要时将水源的补给区划为准保护区。

5）构造裂隙潜水型水源保护区。

① 中小型水源地保护区。一级保护区应充分考虑裂隙介质的各向异性。以水源地为中心，利用式（6-14），n分别取主径流方向和垂直于主径流方向上的有效裂隙率，计算保护区的长度和宽度；T取100d。二级保护区计算方法同一级保护区，T取1000d。必要时将水源补给区和径流区划为准保护区。

② 大型水源地保护区。利用数值模型，确定污染物相应时间的捕获区作为保护区。

一级保护区以地下水取水井为中心，溶质质点迁移100d的距离为半径所圈定的范围作为一级保护区范围。一级保护区以外，溶质质点迁移1000d的距离为半径所圈定的范围为二级保护区。必要时将水源补给区和径流区划为准保护区。

6）构造裂隙承压水型水源保护区。一级保护区同风化裂隙承压水型水源保护区。不设二级保护区。必要时将水源补给区划为准保护区。

（3）岩溶水水源地保护区的划分 根据岩溶水的成因特点，岩溶水分为岩溶裂隙网络型、峰林平原强径流带型、溶丘山地网络型、峰丛洼地管道型和断陷盆地构造型五种类型。岩溶水饮用水源保护区划分，须考虑溶蚀裂隙中的管道流与落水洞的集水作用。

1）岩溶裂隙网络型水源保护区。一级保护区和二级保护区的划分方法同风化裂隙水水源地的一、二级保护区。必要时将水源补给区和径流区划为准保护区。

2）峰林平原强径流带型水源保护区。一级保护区和二级保护区的划分同构造裂隙水水源地的一、二级保护区。必要时将水源补给区和径流区划为准保护区。

3）溶丘山地网络型、峰丛洼地管道型、断陷盆地构造型水源保护区。参照地表河流型水源地一级保护区的划分方法，即以岩溶管道为轴线，水源地上游不小于1000m，下游不小于100m，两侧宽度按式（6-14）计算（若有支流，则支流也要参加计算）。同时，在此类型岩溶水的一级保护区范围内的落水洞处也宜划分为一级保护区，划分方法是以落水洞为圆心，按式（6-14）计算的距离为半径（T值为100d）的圆形区域，通过落水洞的地表河流按河流型水源地一级保护区划分方法划定。不设二级保护区。必要时将水源补给区划为准保护区。

6.2.2 饮用水水源地保护规划

1. 地表水水源地保护规划

对于集中供水的饮用水地表水源地，应按照不同的水质标准和保护要求，划分饮用水水源保护区，制定保护规划。保护规划包括水量、水质和周边地区生态环境。

保护规划主要工作内容包括：

（1）主要城镇饮用水水源地基本情况调查与资料收集

1）自然条件方面的资料，包括当地气象、水文、地质地貌、土地、植被、水土流失等。

2）社会经济方面的资料。

3）水源地利用方面的资料，包括近10年水源地供水量、水质变化、用水结构、水厂规模及运转情况、取水口位置、水源地保护情况、水源地水质资料情况等，并按取水规模分别统计。

4）调查对水源地水质有影响的各排污口及其排污情况。

（2）主要城镇饮用水水源地各级保护区的范围划分及水质目标的确定　对现有水源地保护区范围和不同级别的保护区分类，给予合理性分析；对新水源地进行水源地保护区范围的划定和不同级别保护区的划分。

各级保护区范围依据具体水源地的流域概况、水体自净能力、污染物沿程削减规律等情况划分，设计流量的计算以保证流量作为计算依据。

（3）饮用水水源地水质现状评价与预测　分析水源地水质状况并进行水质现状评价。根据水源地及其周边的污染源预测情况及水质模拟调算，预测水源地不同水平年水质状况。

（4）饮用水水源地保护方案及管理监督措施的制定　在划分保护区和污染源预测的基础上，结合当地社会经济发展的环境综合整治规划，提出污染物削减和排污控制方案。

提出水源地保护管理监督措施，其内容包括建立健全水质水量监测体系，加强机构建设，健全水源地保护法规条例，并鼓励有关地区非政府组织及公众的参与等。

2. 地下水水源地保护规划

地下水水源地是指以工业、城市生活为供水对象的地下水集中开采区。

对地下水资源的数量、质量、时空分布特征和开发利用条件作出科学的、全面的分析和估计，有利于最大限度地利用和保护水资源。

在地下水污染严重、地下水超采、海水入侵和以地下水作为饮用水水源地的地区，应当编制地下水资源保护规划。主要工作内容为：

（1）地下水污染源及水质监测评价与分析　调查规划区地理位置、自然概况及社会经济发展情况；收集规划区内污染源资料，查清规划区的地下水污染源；依据污染源现状调查资料确定规划区的主要污染源和主要污染物。

（2）地下水资源质量评价与预测　通过对地下水环境质量现状评价，掌握该区域地下水水质状况，确定地下水的污染程度、范围、原因及影响，为预测提供基础资料和依据。收集预测基准年社会经济、污水和污染物排放量数据及国民经济发展规划的有关数据，进行污染源预测和水质预测。

通过预测，明确地下水水质变化趋势对人体、动植物及工农业生产的影响。

（3）地下水水质、水量保护目标与限采区划分　依据地下水水质预测结果和对地下水水质、水量功能的要求及国民经济的发展规划，确定保护目标和限采区划分。

（4）地下水污染防治及合理开发利用对策　制定和筛选地下水污染控制方案和削减处理污染物方案，对规划方案进行经济评价，最终确定合理的开发利用方案。

（5）地下水资源保护监督管理　针对地下水资源开发、利用中产生的突出问题，分别提出相应的地下水资源保护和管理措施。对地下水的保护应始终贯彻预防为主的原则。一旦发现污染，应立即制止，并采取相应的技术措施予以补救。

6.2.3 给水水源卫生防护

给水水源防护和污染防治是水源保护的主要工作内容，涉及水源防护、水源水质监测与评价、水源污染防治等诸多方面。给水水源保护措施涉及的范围很广，不仅包括整个水源地和所属流域，还涉及人类活动的各个领域及各种自然因素的影响。广义上的水源保护涉及地表水和地下水水源水量与水质的保护两个方面，保护措施包括法律法规措施、管理措施及技术措施等。

1. 给水水源防护原则

进行给水水源防护和污染防治首先应遵循以下几点原则：

1）给水水源防护和污染防治应遵守国家颁布的有关法律、法规及标准。

2）给水水源防护和污染防治应放在水污染综合防治的首位。

3）给水水源防护和污染防治应按流域、地区、城市、乡镇进行统筹兼顾，全面规划。

4）生活饮用水水源的保护区应按国家环保部颁发的《饮用水水源保护区污染防治管理规定》的要求，由环保、卫生、公安、城建、水利、地矿等部门共同划定生活饮用水水源保护区，报当地人民政府批准公布，供水单位应在防护地带设置固定的告示牌，落实相应的水源保护工作。

5）经有关流域、区域、城市经济和社会发展规划所确定的跨地区的生活饮用水水源保护区和有关污染防治规划，各有关单位应严格执行，各负其责。

2. 地表水源与水源保护区卫生防护

（1）地表水源卫生防护　按照《生活饮用水集中式供水单位卫生规范》中的要求，地表水源卫生防护必须遵守下列规定：

1）取水点周围半径100m的水域内，严禁捕捞、网箱养殖、停靠船只、游泳和从事其他可能污染水源的任何活动。

2）取水点上游1000m至下游100m的水域不得排入工业废水和生活污水；其沿岸防护范围内不得堆放废渣，不得设立有毒、有害化学物品仓库、堆栈，不得设立装卸垃圾、粪便和有毒有害化学物品的码头，不得使用工业废水或生活污水灌溉及施用难降解或剧毒的农药，不得排放有毒气体、放射性物质，不得从事放牧等有可能污染该段水域水质的活动。

3）以河流为给水水源的集中式供水，由供水单位及其主管部门会同卫生、环保、水利等部门，根据实际需要，可把取水点上游1000m以外的一定范围河段划为水源保护区，严格控制上游污染物排放量。

4）受潮汐影响的河流，其生活饮用水取水点上下游及其沿岸的水源保护区范围应相应扩大，其范围由供水单位及其主管部门会同卫生、环保、水利等部门研究确定。

5）作为生活饮用水水源的水库和湖泊，应根据不同情况，将取水点周围部分水域或整个水域及其沿岸划为水源保护区，并按1）、2）项的规定执行。

6）对生活饮用水水源的输水明渠、暗渠，应重点保护，严防污染和水量流失。

7）集中式供水单位应划定生产区的范围并设立明显标志，生产区外围30m范围内以及单独设立的泵站、沉淀池和清水池外围30m范围内，不得设置生活居住区和禽畜饲养区；

不得修建渗水厕所和渗水坑；不得堆放垃圾、粪便、废渣和铺设污水渠道；应保持良好的卫生状况。

8）集中式供水单位不应将未经处理的污泥水直接排入作为生活饮用水水源的地表水一级保护区水域中。

（2）饮用水地表水源保护区卫生防护　按照《饮用水水源保护区污染防治管理规定》，饮用水地表水源各级保护区及准保护区内均必须遵守下列规定：

1）禁止一切破坏水环境生态平衡的活动以及破坏水源林、护岸林、与水源保护相关植被的活动。

2）禁止向水域倾倒工业废渣、城市垃圾、粪便及其他废弃物。

3）运输有毒有害物质、油类、粪便的船舶和车辆一般不准进入保护区，必须进入者应事先申请并经有关部门批准、登记并设置防渗、防溢、防漏设施。

4）禁止使用剧毒和高残留农药，不得滥用化肥，不得使用炸药、毒品捕杀鱼类。

5）一级保护区内，禁止新建、扩建与供水设施和保护水源无关的建设项目；禁止向水域排放污水，已设置的排污口必须拆除；不得设置与供水需要无关的码头，禁止停靠船舶；禁止堆置和存放工业废渣、城市垃圾、粪便和其他废弃物；禁止设置油库；禁止从事种植、放养禽畜和网箱养殖活动；禁止可能污染水源的旅游活动和其他活动。

6）二级保护区内，不准新建、扩建向水体排放污染物的建设项目。改建项目必须削减污染物排放量；原有排污口必须削减污水排放量，保证保护区内水质满足规定的水质标准；禁止设立装卸垃圾、粪便、油类和有毒物品的码头。

7）准保护区内，直接或间接向水域排放废水，必须符合国家及地方规定的废水排放标准。当排放总量不能保证保护区内水质满足规定的标准时，必须削减排污负荷。

3. 地下水源与水源保护区卫生防护

生活饮用水地下水水源保护区、构筑物的防护范围及影响半径的范围，应根据生活饮用水水源地所处的地理位置、水文地质条件、供水的数量、开采方式和污染源的分布，由供水单位及其主管部门会同卫生、环保及规划设计、水文地质等部门研究确定。地下水取水构筑物的防护措施应按地面水水厂生产区要求执行。

（1）地下水源卫生防护　按照《生活饮用水集中式供水单位卫生规范》要求，地下水水源卫生防护必须遵守下列规定：

1）在单井或井群的影响半径范围内，不得使用工业废水或生活污水灌溉和施用有持久性毒性或剧毒的农药，不得修建渗水厕所、渗水坑，堆放废渣或铺设污水渠道，并不得从事破坏深层土层的活动。

2）在地下水取水影响半径范围内，严禁任何单位将工业废水和生活污水排入渗坑或渗井中。

3）人工回灌的水质应符合有关规定要求。

4）在地下水水厂生产区范围内，应按地面水水厂生产区要求执行。

（2）地下水源保护区卫生防护　按照《饮用水水源保护区污染防治管理规定》，饮用水地下水源各级保护区及准保护区内均必须遵守下列规定：

1）禁止利用渗坑、渗井、裂隙、溶洞等排放污水和其他有害废弃物。

2）禁止利用透水层孔隙、裂隙、溶洞及废弃矿坑储存石油、天然气、放射性物质、有毒有害化工原料、农药等。

3）实行人工回灌地下水时不得污染当地地下水源。

4）一级保护区内，禁止建设与取水设施无关的建筑物；禁止从事农牧业活动；禁止倾倒、堆放工业废渣及城市垃圾、粪便和其他有害废弃物；禁止输送污水的渠道、管道及输油管道通过保护区；禁止建设油库；禁止建立墓地。

5）二级保护区内，对于潜水含水层地下水水源地，禁止建设化工、电镀、皮革、造纸、制浆、冶炼、放射性、印染、染料、炼焦、炼油及其他有严重污染的企业；禁止设置城市垃圾、粪便和易溶、有毒有害废弃物堆放场和转运站；禁止利用未经净化的污水灌溉农田；化工原料、矿物油类及有毒有害矿产品的堆放场所必须有防雨、防渗措施。

二级保护区内，对于承压含水层地下水水源地，禁止承压水和潜水的混合开采，作好潜水的止水措施。

6）准保护区内，禁止建设城市垃圾、粪便和易溶、有毒有害废弃物的堆放场站，因特殊需要设立转运站的，必须经有关部门批准，并采取防渗漏措施；当补给源为地表水体时，该地表水体水质不应低于《地表水环境质量标准》（GB 3838—2002）Ⅲ类标准；不得使用不符合《农田灌溉水质标准》（GB 5084—2005）的污水进行灌溉，合理使用化肥；保护水源林，禁止毁林开荒，禁止非更新砍伐水源林。

6.2.4 水源的合理调配

水资源合理配置，即在一个特定流域或区域内，以有效、公平和可持续的原则，对有限的、不同形式的水资源，通过工程与非工程措施在各用水户之间进行的科学分配。其基本功能涵盖两个方面：在需求方面，通过调整产业结构、建设节水型社会并调整生产力布局，抑制需水增长势头，以适应较为不利的水资源条件；在供给方面，则通过协调各项竞争性用水、采取工程措施改变水资源的天然时空分布以及加强管理，以适应生产力布局。

水资源调配是指通过采取时间调配工程和空间调配工程对水资源进行调蓄、输送和分配，实现水资源生态积蓄和优化调配，是一个多水源、多用户、多目标的系统优化过程。

根据水利部中国水资源公报，在地表水源供水量中，蓄水工程占31.6%，引水工程占32.6%，提水工程占32.2%，水资源一级区间调水量占3.6%。

1. 时间调配工程

大多数用户要求有比较固定的供水数量和供水时间，而天然来水的情况常常不能与之相适应。因此可以通过修建水库、湖泊、塘堰以及地下水蓄水工程，来调整水资源的时程分布。另外，积雪和冰川也具有时间调配的作用。

水库兼具有调蓄水量、抬高水位和调节径流过程等多方面的作用。水库的容积与库区内的地形及河流的坡降有关。按照需要，利用水库控制并在时间或地区上重新分配径流，称为径流调节。其作用是协调来水与用水在时间分配上和地区分布上的矛盾，以及统一协调各用水部门需求之间的矛盾。

水库一般由水坝、泄水构筑物和取水构筑物等组成。水坝是挡水建筑物，用于拦截河流、调蓄洪水、抬高水位以形成蓄水库。泄水构筑物是把多余水量下泄，以保证水坝安全的建筑物，有河岸溢洪道、泄水孔、溢流坝等形式。取水构筑物不仅是从水库取水的设施，有时还用来放空水库和施工导流。放水管一般设在水坝底部，装有闸门以控制放水流量。

水库特征水位与相应库容如图 6-2 所示。校核洪水位以下的水库容积称为总库容，包括死库容、兴利库容和调洪库容（减掉和兴利库容重复部分），即水库兴建的总规模。总库容是一项表示水库工程规模的代表性指标，可作为划分水库等级、确定工程安全标准的重要依据。

我国规定蓄水库容积标准如下：大型水库又分为大 Ⅰ 型水库和大 Ⅱ 型水库，库容大于 10 亿 m^3 的为大 Ⅰ 型水库，库容在 1 亿 ~ 10 亿 m^3 的为大 Ⅱ 型水库；小型水库分成小 Ⅰ 型水库和小 Ⅱ 型水库，库容在 100 万 ~ 1000 万 m^3 的为小 Ⅰ 型水库；10 万 ~ 100 万 m^3 的为小 Ⅱ 型水库；小于 10 万 m^3 的为塘堰。塘堰主要拦蓄地表径流，对地形和地质条件的要求较低，修建和管理均较方便，广泛分布在南方丘陵山区。

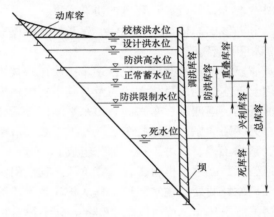

图 6-2　水库特征水位及其相应库容示意图

水库在正常运用情况下，为满足兴利要求在开始供水时应蓄到的水位，称正常蓄水位，又称正常高水位、兴利水位，或设计蓄水位。正常蓄水位至死水位之间的水库容积称为兴利库容，即调节库容，用以调节径流，提供水库的供水量。

利用水库的径流调节，按调节周期的长短（即按水库从每次蓄水开始到这次蓄水量放空时的时间间隔）分为日调节、周调节、年调节（或季调节）和多年调节等。日调节的作用是使一天中的均匀来水满足不均匀的需水过程；周调节的作用是把休假日的多余水量调配到其他工作日，以提高其用水量；年调节或季调节的作用是把一年中各季的流量重新分配，拦蓄一部分洪水，以提高河川枯水期流量；多年调节的作用是把丰水年的水积蓄起来，以补足枯水年或连续枯水年所不足的供水水量。

水库兴利库容与多年平均来水量的比值称为库容调节系数，一般用 β 表示。当 $\beta \geqslant 30\%$ 时属多年调节，$8\% \leqslant \beta < 30\%$ 属年调节，$3\% \leqslant \beta < 8\%$ 属不完全年调节，$\beta < 3\%$ 属日调节。

2. 空间调配工程

空间调配工程包括河道、渠道、运河、管道、泵站等输水、引水、提水、扬水和调水，用于改变水资源的地域分布。

水资源的空间调节一般指跨流域性的引水，也可包括地下水与地表水之间的互补调节，如井渠结合，以井补渠，在有条件的地区还可建立地下水库来蓄积地下径流，调节地下水资源；利用河道沿线洼地、湖泊进行中继调蓄等一系列措施，也属水资源的空间调节。

　　"南水北调"工程是迄今为止我国最大的空间水资源调配工程。我国水资源自然分布不均，呈南多北少的状态，而南水北调工程就是把中国汉江流域丰盈的水资源抽调一部分送到华北和西北地区，从而改变中国南涝北旱和北方地区水资源严重短缺局面的重大战略性工程。

　　南水北调的总体布局为：分别从长江上、中、下游调水，以满足西北、华北各地的发展需要，即南水北调西线工程、南水北调中线工程和南水北调东线工程。建成后与长江、淮河、黄河、海河相互连接，将构成中国水资源"四横三纵、南北调配、东西互济"的总体格局。南水北调工程通过跨流域的水资源合理配置，将大大缓解中国北方水资源严重短缺问题，促进南北方经济、社会与人口、资源、环境的协调发展。

　　南水北调东线、中线和西线的总体规划布局中，三条调水线路有各自的主要任务和供水范围，可相互补充，不能相互代替。

　　东线工程：利用江苏省已有的江水北调工程，逐步扩大调水规模并延长输水线路。东线工程从长江下游扬州抽引长江水，利用京杭大运河及与其平行的河道逐级提水北送，并连接起调蓄作用的洪泽湖、骆马湖、南四湖、东平湖。出东平湖后分两路输水：一路向北，在位山附近经隧洞穿过黄河；另一路向东，通过胶东地区输水干线经济南输水到烟台、威海。东线主体工程由输水工程、蓄水工程、供电工程三部分组成。

　　输水工程包括输水河道工程、泵站枢纽工程、穿黄河工程。引水口有淮河入长江水道口三江营和京杭运河入长江口六圩两处。输水河道工程从长江到天津输水主干线全长 1150km，其中黄河以南 651km，穿黄河段 9km，黄河以北 490km。分干线总长 740km，其中黄河以南 665km。输水河道 90% 利用现有河道。

　　东线的地形以黄河为脊背向南北倾斜，引水口比黄河处地面低 40 余米。从长江调水到黄河南岸需设 13 个梯级抽水泵站，总扬程 65m，穿过黄河可自流到天津。穿黄河工程从东平湖出湖闸至位临运河进口全长 8.67km，其中穿黄河工程的倒虹隧洞段长 634m，平洞段在黄河河底下 70m 深处，为两条洞径 9.3m 的隧洞。

　　东线工程沿线黄河以南有洪泽湖、骆马湖、南四湖、东平湖等湖泊，略加整修加固，总计调节库容达 75.7 亿 m^3，不需新增蓄水工程。黄河以北现有天津市北大港水库可继续使用，天津市团泊洼和河北的千顷洼需扩建，并新建河北大浪淀、浪洼，总调节库容 14.9 亿 m^3。

　　黄河以南有泵站 30 处，新增装机容量 88.77 万 kW，多年平均用电量 38.2 亿 kW·h，最大年用电量 57.5 亿 kW·h。第一期工程有泵站 23 处，新增装机 34.32 万 kW，年平均用电量 19 亿 kW·h。

　　中线工程：从加坝扩容后的丹江口水库陶岔渠首闸引水，沿唐白河流域西侧过长江流域与淮河流域的分水岭方城垭口后，经黄淮海平原西部边缘，在郑州以西孤柏嘴处穿过黄河，继续沿京广铁路西侧北上，可基本自流到北京、天津。

　　西线工程：在长江上游通天河、支流雅砻江和大渡河上游筑坝建库，开凿穿过长江与黄河的分水岭巴颜喀拉山的输水隧洞，调长江水入黄河上游。西线工程的供水目标主要是解决涉及青、甘、宁、内蒙古、陕、晋等 6 省（自治区）黄河上中游地区和渭河关中平原的缺水问题。结合兴建黄河干流上的骨干水利枢纽工程，还可以向邻近黄河流域的甘肃河西走廊地区供水，必要时也可向黄河下游补水。

规划的东线、中线和西线到 2050 年调水总规模为 448 亿 m^3，其中东线 148 亿 m^3，中线 130 亿 m^3，西线 170 亿 m^3。整个工程根据实际情况分期实施。

6.3　非常规水源的利用

非常规水源是指区别于传统意义上的地表水、地下水的（常规）水资源，主要有雨水、再生水（经过再生处理的污水和废水）、海水、空中水、矿井水、苦咸水等，这些水源的特点是经过处理后可以再生利用。各种非常规水源的开发利用具有各自的特点和优势，可以在一定程度上替代常规水资源，加速和改善天然水资源的循环过程，使有限的水资源发挥更大的效用。非常规水源的开发利用主要有再生水利用、雨水利用、海水淡化和海水直接利用、人工增雨、矿井水利用、苦咸水利用等方式。

6.3.1　再生水利用

随着我国社会和经济的迅速发展，水资源匮乏和水污染日益严重所造成的水危机已成为我国实施可持续发展战略的制约因素。再生水，也被称为中水或回用水，是指污水经适当处理后，达到一定的水质指标，满足某种使用要求，可以加以利用的水。和海水淡化、跨流域调水相比，再生水具有明显的优势。污水再生利用作为城市补充水源，是缓解城市水资源短缺，保障供水安全的重要措施。从经济的角度看，再生水的成本最低；从环保的角度看，污水再生利用有助于改善生态环境，实现水生态的良性循环。

再生水水源必须保证对后续再生利用不产生危害。再生水可选择的水源有：建筑物杂排水、污水处理厂出水、相对洁净的工业排水、雨水、生活污水等。再生水可以称之为城市的第二水源。污水的再生利用和资源化具有可观的社会效益、环境效益和经济效益，已经成为世界各国解决水问题的首选。

1. 再生水利用途径

再生水水量大、水质稳定、受季节和气候影响小，是一种十分宝贵的水资源。再生水的利用，按与用户的关系可分为直接使用与间接使用，直接使用又可以分为就地使用与集中使用。多数国家的再生水主要用于农田灌溉，以间接使用为主；我国的再生水则主要用于城市非饮用水，以就地使用为主。

根据再生水的用途，再生水可作为地下水回灌用水、工业用水、城市非饮用水、景观环境用水以及农、林、牧业用水等。再生水作为地下水回灌用水，可用于地下水源补给、防止海水入侵、防止地面沉降；再生水回用于工业可作为冷却用水、洗涤用水和锅炉用水等；用作农、林、牧业用水可作为粮食作物、经济作物的灌溉、种植与育苗，林木、观赏植物的灌溉、种植与育苗，家畜和家禽用水。再生水回用分类见表 6-7。

表 6-7　再生水回用分类

序号	分 类 名 称	项 目 名 称	范　　　围
1	补充水源用水	补充地表水	河流、湖泊
		补充地下水	水源补给、防止海水入侵、防止地面沉降
2	工业用水	冷却用水	直流式、循环式
		洗涤用水	冲渣、冲灰、消烟除尘、清洗
		锅炉用水	高压、中压、低压锅炉
		工艺用水	溶料、水浴、蒸煮、漂洗、水利开采、水利输送、增湿、稀释、搅拌、选矿
		产品用水	浆料、化工制剂、涂料
3	农、林、牧、渔业用水	农田灌溉	种子与育种、粮食与饲料作物、经济作物
		造林育苗	种子、苗木、苗圃、观赏植物
		畜牧养殖	畜牧、家畜、家禽
		水产养殖	淡水养殖
4	城镇杂用水	园林绿化	公共绿地、住宅小区绿化
		冲厕、街道清扫	厕所便器冲洗、城市道路的冲洗及喷洒
		车辆冲洗	各种车辆冲洗
		建筑施工	施工场地清扫、浇洒、灰尘抑制、混凝土养护与制备、施工中的混凝土构件和建筑物冲洗
		消防	消火栓、喷淋、喷雾、泡沫、消防炮
5	景观环境用水	娱乐性景观环境用水	娱乐性景观河道、景观湖泊及水景
		观赏性景观环境用水	观赏性景观河道、景观湖泊及水景
		湿地环境用水	恢复自然湿地、营造人工湿地

再生水回用目标不同，必须控制的水质指标也有所差异。不同类别再生水回用应控制的项目见表 6-8。

表 6-8　不同类别再生水回用应控制的项目

序号	控 制 项 目	补充水源用水	工业用水	农、林、牧、渔业用水	城镇杂用水	景观环境用水
1	pH 值		√	√	√	√
2	浊度			√	√	√
3	BOD	√	√	√	√	√
4	余氯			√	√	√
5	总大肠菌群	√		√	√	√
6	SS	√	√	√	√	√

2. 利用再生水补给水资源

近年来，将再生水作为非直接饮用目的的地表水和地下水补充水源，得到了较为广泛的关注。

（1）补充地表水 污水经处理后直接排放水体就是对地表水的一种补充，排放标准根据水域的要求以及水体的环境容量不同而有所差异。在不影响水的正常功能的前提下，水体所能容纳的污染物的量或自身调节净化并保持生态平衡的能力，称之为水环境容量。污染物进入水体后，通过一系列的物理、化学、生物因素的共同作用，使得污染物在水体中的浓度降低，这个过程称为水体自净。

在我国现行的《城镇污水处理厂污染物排放标准》（GB 18918—2002）（以下简称《标准》）中，根据城镇污水处理厂排入地表水域环境功能和保护目标，以及污水处理厂的处理工艺，将基本控制项目的常规污染物标准值分为一级标准、二级标准和三级标准。一级标准分为 A 标准和 B 标准。一类重金属污染物和选择控制项目不分级。

城镇污水处理厂水污染物排放基本控制项目，执行表 6-9 和表 6-10 的规定；选择项目按表 6-11 的规定执行。

表 6-9 基本控制项目最高允许排放浓度（日均值） （单位：mg/L）

序号	基本控制项目	一级标准		二级标准	三级标准
		A 标准	B 标准		
1	化学需氧量（COD）	50	60	100	120[①]
2	生化需氧量（BOD_5）	10	20	30	60[①]
3	悬浮物（SS）	10	20	30	50
4	动植物油	1	3	5	20
5	石油类	1	3	5	15
6	阴离子表面活性剂	0.5	1	2	5
7	总氮（以 N 计）	15	20	—	—
8	氨氮（以 N 计）[②]	5（8）	8（15）	25（30）	—
9	总磷（以 P 计）	0.5	1	3	5
10	色度（稀释倍数）	30	30	40	50
11	pH 值	6~9			
12	粪大肠菌群数/（个/L）	1000	10000	10000	—

① 下列情况下按去除率指标执行：当进水 COD 大于 350mg/L 时，去除率应大于 60%；BOD_5 大于 160mg/L 时，去除率应大于 50%。

② 括号外数值为水温＞12℃时的控制指标，括号内数值为水温≤12℃时的控制指标。

表 6-10 部分一类污染物最高允许排放浓度（日均值） （单位：mg/L）

序 号	项 目	标 准 值	序 号	项 目	标 准 值
1	总汞	0.001	5	六价铬	0.05
2	烷基汞	不得检出	6	总砷	0.1
3	总镉	0.01	7	总铅	0.1
4	总铬	0.1			

水 源 工 程

表 6-11　选择控制项目最高允许排放浓度（日均值）　　　（单位：mg/L）

序号	选择控制项目	标准值	序号	选择控制项目	标准值
1	总镍	0.05	23	三氯乙烯	0.3
2	总铍	0.002	24	四氯乙烯	0.1
3	总银	0.1	25	苯	0.1
4	总铜	0.5	26	甲苯	0.1
5	总锌	1	27	邻-二甲苯	0.4
6	总锰	2	28	对-二甲苯	0.4
7	总硒	0.1	29	间-二甲苯	0.4
8	苯并（a）芘	0.00003	30	乙苯	0.4
9	挥发酚	0.5	31	氯苯	0.3
10	总氰化物	0.5	32	1,4-二氯苯	0.4
11	硫化物	1	33	1,2-二氯苯	1
12	甲醛	1.0	34	对硝基氯苯	0.5
13	苯胺类	0.5	35	2,4-二硝基氯苯	0.5
14	总硝基化合物	2.0	36	苯酚	0.3
15	有机磷农药（以P计）	0.5	37	间—甲酚	0.1
16	马拉硫磷	1.0	38	2,4-二氯酚	0.6
17	乐果	0.5	39	2,4,6－三氯酚	0.6
18	对硫磷	0.05	40	邻苯二甲酸二丁酯	0.1
19	甲基对硫磷	0.2	41	邻苯二甲酸二辛酯	0.1
20	五氯酚	0.5	42	丙烯腈	2.0
21	三氯甲烷	0.3	43	可吸附有机卤化物（AOX以Cl计）	1.0
22	四氯化碳	0.03			

　　原国家环境保护局对标准的实施做出了新的规定：北方缺水地区应实行中水回用，城镇生活污水处理厂执行《标准》中一级标准的A标准；其他地区若将城镇污水处理厂出水作为回用水，或将出水引入稀释能力较小的河湖作为城市景观用水，也应执行此标准。为防止水域发生富营养化，城镇生活污水处理厂出水排入国家和省确定的重点流域及湖泊、水库等封闭、半封闭水域时，应执行《标准》中一级标准的A标准；其他地区可执行《标准》中的二级标准，并可根据当地实际情况，逐步提高污水排放控制要求。

　　（2）补充地下水　人工补给地下水是防止区域地下水位下降、沿海平原的海水入侵、地面沉降等水害以及控制地震灾害的有效措施之一。城市污水经处理达到一定水质标准后，可以回灌地下，补充地下水。

　　1）回灌水水质要求。回灌水水质不达标将对地下水产生不良影响。补给水进入含水层，可能破坏含水层中原有的化学平衡，从而引起不良的化学反应或离子交换，导致金属沉淀；原有悬浮于水中的黏土颗粒，可能因离子交换作用而膨胀，产生絮凝作用。为防止地下水污染，提供清洁水链，地下回灌水质必须满足一定的要求，主要控制参数为微生物、总无机物、重金属、难降解有机物等。

回灌水的浊度大，易造成管井和含水层的堵塞，严重影响补给效率；回灌水中钙、镁、氯化物等常见可溶盐成分及毒性元素含量的要求，主要视补给地下水的用途而定。pH 值对补给水质有极大影响，因为 H^+ 浓度的变化可引起水中某些成分的溶解或沉淀，并刺激微生物的生长。地层的天然过滤性能对氮和细菌有一定的自净作用，因此对氨氮、亚硝酸氮、硝态氮及细菌等指标可适当放宽，但对于有毒有害的重金属（汞、铬、砷、镉、铅、铀、铍等）、酚、氰，以及油类和难降解有机物（如多环芳烃、氯代烃等），需制定严格的水质标准，以防止其污染地下水。

利用城市污水再生水进行地下水回灌，应根据回灌区水文地质条件确定回灌方式、回灌时间。回灌区入水口的水质控制项目分为基本控制项目和选择控制项目两类。基本控制项目应满足表 6-12 的规定，选择控制项目应满足表 6-13 的规定。

表 6-12　城市污水再生水地下水回灌基本控制项目及限值

序　号	基本控制项目	单　位	地表回灌[①]	井　灌
1	色度	稀释倍数	30	15
2	浊度	NTU	10	5
3	pH 值		6.5 ~ 8.5	6.5 ~ 8.5
4	总硬度（以 $CaCO_3$ 计）	mg/L	450	450
5	溶解性固体	mg/L	1000	1000
6	硫酸盐	mg/L	250	250
7	氯化物	mg/L	250	250
8	挥发酚类（以苯酚计）	mg/L	0.5	0.002
9	阴离子表面活性剂	mg/L	0.3	0.3
10	化学需氧量（COD）	mg/L	40	15
11	五日生化需氧量（BOD_5）	mg/L	10	4
12	硝酸盐（以 N 计）	mg/L	15	15
13	亚硝酸盐（以 N 计）	mg/L	0.02	0.02
14	氨氮（以 N 计）	mg/L	1.0	0.2
15	总磷（以 P 计）	mg/L	1.0	1.0
16	动植物油	mg/L	0.5	0.05
17	石油类	mg/L	0.5	0.05
18	氰化物	mg/L	0.05	0.05
19	硫化物	mg/L	0.2	0.2
20	氟化物	mg/L	1.0	1.0
21	粪大肠菌群数	个/L	1000	3

① 表层黏土厚度不宜小于 1m，若小于 1m，按井灌要求执行。

表 6-13　城市污水再生水地下水回灌选择控制项目及限值

序号	选择控制项目	限值	序号	选择控制项目	限值
1	总汞	0.001	27	三氯乙烯	0.07
2	烷基汞	不得检出	28	四氯乙烯	0.04
3	总镉	0.01	29	苯	0.01
4	六价铬	0.05	30	甲苯	0.7
5	总砷	0.05	31	二甲苯①	0.5
6	总铅	0.05	32	乙苯	0.3
7	总镍	0.05	33	氯苯	0.3
8	总铍	0.0002	34	1,4-二氯苯	0.3
9	总银	0.05	35	1,2-二氯苯	1.0
10	总铜	1.0	36	硝基氯苯②	0.05
11	总锌	1.0	37	2,4-二硝基氯苯	0.5
12	总锰	0.1	38	2,4-二氯苯酚	0.093
13	总硒	0.01	39	2,4,6-三氯苯酚	0.2
14	总铁	0.3	40	邻苯二甲酸二丁酯	0.003
15	总钡	1.0	41	邻苯二甲酸二（2-乙基己基）酯	0.008
16	苯并（a）芘	0.00001	42	丙烯腈	0.1
17	甲醛	0.9	43	双对氯苯基三氯乙烷（滴滴涕）	0.001
18	苯胺	0.1	44	六氯环己烷（六六六）	0.005
19	硝基苯	0.017	45	六氯苯	0.05
20	马拉硫磷	0.05	46	七氯	0.0004
21	二硫代磷酸酯（乐果）	0.08	47	γ-六氯环己烷（林丹）	0.002
22	对硫磷	0.003	48	三氯乙醛	0.01
23	甲基对硫磷	0.002	49	丙烯醛	0.1
24	五氯酚	0.009	50	硼	0.5
25	三氯甲烷	0.06	51	总α放射性	0.1
26	四氯化碳	0.002	52	总β放射性	1

注：除 51、52 项的单位是 Bq/L 外，其他项目的单位均为 mg/L。

① 二甲苯：指对二甲苯、间二甲苯、邻二甲苯。

② 硝基氯苯：指对-硝基氯苯、间-硝基氯苯、邻-硝基氯苯。

回灌前，应对回灌水源的基本控制项目和选择控制项目进行全面的检测，确定基本控制项目和选择控制项目分别满足表 6-12 和表 6-13 的规定后方可进行回灌。回灌水水质发生变化时，应重新确定选择控制项目。

回灌水在被抽取利用前，应在地下停留足够的时间，以进一步杀灭病原微生物，保证卫生安全。采用地表回灌的方式进行回灌，回灌水在被抽取利用前，应在地下停留 6 个月以上；采用井灌的方式进行回灌，回灌水在被抽取利用前，应在地下停留 12 个月以上。

此外，水温的变化会改变混合水的黏度和密度，最终影响水在地层中的渗透和过滤速度；水的黏度随温度的升高而降低，将加大水渗入土层的能力；同时，水温的变化也可能引起地下水的某些化学反应。

回灌水中氧气含量过大，则会使水中的 Fe^{2+} 形成不溶于水的 $Fe(OH)_3$，产生化学堵塞；CO_2 含量一般也要求尽量少，以免产生侵蚀作用或饱和时产生沉淀，导致地层孔隙被堵塞。

2）回灌方式。地下水回灌是一种有计划地将包括地表水、城市污水再生水在内的任何水源，通过井孔、沟、渠、塘等水工构筑物从地面渗入或注入地下补给地下水，增加地下水资源的技术措施。回灌方法有直接地表回灌和直接地下回灌两种形式。

直接地表回灌是在透水性较好的土层上修建沟、渠、塘等蓄水构筑物，利用这些设施，使水通过包气带渗入含水层，利用水的自重进行回灌。一般包括漫灌（田间入渗回灌）、沟灌（沟渠河网入渗回灌）以及塘灌（水库、洼地、坑塘入渗回灌）等是应用最广泛的形式，如图 6-3 ~ 图 6-6 所示。

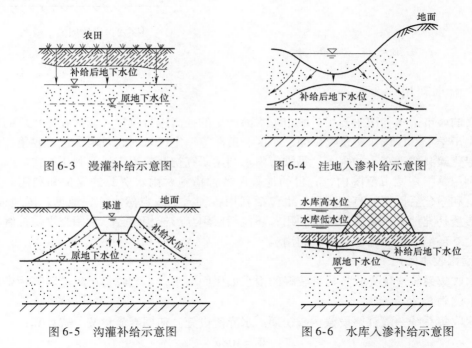

图 6-3　漫灌补给示意图　　　　图 6-4　洼地入渗补给示意图

图 6-5　沟灌补给示意图　　　　图 6-6　水库入渗补给示意图

直接地下回灌，即注射井回灌，是通过回灌井将水注入地下含水层的回灌方式，适用于地下水水位较深或地价昂贵的地方，主要有真空回灌、压力回灌和无压回灌等方法。真空回灌是在密闭的回灌井中，利用真空虹吸作用，使回灌水克服阻力向含水层中渗透，如图 6-7 所示。压力回灌是增加回灌水的水头压力，通过与静水位产生较大的水头差进行回灌。无压回灌适用于地下水水位较低，透水性好的含水层，通过回灌井中的水位与静止水位之间的水位差，使地下水渗流。

城市多以直接地下回灌为主。值得注意的是人工回灌深层含水层为深层含水层提供了直接污染的通道，可能使深层优质地下水产生水质变异，给优质地下水构成安全隐患，因此对深层含水层应慎用地下回灌方式，用时必须严格控制补给水水质。

也可以采用间接回灌，如通过河床利用水压实现污水的渗滤回灌，如图 6-8 所示。

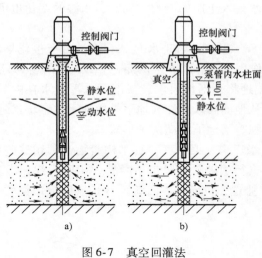

图 6-7　真空回灌法
a）抽水　b）停泵形成真空

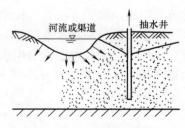

图 6-8　间接回灌示意图

6.3.2　雨水利用

狭义的城市雨水利用主要指对城市汇水面产生的径流进行收集、调蓄和净化后的直接利用。常见于学校、广场、建筑物屋面、小区、道路等一定区域内，对雨水进行收集、调蓄后回用于绿化灌溉或洗车、冲厕等，是城市雨水利用研究初期应用广泛的利用方式。广义的城市雨水利用是指在城市范围内，有目的地采用各种措施对雨水资源的保护和利用，包括收集、调蓄和净化后回用的直接利用，也包括利用各种人工或自然水体、池塘、湿地或洼地，将雨水渗透补充地下水资源的间接利用；还包括回用与渗透相结合，利用与洪涝控制、污染控制、生态环境改善相结合的综合利用。

1. 雨水收集回用

雨水收集系统应优先收集污染较轻的雨水如屋面雨水，不宜收集市政道路等污染严重的下垫面上的雨水。

雨水收集系统一般都要设截污或初期雨水弃流设施。初期弃流量按下式计算：

$$W = 10\delta F \tag{6-15}$$

式中　W——设计初期径流弃流量（m^3）；

δ——初期径流厚度（mm）；

F——汇水面积（hm^2）。

初期径流厚度，屋面径流可采用 $\delta = 1 \sim 3mm$，地面径流可采用 $\delta = 3 \sim 5mm$。

当雨水回用系统设有清水池时，其有效容积应根据产水曲线、供水曲线确定，并应满足消毒的接触时间要求。在缺乏上述资料的情况下，可按雨水回用系统最高日设计用水量的 25% ~ 35% 计算。

当采用中水清水池接纳处理后的雨水时，中水清水池应有容纳雨水的容积。雨水储存设施应设有溢流排水措施，溢流排水措施宜采用重力溢流。

2. 雨水入渗

通过雨水入渗可以补给地下水。雨水入渗可采用绿地入渗、透水铺装地面入渗、渗透管沟、入渗井等多种方式。

为保证雨水的入渗，人行、非机动车通行的硬质地面、广场等宜采用透水地面，透水地面面层的渗透系数均应大于 0.0001m/s；面层厚度根据材料和场地确定，材料孔隙率应大于 20%；找平层厚度宜为 20~50mm，透水垫层厚度不宜小于 150mm，孔隙率不应小于 30%。

绿地雨水应就地入渗。小区内路面宜高于路边绿地 50~100mm，并应确保雨水顺畅流入绿地。屋面雨水的入渗方式应根据现场条件，经技术经济和环境效益比较确定。

渗透设施的日渗透能力不宜小于其汇水面上重现期 2 年的日雨水设计径流总量。其中入渗池、入渗井的日入渗能力，不宜小于汇水面上的日雨水设计径流总量的 1/3。入渗系统应设有储存容积，其有效容积宜能调蓄系统产流历时内的蓄积雨水量，入渗池、入渗井的有效容积宜能调蓄日雨水设计径流总量。雨水设计重现期应与渗透能力计算中的取值一致。

渗透设施的入渗量可用下式计算：

$$W_s = \alpha K J A_s t_s \tag{6-16}$$

式中　W_s——入渗量（m³）；

　　　α——综合安全系数，一般可取 0.5~0.8；

　　　K——土壤渗透系数（m/s）；

　　　J——水力坡降，一般可取 $J = 1.0$；

　　　A_s——有效渗透面积（m²）；

　　　t_s——渗透时间（s）。

进行有效渗透面积计算时，水平渗透面按投影面积计算，竖直渗透面按有效水位高度的 1/2 计算，斜渗透面按有效水位高度的 1/2 所对应的斜面实际面积计算；地下渗透设施的顶面积不计。

渗透时间，入渗池和入渗井均按 3h 计算，其他地下渗透设施按 24h 计。

渗透设施产流历时内的蓄积雨水量可用下式计算：

$$W_p = \mathrm{Max}(W_c - W_s) \tag{6-17a}$$

式中　W_p——产流历时内的蓄积水量（m³）；

　　　W_c——渗透设施进水量（m³）；

$$W_c = 1.25 \left[60 \times \frac{q_c}{1000} \times (F_y \psi_m + F_0) \right] t_c \tag{6-17b}$$

　　　q_c——渗透设施产流历时对应的暴雨强度 [L/(s·hm²)]；

　　　F_y——渗透设施受纳的汇水面积（hm²）；

　　　F_0——渗透设施的直接受水面积（hm²）；

　　　t_c——渗透设施产流历时（min），宜小于 120min；

　　　ψ_m——流量径流系数，根据下垫面性质确定。

埋地设施的受水面积为 0。不同下垫面的流量径流系数见表 6-14。

渗透设施的存储容积按下式计算：

$$V_s \geqslant \frac{W_p}{n_k} \tag{6-18}$$

式中　V_s——渗透设施的存储容积（m³）；

　　　n_k——填料的孔隙率，应大于 30%。

表 6-14　不同下垫面的流量径流系数

下垫面种类	流量径流系数	下垫面种类	流量径流系数
硬屋面、未铺石子的平屋面、沥青屋面	1	非铺砌的土路面	0.4
铺石子的平屋面	0.8	绿地	0.25
绿化屋面	0.4	水面	1
混凝土和沥青路面	0.9	地下建筑覆土绿地（覆土厚度≥0.5m）	0.25
块石等铺砌路面	0.7	地下建筑覆土绿地（覆土厚度＜0.5m）	0.4
干砌砖、石及碎石路面	0.5		

思 考 题

1. 水资源可利用总量如何估算？
2. 何为地下水可开采量？它是如何分级的？
3. 什么是可供水量？它由哪些项目组成？
4. 水源保护区有哪些类型？各是如何划分的？
5. 简述给水水源卫生防护原则与措施。
6. 绘图说明水库的各种库容及其对应水位。
7. 再生水利用的途径有哪些？
8. 雨水利用的途径有哪些？

参 考 文 献

[1] 上海市政工程设计研究院. 给水排水设计手册（城镇给水 第3册）[M]. 北京：中国建筑工业出版社，2007.

[2] 严煦世，范瑾初. 给水工程 [M]. 4版. 北京：中国建筑工业出版社，1999.

[3] 张玉先. 给水工程 [M]. 北京：中国建筑工业出版社，2011.

[4] 机械工业部. 供水水文地质手册：第二册 [M]. 北京：地质出版社，1977.

[5] 董辅祥. 给水水源与取水工程 [M]. 北京：中国建筑工业出版社，1999.

[6] 周金全. 地表水取水工程 [M]. 北京：化学工业出版社，2005.

[7] 刘兆昌，李广贺，朱琨. 供水水文地质 [M]. 北京：中国建筑工业出版社，2011.

[8] 陈德亮，宋祖诏，张思俊，等. 取水工程 [M]. 北京：中国水利水电出版社，2002.

[9] 李广贺. 水资源利用与保护 [M]. 2版. 北京：中国建筑工业出版社，2010.

[10] 上海市建设和交通委员会. GB 50013—2006 室外给水设计规范 [S]. 北京：中国计划出版社，2006.

[11] 中华人民共和国水利部农村水利司，等. SL 687—2014 村镇供水工程设计规范 [S]. 北京：中国水利水电出版社，2014.

[12] 中华人民共和国住房和城乡建设部. GB 50296—2014 管井技术规范 [S]. 北京：中国计划出版社，2015.

[13] 水利部农村水利司. SL 256—2000 机井技术规范 [S]. 北京：中国水利水电出版社，2000.

[14] 原国家冶金工业局. GB 50027—2001 供水水文地质勘察规范 [S]. 北京：中国计划出版社，2004.

[15] 中华人民共和国公安部. GB 50974—2014 消防给水及消火栓系统技术规范 [S]. 北京：中国计划出版社，2014.

[16] 中华人民共和国水利部. GB 50265—2010 泵站设计规范 [S]. 北京：中国计划出版社，2011.

[17] 中华人民共和国环境保护部. HJ/T 338—2007 饮用水水源保护区划分技术规范 [S]. 北京：中国环境科学出版社，2007.

[18] 水利部水利水电设计总院. SL 429—2008 水资源供需预测分析技术规范 [S]. 北京：中国水利水电出版社，2009.

[19] 中国市政工程西北设计研究院有限公司. CJJ 40—2011 高浊度水给水设计规范 [S]. 北京：中国建筑工业出版社，2012.

[20] 中华人民共和国建设部. GB 50400—2006 建筑与小区雨水利用工程技术规范 [S]. 北京：中国建筑工业出版社，2006.

[21] 中华人民共和国卫生部. 生活饮用水集中式供水单位卫生规范 [S]. 北京：中国标准出版社，2001.

[22] 刘章富，卿荣华. 井架式取水构筑物 [J]. 暖通空调，1974 (3)：36-37.

[23] 赵运德. 复合井出水量的计算模式 [J]. 地下水，2004，26 (4)：262-266.

[24] 施永生. 引泉池设计 [J]. 给水排水，1999，25 (3)：3-6.

[25] 王生辉，潘献辉，赵河立，等. 海水淡化的取水工程及设计要点 [J]. 中国给水排水，2009，25 (6)：98-101.

[26] 王继明. 给水排水管道工程 [M]. 北京：清华大学出版社，1989.

[27] 杜茂安，韩洪军. 水源工程与管道系统设计计算 [M]. 北京：中国建筑工业出版社，2006.

[28] 李亚峰，尹士君，蒋白懿. 水泵与泵站设计计算 [M]. 北京：化学工业出版社，2007.